国家社科基金西部项目（14XTQ004）

西北农业
信息资源协同机制构建研究

◎ 杨秀平　郑敏　赵悦　著

图书在版编目（CIP）数据

西北农业信息资源协同机制构建研究 / 杨秀平，郑敏，赵悦著. -- 兰州 : 兰州大学出版社，2020.6
ISBN 978-7-311-05780-0

Ⅰ. ①西… Ⅱ. ①杨… ②郑… ③赵… Ⅲ. ①农业科学—信息资源—资源建设—研究—西北地区 Ⅳ. ①S-058

中国版本图书馆CIP数据核字(2020)第112395号

策划编辑 宋 婷
责任编辑 郝可伟 宋 婷
封面设计 大有工作室

书 名 西北农业信息资源协同机制构建研究
作 者 杨秀平 郑 敏 赵 悦 著
出版发行 兰州大学出版社 （地址:兰州市天水南路222号 730000）
电 话 0931-8912613(总编办公室) 0931-8617156(营销中心)
0931-8914298(读者服务部)
网 址 http://press.lzu.edu.cn
电子信箱 press@lzu.edu.cn
印 刷 西安日报社印务中心
开 本 787 mm×1092 mm 1/16
印 张 15.5
字 数 294千
版 次 2020年6月第1版
印 次 2020年6月第1次印刷
书 号 ISBN 978-7-311-05780-0
定 价 38.00元

目 录

第一章

绪　论

第一节　选题背景

在农业现代化建设中，越来越多的人认识到农业信息的重要性。农业信息不仅已经被看成是农业经济和社会发展的重要内容，而且也是推动现代农业发展的基本保证。作为起点的问题，有的来自实践，有的来自学术争鸣或理论探讨，有的来自历史①。在发展过程中，西北地区在农业信息管理的制度、规则、标准和概念等方面，逐步从“跟随者”向“参与者”转变，并在农业信息管理方面发挥创新作用。发展西北农业信息资源协同，有利于促进西北地区农业经济可持续发展。由于西北五省（区）具有天然的地缘联系和历史渊源关系，农业联系紧密。把西北地区作为一个整体来考察其农业信息资源协同具有积极的现实意义。

一、农业信息资源协同的客观要求

（一）信息资源是农业生产与管理的“神经系统”，现代农业发展要求信息资源协同

20世纪90年代以来，西北农业信息资源建设初具规模，已经形成了一定规模的布局，在发展内涵上拓展为关于农业信息资源的全面建设。在建设过程中，信息资源建设既遭遇到碎片化挑战，也面临着协同发展的机遇，信息资源协同便成为解决问题的切入点②。西北农业发展正进入一个新阶段，城镇化步伐加快，农村劳动力大量转移，农产品价格面临天花板，农业补贴面临天花板，世贸组织限制下的政策不再自由，粮食高产多以牺牲环境为代价，新形势下“谁来种地”“如何种地”问题突出等。从西北农业信息资源建设情况看，现行体制下实行的是分行业管理，即农业部、科技部，以及政府、

①周平：《突出问题导向》，载《人民日报》，2016年5月10日。

②甘国辉，徐勇：《农业信息资源协同服务——理论、方法与系统》，商务印书馆，2012年版。

党委分别拥有自己的农业信息资源系统。在农业产业日益显现出兼业混业经营趋势的背景下，农业生产经营的各个主体之间缺乏相互配合。由于现行的法律法规体系尚不健全，农业信息资源建设主体责任不明确等问题较为突出。农业信息资源协同已经成为西北农业现代化发展的必然需求。面对西北区域经济一体化的发展趋势，农业信息资源协同的趋势越来越明显，所以研究西北农业信息资源协同问题，也就具有了重要的现实意义。

（二）农业信息资源开发与建设的快速发展为农业信息资源协同提供了基础

近年来，农业信息资源获取与利用表现出来的强劲发展势头，引起了国家高层和地方政府的关注。“互联网＋农业”越来越成为区域农业经济参与市场竞争的重要能力。农业信息通过对农业生产活动每个流程的参与，控制劳动力、资本、土地等生产要素的集约程度，引导配置关系，最终优化配置资源①。在市场一体化的经济格局下，农业的发展需要农业信息资源的有效支持。伴随着农业竞争优势来源从政府扶持转向市场化支撑的战略路径演化，农业信息资源的利用价值正日益凸显，经济全球化和区域一体化更加凸显了农业信息资源协同的重要性。首先，现代信息资源管理为改变农业信息资源管理提供了新的路径。其次，互联网增强了农业信息资源协同的技术手段，提高了农业信息资源协同的可操作性。再次，农业信息资源协同可以改变农业信息服务模式，使农业信息服务体制、机制、结构、职能、流程等发生了巨大的变化。

农业信息资源协同已在社会各个方面产生了积极的影响。甘肃、陕西、宁夏农业信息工程建设工作在2016年年底实现了信息资源实时传递和无障碍交换，推进企业信用信息公示和共享工作，通过信息资源协同不断扩大联合惩戒的制度震慑力。

二、农业信息资源协同的内在要求

（一）信息资源协同是农业发展提出的时代课题

20世纪90年代以来，对信息资源协同的理论研究和实证分析日渐丰富，协同学独有的理论特点引起学术界和政府部门的高度重视。理论与实践总是相互促进的，信息资源协同是信息资源建设到一定阶段的必然要求。信息技术发展的不同阶段，其技术水平、组织形式、核心要素等特征不尽相同；在不同的时代背景下信息资源协同的要求也不尽相同。对信息资源协同的研究，是经济学的重点，近年来也成为图书馆学的问题，但二者的关注角度不同，前者关注信息成本与农业产出之间的联系，后者则关注信息的价值与效用。信息技术与经济社会的交汇融合，引起了国家决策层的关注，国家决策层预见到建设农业信息系统的战略意义，十分重视新时期农业经济发展中遇到的各种问题。

---

①包春霞：《农业信息化对农村经济发展的影响》，载《农业经济》，2016年第6期第64页。

在农业生产和农产品销售复杂性不断增加的情况下，如何加强农业信息利用能力？如果仅以此问题为切入点，信息资源协同的研究范围就太大。在现行体制下如何加强农业信息资源协同？农业信息从重视建设到注重协同，反映这一转换趋势特征的标志是“三电合一”工程建设和“12316”农业信息服务机制的建立。

近年来，西北农业发展进入了一个新的阶段，各具特色的农产品生产基地、“一村一品”、农业产业园区不断涌现。农产品卖难、产业结构调整等要求农业信息资源更好地支持农业的发展。农业信息起什么样的推动作用？一些学者开始关注信息资源协同的内容，比如信息的协同现象和影响信息资源协同的因素、信息资源协同与区域经济发展的关系、区域经济信息资源协同发展趋势、信息资源协同公共政策等。本课题对西北农业信息资源协同的研究是一种尝试。

（二）信息资源协同为复杂的农业巨系统的优化运行提供了理论支撑

信息资源协同具有复杂性和系统性的特点，信息资源协同融合了多种交叉学科，随着信息资源协同在不同时间、不同空间、不同部门、不同产业的不断发展，把信息资源协同的运行机制及发展规律应用到农业信息资源管理中进行深入研究十分必要。系统科学是研究复杂问题的一门学科，具体内容包括线性系统理论、自组织系统理论、复杂性研究与系统科学理论、开放复杂巨系统理论等。无论是普里戈金的耗散结构理论、艾根的超循环理论，还是哈肯的协同学理论、钱学森的开放复杂的巨系统理论，都是努力把握系统科学的基本思想、原理和方法论，对系统科学理论研究做进一步的探索，实现系统科学新的生长点。美国加州大学伯克利分校数学大师S. Smale于1991年指出，如何把经济中的一般均衡理论发展成为一个动态的理论是经济理论研究的主要问题①。西北农业正处于加快向现代农业转变的关键时期，突破农业资源和自然环境的两大制约，破除农业生产成本的“地板价”和农产品的“天花板价”双重制约，需要运用系统科学理论来进行理论支撑，实现信息资源协同，推进农业信息共享，提升农业信息的利用率；提升西北农业竞争力，需要运用信息资源协同加强农业信息共享，增强在农产品市场上的定价权、话语权和影响力，以信息要素引导用户进行生产经营决策，运用信息资源协同提升信息服务能力，释放农业信息资源同价值。提升农业现代化管理水平，需要运用信息资源协同增强农业经济运行信息的及时性、实时性和准确性，实现基于信息资源的科学决策与管理。

（三）各种农业信息系统的信息资源协同需求日益凸显

在农业信息系统内部，分为省（区）、市、县的纵向农业信息系统和省（区）、市、县之间的横向农业信息系统，包括农业管理部门信息中心、各种信息服务机构、农业科技研发机构、农业高校等，协同可以更好地实现农业信息的宏观管理和预测。从应用层

①肖恩：《动态经济学》，吴汉洪译，中国人民大学出版社，2003年版。

面看，在政府、农户、消费者等之间建立起联系纽带，可以从真正意义上实现各个层面的信息共享或沟通。

西北五省（区）间的农业生产具有天然的地缘联系和密切的经济联系，它们之间构成了一定的农业产业网络结构，互相影响、互相补充、互相促进，这就形成了农业部门、党政部门、通信服务部门、农业企业、农业协会、农业合作社、中介机构、高校及科研院所等构成的信息网络系统——以共同服务农业为纽带的农业信息系统，各个主体或独立存在，或以某一种方式进行局部的联系，或相互联合，共同推进着西北农业信息资源的建设。随着区域一体化推进，这种联系的紧密程度越来越高。目前各种农业信息系统的形成有其历史和体制因素，也曾进行过整合，但由于利益、体制、机制等多方面的原因，效果不明显，且这种多元化格局将会继续保存，改变也只能是逐步的、渐进的和缓慢的，不可能一蹴而就。通过信息资源协同这一思路，集各家所长合力服务于农业经济，是可以在不改变现行体制情况下改变西北农业信息系统碎片化、条块化的分布格局，从而进一步构建西北农业信息服务的合理空间分布构架。农业信息资源协同将使各种农业信息系统的能量得到最大限度发挥。

三、农业信息资源协同的应用领域

（一）研究西北农业信息资源协同有着理论意义和实践价值

从国内大多数研究成果看，关于农业信息的研究，一般以基层或顶层为切入点，从微观和宏观两个方面进行研究。面对西北区域农业经济紧密联系及国家农业信息建设一体化的推进，研究西北农业信息资源协同在农业发展中的作用，以适应发展形势，具有重要的理论意义和实践价值。农业是全产业链，从统计学角度看，农业归属于第一产业，但事实上农业并不局限于第一产业，而是第一产业、第二产业、第三产业都有其发展相关内容。农业经济要发展，就需要有一个开放、透明的信息系统来做支撑，信息资源协同在其中起着平衡作用。

（二）增强西北区域农业信息系统的衔接性

市场一体化是区域农业发展的必要条件和趋势，近年来以交通基础设施互通互联为目的的建设，极大促进了区域经济一体化的发展。“十三五”期间，西北地区以国家“一带一路”经济带发展战略为契机，依托现代交通物流网络，以信息资源协同为要素集聚，来实现西北各省（区）农业经济的有机衔接，进而实现农业产业的互为依托、拓展延伸和合力发展。信息资源协同有助于立足西北全局，实现内外统筹，为西北各个农业信息中心、农业龙头企业提供信息平台，集聚农业信息资源，把整个农业信息上下游紧密联系起来，为农业用户提供个性化或定题式信息服务，从而保证西北农业更快发展。

（三）进一步完善西北农业信息系统协调发展机制

西北农业信息系统联系越来越密切，农业信息资源协同有助于农业信息资源建设的协调发展。通过建立西北各省（区）的农业信息管理政策和农业信息系统协调机制，明确各自的发展定位，促进农业产业结构、农业建设项目、农业投资、水资源的分享与利用，实现农业科技人才跨界流动、农业劳动力合理流动、农业创新要素集聚、农业信息资源优化配置等，避免农业资源浪费和信息资源建设无序竞争。在一定阶段或一定程度上实现农业收益递增，与以往仅仅依靠土地的传统农业不同，信息资源已经成为现代农业的主要要素，信息资源的协同大大降低了农业交易成本和农产品的库存占用费用，消除了农业生产经营中的诸多不确定性，提高了农产品的生产响应速度，提高了农户的经济收益。现代农业生产的精细化和高效性，决定了农业分工越来越细化，一方面农业新业态需求越来越大，如农业创客、农业众筹、技术咨询、商务咨询等得到进一步扩展；另一方面信息技术广泛应用于农业生产，如物联网、空间互联网、云计算、大数据等的应用，需要各种信息数据实时协同。

（四）建立统一的农业信息服务体系绕不开信息资源协同

农业信息资源协同是信息化社会发展、信息环境改善和社会进步的需要。信息资源协同的联动过程会带来各方面的信息需要，有助于推进智慧农业发展，即农业的管理和生产过程中，信息要素占有主导地位。如果各个信息能够协同发展，那么：（1）能够更加高效地推进智慧农业的发展；（2）可建立农业风险跟踪机制，提升农产品质量，提供定制的农业服务；（3）能够及时发现问题，及时解决在农业管理和生产过程中出现的问题，使农业风险控制在一定的范围之内；（4）农业生产企业可以节省生产成本，农业服务企业实现售后服务质量提升，农产品销售企业可以减少运营成本，农业合作社农产品生产可以提前预警，农业信息中心可以有效识别预警即将发生的问题，农业电商可以向用户推荐农产品和服务，农产品买卖双方可以找到最合适的交易目标，用户可以找到最合适的问题解决方案，农业科研单位可以提升科学研究的针对性、降低信息获取的成本、减少重复研究、提升科研成果投放的精准度等。在许多方面，信息资源协同都起着十分关键的作用。农业信息系统是一个巨大的社会服务体系，行政分割体制下各个信息系统的“分灶吃饭”把一个大农业信息系统割裂了，由于缺乏顶层设计，没有统一规划，如何实现农业信息资源协同是个难题。

关于农业信息资源协同的研究，一般以一个地区或一个案例为研究对象进行分析，讨论信息资源协同对农业生产产生影响的因素。信息资源协同理论于1973年面世，它是一个年轻的学科，在实践中还没有得到广泛应用，有些协同实践从理论角度来看，微不足道，或许不能称其为协同。目前西北农业信息资源协同基本处于自发形态，信息资源的管理水平较低，理论准备不足，过去轰轰烈烈的信息资源建设缺乏长远目标，缺乏系统性和科学性。因此，以西北地区作为研究对象来分析农业信息资源协同发展状况及趋势是可行的和必要的。

第二节　研究意义与研究对象

20世纪90年代，在工业化和信息化的推动下，西北农业发展进入了一个新的阶段，以农业产业结构调整为主线、以电商平台解决农产品卖难、以信息网络化解决农业精准管理成为这一时期的新任务。产业规模化、生产智能化、经营专业化、技术现代化、管理信息化和服务网络化已成为现代农业发展的基本要求，与此同时，又要面对国内外农产品市场的激烈竞争，农业与信息的融合是现实的选择。农业信息资源建设也不再是只要能够进行信息传播那么简单，而是要应用新技术建立行业全面覆盖、设施无缝隙联通、需求与服务互动等农业信息资源协同，而且，农业信息资源协同已经成为实现新时期农业可持续发展的必然选择。

一、研究意义

（一）农业是西北经济发展的基础

2015年，西北农村人口为5142万，占西北总人口的52.24%（陕西为1791万，占47.4%；甘肃为1511万，占58.3%；青海为293万，占50.2%；宁夏为307万，占46.6%；新疆为1240万，占53.9%）；西北农作物播种面积为15784.1千公顷，占全国的9.54%（陕西为4262.1千公顷、甘肃为4197.5千公顷、青海为1253.2千公顷、宁夏为553.7千公顷、新疆为5517.6千公顷）①；且西北种植农产品的种类繁多（表1-1）。农业对西北的重要程度不言而喻。

表1-1　西北地区主要农产品生产

陕西	粮食(小麦、玉米)、马铃薯、果业(苹果、猕猴桃)、茶叶、草食畜牧业
甘肃	草食畜牧、苹果、高原蔬菜、马铃薯、中药材、玉米制种、酿酒原料、葡萄、牧草
青海	粮食(豆类、青稞)、畜牧业、马铃薯、油菜、蔬菜、牧草
宁夏	粮食(小麦、水稻、玉米)、中药材(枸杞)、畜牧业、马铃薯、草畜、蔬菜、葡萄
新疆	粮食(小麦、玉米)、棉花、果业、乳业、畜牧业、葡萄

（二）拓展农业信息资源配置理论研究视角

要建立农业信息资源的协同机制，就必须厘清两个问题：一是确立什么样的协同理

①国家统计局农村社会经济调查总队：《中国农村统计年鉴》，中国统计出版社，2016年版，第138页。

念；二是怎样建立有效的协同机制。确立什么样的协同理念，从理论上有三种观点：制度观、社会观和价值观。这三种观点既符合历史，也符合逻辑：制度观着重确立政府部门间的协同；社会观是社会对协同的认知；价值观则要体现信息资源的价值。建立有效的协同机制，其含义是追求信息资源建设彻底摆脱建设无序状态，求得开放、共建和共享，实现信息需求全面协同发展，使农业信息系统朝着有序化目标发展，农业信息供给得到很大程度上的改善，农业信息需求中的信息传播、基本的信息需求得到解决。由此便存在三个困境：第一个困境是信息利用中的信息资源协同、信息价值最大化的体现等问题仍然没有得到解决，原因是信息供给的结构性问题依然突出。第二个困境是滞后的农业信息资源建设与不断变化的市场需求的矛盾，表现为“管理与市场困境”。农业信息系统是一个复杂巨系统，仅凭某一个部门或几个部门难以实现全部的覆盖。第三个困境是农产品卖难与农业信息有效供给不足的矛盾，表现为“农产品价格大起大落”，近年来每年都有几种农产品卖难造成大量积压和浪费，也造成农民的巨大损失，其原因是农产品生产与销售信息的不对称。

（三）提高农业信息系统中的信息资源利用效率

农业信息资源建设不仅有助于现代农业信息高效利用和传播，而且可以实现信息生产者与农业生产经营者的有效信息互动。农业信息资源的协同可以把农业信息的生产、传播和管理组成一个要素齐全、结构合理、运行高效的机制体系，使农业生产者与管理者之间、区域内市场与区域外市场之间、国外市场与国内市场之间、农业科研与农业生产之间、信息供给与信息需求之间等形成有秩序的信息资源协同。信息资源作为资源要素参与到农业生产、管理、经营、决策等各个领域，并且发挥了主要作用，现在已经成为社会共识，以信息资源为基础的全球农产品的生产、销售分析系统得到广泛应用。据联合国粮农组织（FAO）统计，越来越多的国家和地区开始着手建立具有一定功能的农业信息资源系统/平台。发达国家早就把信息资源建设作为农业经济建设的一环。如果我们还不能对信息资源建设在农业生产中的重要性做出正确判断，那么农业的基础地位势必受到严重威胁。提出一种农业各个信息子系统有机共生式的建设理念，将有助于实现各个信息资源建设主体的共信、信息资源共享和机制共建的目标，从而为农业信息资源建设提供理论基础与实践依据。

二、研究对象

（一）西北农业信息系统间的信息资源协同问题

本研究通过分析西北农业信息资源基本建设情况，以及西北已有的成功案例，做了经验总结，形成了研究西北农业信息系统的基本结构。通过考察子系统的内部结构、发展层次及各个子系统之间的作用机制以及与信息资源之间的关联，用协同学理论建立西北农业信息资源协同机制。同时，必须明确的是，整个研究工作必须努力了解国内外对农业信息资源协同问题研究的情况，使本研究能够既立足本土实际又紧盯理论前沿。对西北农业信息资源问题的研究，必须从西北实际出发，努力回答西北农业信息资源协同面临的各种热点问题、难点问题，涵盖宏观问题、中观问题、微观问题，兼有发展历程回顾和区内外对比研究，全面阐释政策导向和信息资源管理要旨。

（二）西北农业信息资源建设状况与协同机制构建的衔接

农业信息系统如何相互协作、共同发展成为信息资源协同的问题，研究中引入协同学思想和方法，结合系统科学理论及自组织理论对系统组分协作发展问题进行研究。互联网使农业信息获取与利用的环境发生了根本性变化。随着全球化发展、农业产业结构调整和农业环境的变化，农业信息资源协同问题日益复杂。在社会转型过程中，农业组织不断变革、农产品市场波动加快和农业生产成本增加，进一步促使农业机构的战略联盟、农业产业集群和“互联网+农业”方兴未艾。因此，农业信息资源协同实质上是农业信息、知识溢出和用户需求在特定条件下的集成。

第三节 国内外研究现状述评

迈入21世纪，市场化和区域化关系呈现出的不仅是互相依赖，而且是相互交织、相互影响和相互支持。信息资源协同性带来的农业生产价值越来越受到人们的重视。如何建立西北区域农业信息资源的协同机制，让农业信息资源发挥更大的作用，已经成为图书馆学理论研究新的关注点。自20世纪90年代以来，发达国家的农业信息服务重点转向了知识处理、自动控制的开发和网络技术的应用。尤其进入21世纪以来，精确农业本质上是信息化农业，它对农业信息资源协同的要求是非常高的，即定位、检测、筛选、分析等多个手段的应用无一不靠各种数据来支撑。各种数据的有效应用就必须实现信息资源协同，否则难以完成这一任务。

一、国外农业信息资源协同经验

（一）欧美发达国家农业信息资源协同

1.美国

美国社会近70%的劳动力都与信息和知识的生产有关，有着高效的信息管理。美国农业通过互联网发布、交换来获取信息。

2.欧盟

欧盟建立了农业信息收集机构，如欧洲统计局和农场会计网委员会。先进的农业信息化服务系统，为欧盟国家提供农业信息。

3.德国

德国建立了完善的农业信息系统，各个信息系统在农业生产中发挥着积极的作用。

4.法国

法国把农业信息化摆在了优先发展的位置，数据的提供及使用都会在公开、明确的规制管理之下进行，政府职能部门的任务是维护管理数据。

（二）主要经验与启示

1.农业信息资源建设已经成为农业发展的一个重要组成部分

发达国家始终把最新的技术应用到农业生产与管理之中，在农业信息资源建设方面形成了自己的特色，值得我们借鉴。发达国家的农业信息资源开发、利用始于20世纪40年代。20世纪50—60年代荷兰和美国开创信息技术在农业上的应用。发达国家都十分重视农业信息系统。

2.信息技术成为农业开发的先导技术

充分运用高科技，发展信息高度集约化和高附加值的农业。在现代农业发展过程中，要使农产品的产量和品质不断提高，实现集约化发展。国家把农业信息资源建设作为重点建设的一部分。

3.农业信息资源建设的差异明显

农业信息资源建设是现代农业建设的重要组成部分，怎么建设？农业信息怎么高效利用？政府和企业的定位是怎样的？研究发现，农业信息资源建设有两种类型：第一类是以美国、英国、法国等发达国家为代表，这些国家的工业化已经完成，进入了后工业时代，同时也实现了农业现代化，农业信息化建设达到很高的水平。第二类是以日本、韩国等为代表，抓住了农业信息化发展机遇，结合本国农业生产条件，才进入建设设想阶段。

4.各国农业信息资源建设模式不一

从国外发展状况看，不同背景和禀赋具有不同的农业信息资源建设模式。如美国的各个组织机构高度协同的农业信息服务、欧盟的农业信息统一汇总制度、英国的农业科研-成果推广-农业教育协同机制、法国通过合作组织协同促进农业生产与服务的一体化、荷兰的专业化的农业分工与协同体系、日本的全国联机网络的农业信息等，说明国情不同建设模式差异明显。

二、国内有关农业信息的研究

2016年9月11日，课题组在中国知网（CNKI）上对与课题研究相关的文献进行了检索：以“农业信息需求”为篇名，共查找到12476条结果；以“西北（分省）农业信息”为篇名，共查找到10610条（甘肃3988条、陕西2114条、新疆3384条、宁夏782

条和青海342条）结果，结果表明农业信息研究是一个成果丰富的学科。多年来，国内外学者分别从社会经济、信息技术、信息资源开发、信息资源建设、信息化建设等多个角度对信息资源进行了探讨。从农业信息资源协同角度看，较有代表性的观点是，从农业信息需求与农业信息资源两方面的研究着手才能说明农业信息资源的协同取向。

（一）西北农业信息需求研究

在当前发展现代农业的大背景下，西北地区的农业信息无论是资源供给还是用户需求，状况都不容乐观。业内学者从不同角度、不同层面进行了研究。李晓（1999）认为，西北不同少数民族语言的信息需求呈现多样化态势①。耿劲松（2001）认为，农民信息需求的内容主要集中在气象预报、农产品市场、农业政策、实用技术、生产资料、产品加工、农作物品种、疫情防疫等8个方面②。马赛平、盛晏（2006）认为，农业信息需求的特征是用户信息搜集成本高、信息需求意识低、用户之间缺乏信息沟通、信息供求的渠道窄、自身信息素质偏低等因素降低了信息的使用价值③。逸海英（2008）分析了贫困农村的信息需求状况，认为由于缺乏农业生产信息、农村发展信息（打工、政策、培训、金融等信息）和生活信息（科学知识、社会发展、文化娱乐等信息）的指导或支持，导致农户生产缺乏积极性④。赵洪亮等（2009）总结出中国农业信息层次不断深化的结论⑤。陈建军等（2010）从宁夏现代农业的发展方向出发，认为农业信息技术需求主要体现在农业远程教育技术和多媒体技术两个方面⑥。綦群高等（2009）通过对新疆南疆三地州3644户农牧民的实地走访和问卷调查，发现不同地域的农业生产条件不同，农业信息需求的偏好也不同⑦。赵军等（2010）针对影响RBD（需求服务差距函数）的各要素设计出相应的评价指标体系，利用SPSS软件，分析了宁夏农业信息7个方面的差距信度，从数学模型中分析出用户信息需求感知与信息供给的差距较大⑧。张莹（2013）认为，信息传播手段颇为广泛，信息主要来源于电视、农业技术推广和人际关

---

①李晓：《我国农业信息需求特点分析及对策研究》，载《农业图书情报学刊》，1999年第2期第27页。

②耿劲松：《农民的信息需求分析》，载《农业图书情报学刊》，2001年第5期第52页。

③马赛平，盛晏：《我国农户信息需求特征分析》，载《农业网络信息》，2006年第5期第6页。

④逸海英：《试析贫困农村农户的信息需要》，载《攀登》，2008年第6期第119页。

⑤赵洪亮，张雯，侯立白：《新农村建设中农民信息需求特性分析》，载《江苏农业科学》，2010年第1期第391页。

⑥陈建军，赫晓辉，赵晖，王政峰：《宁夏现代农业信息技术需求分析》，载《农业网络信息》，2010第5期第82页。

⑦綦群高，赵明亮，谷辈：《新疆南疆三地州农牧民农业信息需求意愿实证研究》，载《天津农业科学》，2009年第4期第56页。

⑧赵军，刘凌锋，赵亮，张玉蓉：《宁夏农业信息需求-服务差距模型及评价研究》，载《安徽农业科学》，2010年第26期第14769页。

系[①]。胡圣方（2010）认为，网络信息传播并没有与农业信息需求进行对接，使得网络农业信息效应大打折扣，应该搭建统一平台，使网络农业信息传播精准化[②]。张晋平（2014）对西北农业信息用户的农业信息需求进行了调查，用户对农业信息需求最为集中的是市场信息、农村发展信息和农民生活信息三个方面[③]。

（二）西北农业信息资源建设研究

对于西北农业信息资源问题的研究，多为探讨当下农业信息需求与农业信息供给之间关系而引发的农业信息资源建设问题，着重从农业信息资源建设的宏观布局及信息政策方面入手。还有基于具体的农业用户在生产实践过程中关于农业信息需求、信息获取、信息传播和信息利用等方面具体情况的研究。

张优良等（2004）认为，青海的农业信息资源建设长期处于职能分散状态，随着农业的快速发展，这一状况越来越不适应形势需求，迫切需要建立一个纵向上统一建设、横向上相互沟通的农业信息机制[④]。梁斌等（2004）认为，新疆建设兵团在农业信息数据库建设方面投入较多，但由于缺乏顶层规划、标准不一、结构不合理，造成服务能力不强、信息资源协同难、信息采集不全面、信息处理慢，严重影响了农业信息数据的利用效果[⑤]。王恒玉（2005）认为，实践中的农业信息获取较难，农业信息的获取也应该比照《信息公开条例》制定相关管理办法，为营造农业信息资源的共享创造一个良好制度环境[⑥]。周应萍（2006）认为，互联网是农业信息的主要载体，但各个农业信息系统投入不足，严重影响了农业信息的网络化，应进一步加快网络建设，尤其是加强农业数据库、农业专家系统、宏观决策支持系统的开发与建设，努力实现农业信息获取的智能化[⑦]。李景林（2006）认为，新疆农业信息资源建设需要政府统筹规划，应设立专门的机构对农业信息资源进行开放建设，从根本上解决重复建设和资源浪费的问题，进而解决农业信息资源共享的问题[⑧]。梅瑞峰等（2007）认为，宁夏农业信息资源及共享平台建设，首先是农业信息资源整合策略，包括选择技术标准、网络资源、数据发放类型、

---

①张莹：《浅议农民信息需求与服务存在的问题及对策》，载《甘肃科技》，2013年第20期第12页。

②胡圣方：《甘肃农民对网络信息的需求调查》，载《甘肃农业》，2010年第4期第44页。

③张晋平：《论我国农业信息需求及农业信息服务体系的形成》，载《农业网络信息》，2014年第5期第116页。

④张优良，李白家：《关于提高青海省农业信息服务功能的思考》，载《青海农技推广》，2004第3期第5页。

⑤梁斌，田敏，荣江：《基于WEB的农业信息管理系统的设计与应用》，载《石河子大学学报（自然科学版）》，2004年第5期第44页。

⑥王恒玉：《甘肃农业信息基础设施建设问题研究》，载《开发研究》，2005年第3期第48页。

⑦周应萍：《陕西信息资源开发利用研究》，载《情报杂志》，2006年第7期第136页。

⑧李景林：《新疆农业信息服务网络建设现状及对策》，载《农机化研究》，2006年第8期第21页。

数据管理平台等4个方面；其次是整合农业信息资源，需要建立农业核心数据库和建立区域农业信息联盟[①]。赵晓铃（2008）认为，涉农部门应有机协调，以解决陕西各部门之间信息分散、信息资源多头建设难题，实现农业信息体系更加科学合理的建设[②]。陈来生（2008）认为，应科学制订青海“数字农业”发展战略规划、建立“数字农业”协调机构和构建“数字农业”研发技术平台来建设青海“数字农业”[③]。张效娟等（2009）认为，青海农村信息化网络体系建设的路径选择重点在于整合政府各个部门的信息资源，以提高农业信息服务的能力和质量[④]。李瑾等（2009）认为，应通过完善重点数据库建设4个方面来实现宁夏新农村建设信息资源的整合[⑤]。蒋紫艳等（2014）发现科研单位的科研性信息还未被充分挖掘[⑥]。鲁明（2009）提出，村级信息点的纽带作用十分关键，在“最后一公里”中，村级信息点承上启下，是信息回路的关键节点，重视建设村级信息服务是基层农业信息着力点所在[⑦]。周应萍（2010）认为，由于缺乏顶层设计战略，陕西的农业信息资源建设分散、孤立的状况比较普遍，功能叠加、条块分割、数字鸿沟严重制约着陕西信息资源共享的发展[⑧]。张超等（2010）认为，由于职能部门的利益驱动和行政权限限制，信息资源垄断使用已是常态，久而久之的恶性循环，导致条条框框（部门政策）和条条块块[⑨]。苏桐等（2011）认为，应加强政府统筹，建立健全农业信息资源共享机制[⑩]。陈诚（2010）认为，青海信息服务分散，信息共享效果差，没有充分发挥应有的作用。农业信息资源分散于各个部门，造成使用难、协同难、利用

①梅瑞峰，王盾：《宁夏农业信息资源及共享平台建设》，载《图书馆理论与实践》，2007年第4期第112页。

②赵晓铃：《陕西农村信息化体系建设问题研究》，载《乡镇经济》，2008年第5期第8页。

③陈来生：《青海“数字农业”建设探讨》，载《青海农林科技》，2008年第1期第46页。

④张效娟，王兆宁，张勇：《青海农村信息化网络体系建设问题分析及路径选择》，载《青海师范大学学报（社科版）》，2009年第2期第16页。

⑤李瑾，秦向阳：《宁夏新农村建设信息资源的整合研究》，载《现代情报》，2009年第9期第66页。

⑥蒋紫艳，赵军，赵燕妮：《宁夏农业信息供求现状的调查与分析》，载《安徽农业科学》，2014年第1期第278页。

⑦鲁明：《对农村信息公共服务村级信息点建设与管理的思考——以甘肃省农村信息公共服务网络工程为例》，载《农业科技与信息》，2009年第14期第3页。

⑧周应萍：《信息资源开发利用的策略研究——以陕西省为例》，载《科技管理研究》，2010年第1期第167页。

⑨张超，张权：《陕西省新农村信息化建设存在的问题及对策研究》，载《安徽农业科学》，2010年第25期第141页。

⑩苏桐，黄晓霞：《共享网络环境下甘肃农业信息资源共享对策研究》，载《农业图书情报学刊》，2011年第9期第91页。

低、重复建设等问题较多，应尽快建立统一的青海农业信息资源建设体系[①]。秦春林（2011）认为，国家的“金农工程”的顶层设计应该成为甘肃农业信息系统建设的参考。王慧（2011）提出了解决新疆建设兵团农业信息资源分散的办法，即在一个框架下实现农业信息数据的统一管理，需要将各个农场的数据平台都纳入其中进行科学有效的管理，实现信息共享[②]。王华丽（2012）提出，通过建立政府引导机制、实施市场驱动机制、推行政府与市场联合推动机制和建立良性利益机制，来整合新疆分散的农村信息资源[③]。吐尔逊·买买提（2012）认为，新疆农业信息资源建设情况复杂，开发多语种的少数民族语言文字的农业信息是关键，通过对区域内的各种信息资源有效整合可以解决这一难题[④]。李尚民（2012）认为，整合分散于陕西各个部门的农业信息资源，在于打破部门所有制，关键节点在于信息共享[⑤]。申屠文胜（2013）分析了南疆三地州九种农业区域性典型信息服务模式，认为因地制宜、实事求是对当地的农业信息资源建设将起积极的作用[⑥]。王华丽等（2014）通过问卷调查，认为专家、学者对农业科学数据共享工作的研究有一定的借鉴意义，农业科研用户对建设新疆农业科学数据共享平台已期待很久，实现这一目标难度较大[⑦]。王强（2014）认为，新疆缺乏统一的农业信息资源管理平台，影响了农业信息采集和信息服务，造成农业信息资源的巨大浪费[⑧]。史小娟（2014）认为，信息设施建设相对滞后、信息服务质量不能保证、信息应用水平较低和信息传输不畅[⑨]。陈学东等（2015）提出构建服务平台已成必然趋势，就宁夏农科院农业科技信息资源共享服务平台构建法进行了探讨[⑩]。张薇（2015）认为，农业信息有效

---

①陈诚：《青海农业信息资源的现状及开发对策》，载《青海大学学报（自然科学版）》，2010年第3期第86页。

②王慧，吕新：《新疆兵团农业资源信息化体系框架构建初探》，载《石河子大学学报（自然科学版）》，2011年第5期第546页。

③王华丽：《农村信息资源整合模式与机制探析——以新疆为例》，载《技术经济与管理研究》，2012年第2期第120页。

④吐尔逊·买买提：《新疆农业信息服务及维吾尔文信息资源整合研究》，载《新疆农业科技》，2012年第11期第59页。

⑤李尚民：《陕西省农业信息服务体系建设现状与发展研究》，载《江西农业学报》，2012年第3期第197页。

⑥申屠文胜：《新疆南疆三地州农业信息服务模式构建》，载《新疆农业科技》，2013年第12期第47页。

⑦王华丽，张磊磊，王新哲，王强：《新疆农业科学数据共享用户需求调查分析》，载《新疆农业科技》，2014年第5期第3页。

⑧王强：《新疆农业信息资源共建共享现状及建议》，载《新疆农业科技》，2014年第4期第5页。

⑨史小娟：《区域农业科技信息服务的问题与对策——以宁夏为例》，载《科技文献信息管理》，2014年第1期第43页。

⑩陈学东，李锋，王梓懿：《农业科技信息资源共享服务平台构建研究——以宁夏农林科学院为例》，载《宁夏农林科技》，2015年第10期第76页。

需求不足，信息需求和供给之间断层严重，其中的问题在于政府农业信息的有效供给和用户农业信息的有效需求没有衔接好，整合信息资源无疑是破解这一问题的路径所在①。张凌云等（2015）认为，构建“资源共享、互为开放、实时互动、专业服务”的农牧区信息化综合信息服务平台，是青海农牧区信息服务体系建设中农牧区信息化的核心和基础②。王新哲等（2015）认为，新疆目前各涉农部门信息已经形成各自为政的信息孤岛，农业信息资源共享可能性较小，甚至于不愿共享。因此，各部门之间应建立资源共享机制，搭建农业科学数据共享服务平台，做到农业资源的最大限度开发，最终促进新疆农业信息化“最后一公里”问题的解决③。柳佳佳等（2015）针对新疆棉花信息较为分散，建议由政府建立农业信息网站管理和协调机制、加强宏观管理，整合现有硬件、软件、资金和人力各项资源，从而实现权威性的棉花信息共享④。刘莹等（2016）从政策法规、资金投入、组织管理、技术支持、绩效评价以及激励等6个方面讨论了构建促进新疆农业科学数据共享服务体系运行的保障机制⑤。杨应文（2016）认为，建立农业云管理平台，以数据信息建设为中心，进行农业生产经营管理的智能化，其中信息的开放和共享是这一建设的基础⑥。林俊婷（2016）认为，由于各个部门各自为政，农业信息难以发挥作用，应逐步建立起一个完善的甘肃农业信息共享机制，共享的原则是统一的规划、管理和协调⑦。李景景（2016）认为，应积极整合全省信息资源，打造一个与陕西电子商务发展相适应的信息物流配送体系⑧。黄亚玲等（2016）介绍了宁夏农业科研院所在推进宁夏农业科技协同创新发展的框架中，将每个创新组织均视为研发、培训和服务“三位一体”的载体，把协同创新成果真正落在新产品和产业链上，为宁夏现代农业和特色产业发展提供智力支撑和服务⑨。

---

①张薇：《陕西农业信息供需矛盾及对策研究》，载《陕西农业科学》，2015年第2期第98页。

②张凌云，张鹏飞，郑红剑：《青海农牧区信息服务体系建设研究——以海南藏族自治州为例》，载《江西科学》，2015年第5期第744页。

③王新哲，王华丽，张磊磊：《建设丝绸之路经济带下的新疆农业信息化“最后一公里”解决路径初探》，载《农业网络信息》，2015年第12期第21页。

④柳佳佳，刘维忠：《新疆棉花信息化概况》，载《经营管理者》，2015年第4期第107页。

⑤刘莹，王华丽：《新疆农业科学数据共享保障机制构建》，载《黑龙江农业科学》，2016年第6期第118页。

⑥杨应文：《青海省“互联网+”现代农业发展研究与对策》，载《青海农林科技》，2016年第2期第56页。

⑦林俊婷：《信息化背景下甘肃省农业信息服务体系建设研究》，载《信息化建设》，2016年第22期第84页。

⑧李景景：《陕西农村电商发展现状及对策研究》，载《电子商务》，2016年第19期第32页。

⑨黄亚玲，杨晓洁：《宁夏农业科研院所协同创新的角色与功能探析》，载《宁夏农林科技》，2016年第2期第45页。

三、国内外研究现状评述

以上观点虽侧重点有所不同，但有一点是形成共识的，即认为农业信息资源建设是一个动态演进的过程，是农业产业革命和社会演变的过程，其动力来自现代信息技术的兴起和发展。

（一）农业信息资源研究具有时代特征

近年来，信息资源协同研究受到了学界的关注，一些有影响的研究论著公开出版。纵观农业信息资源协同研究方面的研究成果也开始受到学者的关注，但研究成果甚少，在学科的多元性和议题的广泛性上特征凸显，但仍缺乏研究范式，学科之间欠缺有效的对话，研究方法比较单一，在实践与理论之间仍然需要更进一步互动。关于农业信息资源协同问题，目前的研究多数为对政府宏观政策、农业信息管理体制、信息技术在农业信息系统中的应用等问题的研究，但农业信息资源协同问题在受信息化建设提速、新信息技术广泛应用、农业产业的战略地位提升、农业问题的特殊性加大等叠加因素的影响下，更加引起了政府、学者和公众的关注。国内目前对协同理论与实践的研究范围广泛，呈现热门多元态势，但对农业信息资源协同理论和实践的研究成果较少，且呈现出某种“碎片化”状态，而关于西北农业信息资源协同研究仍为空白。大部分研究成果是对协同理论背景或相关实践的简单介绍及其对国内实践的指导与借鉴，相关的期刊论文综合起来看构成了一定的系统性，在信息资源协同必要性问题上已有较为深入的研究，为特定主题和专业方面信息资源协同提供了研究思路。

（二）建立农业信息资源协同机制应该是一个渐进的过程

农业信息资源协同谈不上优劣之分，农业信息需求用户日益多元化。从一些案例研究中不难看出，由于农业信息资源协同机制构成复杂，且受到方方面面多种因素的影响，因此，农业信息资源协同机制的建立需要一个逐步的、渐进的过程才能够实现。随着农业信息建设进程的加快推进，传统农业信息资源管理必然转向新型的以网络技术为主的现代化农业信息资源管理。农民是信息需求的终端，农业信息关乎着他们具体的生产经营活动。

第四节 研究内容、目的与方法

本研究侧重从协同学的角度对西北农业信息资源的发展路径选择进行创新性的探索，结合大数据发展态势和未来现代农业发展方向以及西北经济社会转型阶段的新特点等，探讨西北农业信息资源发展的新思路和战略路径，研究视角新颖。

一、研究内容

通过对西北农业信息用户的协同需求进行调查，从理论上对西北信息资源协同模式做出分析，探讨西北农业信息资源协同应发挥的作用，为提高西北农业信息资源协同水平提出构建机制，以此作为研究西北农业信息资源问题的基本平台：①梳理西北农业信息资源建设与发展状况，对农业信息资源环境形势做出分析；②分析评价已有的西北农业信息资源协同模式，总结先进经验，分析典型案例，树立行业标杆，鞭策业内同仁；③贴近现实，用图书馆学理论来构建西北农业信息资源协同机制，为农业信息资源研究提供有价值的资讯。

二、研究目的

从理论研究的角度看，针对农业、农民、农村“三农”问题来研究西北农业信息资源协同机制，是以信息管理论来进一步探讨西北农业发展对策。从实践的角度看，能为我国农业信息管理提供理论依据和指导。我国农业信息供给与信息服务之间的矛盾已日益消解，但农业信息的管理水平不高，原因是管理部门主要以纵向管理为主，即依据政府行政机构开展自上而下业务，然而农业信息资源却是在横向，即部门与部门间沟通不足，影响信息有效发挥。建立农业信息资源协同机制，就是有效建立涉农信息机构之间的信息资源协同机制。可见，研究农业信息资源协同机制具有重要的理论价值和现实意义，将为农业信息资源管理提供新的思路。

三、研究方法

信息资源协同就是要解决好信息的“源”“流”“用”之间的协调问题，从而形成有秩序的农业信息流。从诸多的农业信息资源建设看，协同机制构建是为西北区域农业信息资源的综合发展提供思路。本课题以协同学理论为出发点，多方法、多维度来构建西北农业信息资源协同机制（见图1–1）。

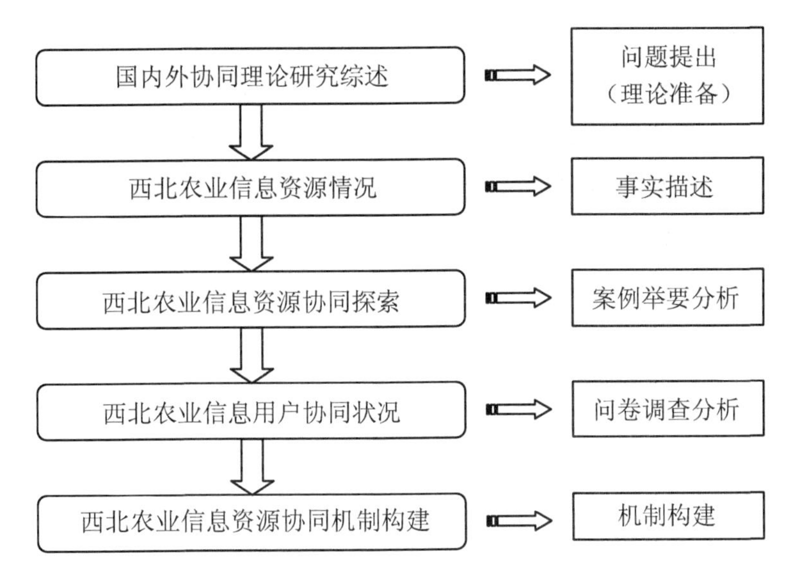

图1-1 西北农业信息资源协同机制建构研究思路

（一）文献研究方法

本课题研究涉及多个学科，如信息管理学、图书馆学、社会学、管理学、心理学等，在研究方法上，把定性分析与定量研究相结合，以定性分析为主，在研究中以协同理论为核心，注重对实践经验的客观分析与应用。同时，也注重采用一些新的研究方法。

（二）实地调查方法

通过用户信息资源协同需求调查，展示用户对信息资源协同的预期。主要思路是利用对信息供给主体和信息用户的调查分析数据来说明问题，进一步为农业信息资源协同机制构建提供佐证，从而实现农业信息运动遵循信息运动“源—流—用”的运行秩序，构建科学有序的协同机制。

（三）定性分析与定量研究相结合

本研究重点进行定性分析，同时结合定量研究，可以对西北农业信息资源协同有一个清楚的认识。从抽象思维的角度分析问题，侧重于探讨西北农业信息资源协同发展的内在规律及其与全球化、区域经济一体化、新型城镇化的互动关系。特别是考虑到西北农业信息资源建设的历史不长，要在信息协同实践中逐步确定有特色的战略目标，提出未来发展的方向及实施措施。

四、研究重点、难点与创新

围绕所确立的西北农业信息资源协同机制分析框架，研究农业信息资源协同机制的构建，通过西北农业信息资源的实证研究去检验和改进已有的基本理论框架。信息资源协同是多种形态作用的结果，如何深入农业用户的信息需求，全方位理解农业信息需求与信息供给过程中信息资源协同机制建构的必然性是难点所在。本课题研究需建立一套西北农业信息资源机制构建的基础理论分析框架。农业信息资源系统是一个开放系统，本课题侧重分析西北农业信息资源协同与农业经济关联度，西北农业信息资源协同合作机制完善等，为决策性、理论性的研究提供依据和成果。

五、主要研究内容

第一章，绪论。阐述研究思路、主要内容、研究方法等。

第二章，研究的理论基础。重点从协同学理论视角出发，阐述西北农业信息资源协同发展的理论机理。

第三章，西北农业信息资源建设状况。从区域农业信息资源优势度、发展水平、联系水平等视角，就西北农业信息资源开发与建设状况进行了分析。简述了西北农业信息资源发展现状和基本成果，基于为解决这些问题提供研究依据，确定了研究重点。通过建设成就的梳理，我们对西北农业信息资源建设有一个大致了解。

第四章，西北农业信息资源协同探索——西北五省（区）农业信息资源协同案例分析。对西北农业信息资源协同模式十年探索进行了分析，分别就陕西、甘肃、宁夏、青海和新疆西部五省（区）近十几年来农业信息资源协同建设的探索进行了具体论述。

第五章，西北农业信息资源建设存在的问题及解决的对策和建议。通过对西北农业信息资源开发与建设状况进行分析、比较及动态评估，剖析西北农业信息资源建设中存在的问题，并针对性地提出对策与建议。

第六章，西北农业信息用户信息资源协同问卷调查与分析。西北农业信息资源协同包括哪些内容？协同状况如何？是怎样协同的？带着这些问题，课题组用问卷调查的方式对西北五省（区）的农业用户进行了考察。

第七章，西北农业信息资源协同机制构建。分析西北农业信息资源协同机制如何合理定位，找到进入市场的切入点，并阐述西北农业信息资源协同机制的内涵及建设内容。

第八章，西北农业信息资源协同要素配置。明确农业信息资源协同的市场定位，分析、探讨农业信息资源协同自身发展和主体定位。

第九章，西北农业信息资源协同平台构建。就农业信息资源协同合作机制架构、效能与完善方向、农业信息资源协同的目的实现有序性等进行了探讨。

第十章，西北农业信息资源协同绩效评价。依据协同学理论进行评价指标体系构设计，给出了评价模型，建立了西北农业信息资源协同评价指标，总结回顾西北农业信息资源协同研究状况，得出了农业信息资源协同的重点问题。

本章小结

随着经济进入新常态，农业信息资源建设出现了一些新特点、新问题和新趋势，需要探索新的发展路径，采取更科学、更精准的政策。本课题在综合有关协同学理论和实践探索的基础上，从理论和实践层面对西北农业信息资源区域协同发展的内涵、实现机理和路径进行了探讨，以期构建西北区域农业信息资源协同机制框架，重点针对信息政策、顶层规划、协同创新、信息环境、行政保障等方面区域协同进行认识。农业信息资源协同能促进农业信息服务方式的转变，解决困扰农业经济发展中信息资源充分利用的问题。实践证明，农业信息资源协同可以提高农业竞争力。

1.学术界关注和社会发展相向而行

学术界往往侧重于从理论角度来分析农业信息资源建设的合理性和科学性，但在经济和社会发展的方面，农业作为国民经济的基础领域，信息资源建设是农业发展一个重要的方面，受20世纪90年代以来互联网快速发展影响，农业信息资源建设得到快速发展。这是一个非常重大的社会事件，不仅影响当代农业社会信息资源的开发和利用，也对以后农业信息资源建设的可持续发展影响深远。

2.农业信息资源协同研究角度

农业信息资源建设的不断调整，或者说农业信息管理论的发展常常是为了解决和预防现实中的农业信息供给与需求的问题。在协同理论的支撑下，分析实践发展状况，把理论与实践结合得更为紧密，就能够找到一个普适的方法来。全球农业信息管理已从单一机构管理到跨部门的信息资源整合与信息资源协同，再到为用户提供信息资源协同平台。

3.协同理念构建的将是一种全新信息管理秩序

协同观念正渗透在各个领域，以协同理念揭示农业信息资源建设内在逻辑关系，并对其呈现出一个科学、有序的完整信息系统，体现出一个大系统的架构。信息技术进步、信息系统结构的变迁，衍生出诸多问题，这是系统发展的必然结果。信息资源协同可以提升信息管理理念、转变政府职能、完善管理体制和积极引导社会其他利益主体共同参与，构建无缝隙覆盖的农业信息系统，进而降低建设费用及信息获取与利用成本，实现信息资源建设的良性运转。如果不协同，农业信息资源建设就走不出困境，现代意义上的农业信息管理就难以实现。由此，协同为构建当代农业信息资源建设秩序提供了新的视角与路径，对于进一步推进农业信息资源建设具有启发意义。

|第二章|

研究的理论基础

第一节　协同理论研究状况

德国科学家赫尔曼·哈肯于1969年创立了协同学（synergetics），协同学又被誉为“新三论”（即协同论、耗散结构论、突破论）的观点之一。作为一门在普遍规律支配下有序的、自组织的集体行为的科学，它代表了研究复杂问题的理论研究方向，即以系统关系为切入点，分析复杂的系统内部之间、系统与系统之间的各种关系。协同学揭示了系统的内在逻辑关系，并对其呈现出一个系统完整的科学体系，体现出一个大系统的架构。

一、协同理论的确立

（一）协同理论的形成

协同学的提出与赫尔曼·哈肯在其工作中发现的激光现象有着密切关系。20世纪60年代，赫尔曼·哈肯在研究激光理论时，发现了激光在产生过程中的种种特别现象，而这些现象又无法用现有的理论去加以解释，于是他对激光这一放大作用进行了深入探究，于1973年提出了自己的理论——协同学（synergetics）。通过这一理论来探究激光放大机制，而这一机制的形成过程说明，由于存在诸多的子系统，这些子系统不是孤立存在的，而是相互影响、相互作用，甚至相互合作、相互联合，在运动中会形成一致的集体行为（协同运动），因此可以把协同理解为是一个系统。随着协同概念的提出，1976年他系统阐述了协同理论，随后又出版了代表著作《协同学导论》（1977）和《高等协同学》（1983）。由此，协同理论体系得以完成，确立了协同学的理论研究框架。协同学的核心观点是：一个开放系统的运动是永恒的，各个系统间的运动是相互影响的，并产生着深刻影响[①]。这一论述诠释了各种相变过程中的主要矛盾，抓住了事物演化过程的共同规律，赫尔曼·哈肯所定义的“协同”至少有三个变量：子系统（主体）、序参量（客体）和有序无序（关系），即为协同所表达的基本含义（见图2–1）。

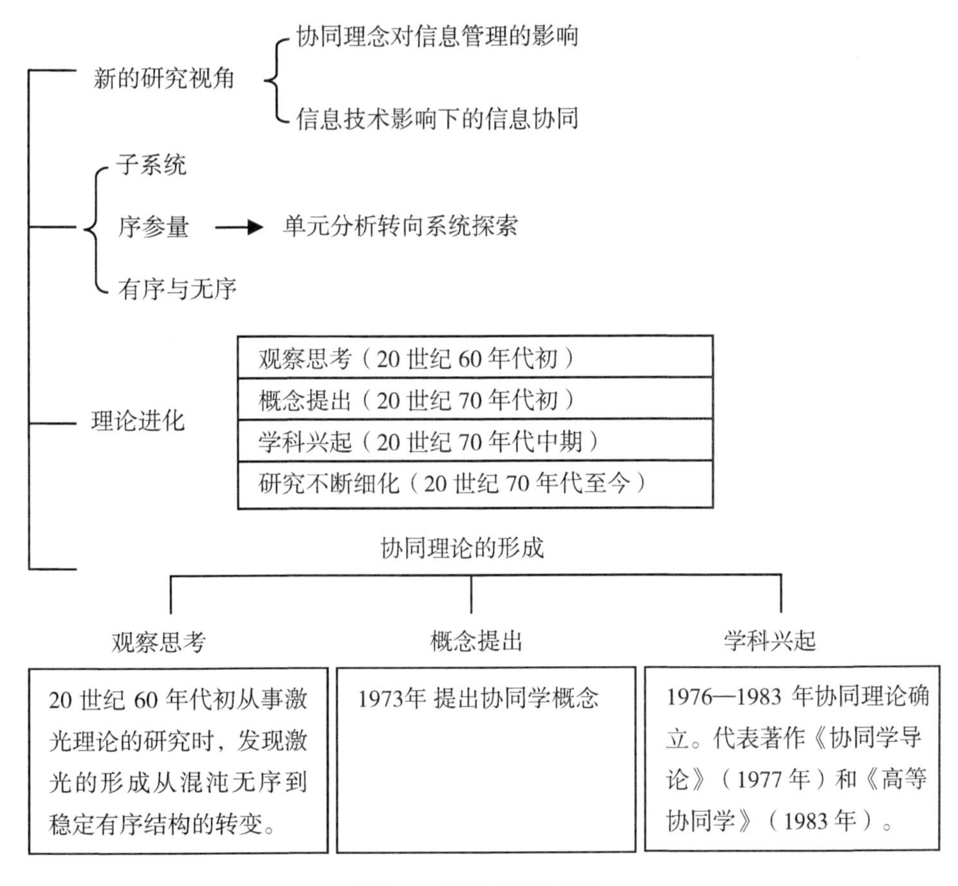

图2–1　协同学理论演进

协同理论也为社会科学研究架起了一道桥梁。“协同学”按照信息资源管理观点可以理解为各个信息系统或信息系统的子系统由无序发展到有序，相互之间形成相互支持、配合、协作的循环态势。

（二）协同理论的主要内容

协同学主要研究远离平衡态的开放系统在与外界有物质或能量交换的情况下，如何通过自己内部协同作用，自发地出现时间、空间和功能上的有序结构。

1.协同效应

协同效应是指由于协同作用而产生的结果，是指复杂开放系统中大量子系统相互作用而产生的整体效应或集体效应。对千差万别的自然系统或社会系统而言，都存在着协

① （德）赫尔曼·哈肯：《协同学》，凌复华译，上海译文出版社，2013年版。

同作用。协同作用是系统有序结构形成的内驱力。任何复杂系统，当在外来能量的作用下或物质的聚集态达到某种临界值时，子系统之间就会产生协同作用。这种协同作用能使系统在临界点发生质变产生协同效应，使系统从无序变为有序，从混沌中产生某种稳定结构。协同效应说明了系统自组织现象的观点。

2. 伺服原理

伺服原理用一句话来概括，即快变量服从慢变量，序参量支配子系统行为。它从系统内部稳定因素和不稳定因素间的相互作用方面描述了系统的自组织过程。其实质在于规定了临界点上系统的简化原则——“快速衰减组态被迫跟随于缓慢增长的组态”，即系统在接近不稳定点或临界点时，系统的动力学和突现结构通常由少数几个集体变量即序参量决定，而系统其他变量的行为则由这些序参量支配或规定，正如协同学的创始人赫尔曼·哈肯所说，序参量以“雪崩”之势席卷整个系统，掌握全局，主宰系统演化的整个过程。

3. 自组织原理

自组织是相对于他组织而言的。他组织是指组织指令和组织能力来自系统外部，而自组织则指系统在没有外部指令的条件下，其内部子系统之间能够按照某种规则自动形成一定的结构或功能，具有内在性和自生性特点。自组织原理解释了在一定的外部能量流、信息流和物质流输入的条件下，系统会通过大量子系统之间的协同作用而形成新的时间、空间或功能上的有序结构。

（三）协同理论的要素分析

1. 自组织

协同学是以系统运动演变为视角，重点研究在普遍规律条件下的有序的、自组织的集体行为的科学①，实现分散系统的自组织性，进而使系统运动向有序化方向发展。协同学是研究子系统运动的科学，它体现了整体大于部分的理念，这个大于不是自然而然产生，而是系统通过有序运动形成的，这种作用就是系统的自组织，即在从无序到有序的过程中子系统也完成了从分散到整体的有序进化过程。

2. 序参量

序参量主要反映系统的有序程度，序参量的大小程度也就反映了系统有序的状况或程度。因此，可以认为当系统由混乱状态向有序状态发展时，序参量随即也从0或极小数值逐渐增大，或从有序到无序的变化，序参量也在变化。序参量来自两个方面：一是源于子系统之间开放系统；二是源于子系统之间的协同。

---

①（德）赫尔曼·哈肯：《协同学——大自然构成的奥秘》，凌复华译，上海译文出版社，2005年版。

3. 快变量和慢变量

协同学认为系统的稳定至关重要，而稳定性与两种力量有直接关系，即快变量和慢变量。快变量对系统变化起着阻尼作用，慢变量起着干扰作用，两个作用一正一反，两者是既相互联系又相互制约、既相互作用又相互依存的关系。快变量和慢变量围绕系统发展过程运动，系统的发展方向取决于两种变量中哪一种量的力量大小。

4. 共生性

共生性是指各个系统的关联性。信息系统是以专业化分工与协作为基础的，是一个有机的、相互作用并相互依赖的信息生态共生体。各个系统之间在信息生产、信息传播、信息开发和信息利用上有相互联合的历史传统。各个系统相互依赖，从而形成了信息的生产网络、知识网络和传播网络。由于上下游系统间的纵向分工和横向合作，系统内各个子系统组织间的共生性不断加强，尤其在社会分工日益细化的今天，各个信息系统已经成为一个相互依存的紧密群体。

（四）协同理论的应用

信息系统是一个不断运动的系统，这一运动是各种因素相互作用形成的，其目标是使得系统状态越来越有序（见图2-2）。瑞典经济学家缪尔达尔（Myrdal）提出了循环累积因果论，认为经济社会发展中的各种影响因素是相互联系、相互影响、互为因果的，这些因素的相互作用最终导致经济增长呈累积增长正反馈趋势或累积下降负反馈趋势。此理论一方面指出了社会、制度、文化和政治上的因素同样也影响着区域经济的发展；另一方面也指出在促进区域协调发展方面不能依靠市场的力量，而应该发挥政府的干预作用。

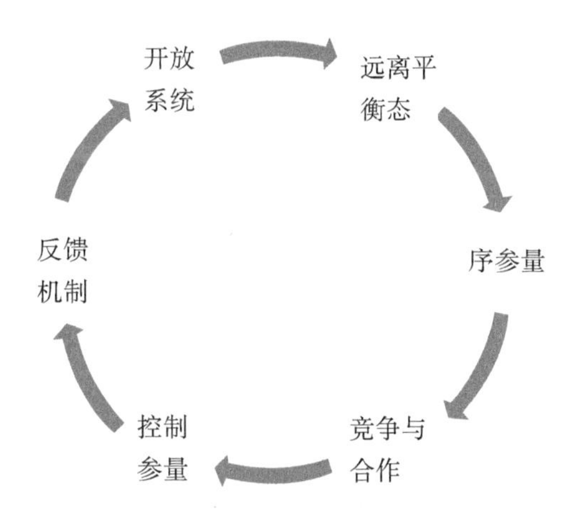

图2-2　系统有序状态的形成条件

当然协同本身有其局限性，不是所有协同都是有效的。时间的耗费，不同群体间力量不一，又或者是代价和利益不均都会导致最终协同的效果不尽如人意，有效的协同需要遵循一些原则。如果协同效果使用得当，会产生$1+1>2$的效果；如果协同效果使用不适当，就会产生$1+1<2$的效果。大多数研究表明，有效的协同一定是民主而且包容的，即没有任何形式的等级并且所有和问题有关的群体都被包含其中。

（五）协同理论的特征

1.目标性

协同具有明确的目标性，即以系统的总体演进目标为方向，系统运动朝有序方向运动的目标是协同目标所在，各个子系统的运动都是围绕总系统的发展方向进行配合、协作和支持的，由此形成子系统之间相互支持和相互促进。因此，系统协同具有较强的目标性，这一目标的实现与子系统协同有着密不可分的关系。

2.系统性

一个开放系统是由多个子系统组成的，而各子系统存在着相互配合和相互支持的关系，子系统之间产生相互联系和相互作用，系统的发展会受到这些因素的影响。

3.复杂性

协同是系统内部与外部环境相互作用的反映，我们可以把系统看作一个生物的神经网络。协同是一个具有多维度、多层次的网络体系，各个系统相互配合才能够实现协同的整体目标。

4.动态性

信息系统是不断发展的，运动是协同的永恒状态。因此，协同不是一成不变的，它受自身及外部环境各种因素的影响，会产生量变到质变。动态性是协同的核心所在。

（六）协同学的科学理念

赫尔曼·哈肯的协同理论，确定了系统科学观；确立了系统发展的哲学支点；确立了把自组织理解为新的系统观；确立了系统之存在的辩证法；揭示了系统之存在无序向有序发展的空间视野。协同是系统运动的重要路径，它实现了对系统运动的革命改造。释放农业信息系统的活力是农业信息资源协同的目标。

1.哲学观

协同学的哲学理念体现在其“和谐竞争、协同发展”的基本哲学观念之中。概括而言，和谐与竞争、协同与发展均体现了相辅相成的交互关系。具体而言，和谐是自然的生存法则，竞争是自然的发展机制，事物在和谐竞争中螺旋式上升，显现出开放与封闭、无序与有序、混沌与规律、耗散与凝聚、解放与规范、建构与解构等状态与规律；协同是和谐与竞争的统一，发展是自然运动变化的基本规律。

2.科学观

协同学的科学理念体现在其“统筹与优化、发展与创新”的科学观之中。概括而言，统筹信息资源、优化建设过程、激发系统动力、提高创新能力是农业信息资源协同的基本任务；激发农业信息系统的活力、提高信息资源管理能力、提高信息资源的配置能力等均是农业信息资源协同的目标。

二、国外研究状况

“战略管理”概念提出者伊戈尔·安索夫（H. IgorAnsoff）在其《公司战略》（1965）一书中，从公司战略角度最早提出协同概念，认为协同是构成公司发展战略的一个主要要素[①]。此后众多学者（Potter，1985；Goold et al，1999；Shleifer et al，2001；King，2002）对协同学进行了进一步的研究，他们从不同视角对协同效应的概念、协同的实现机制进行了研究。Bataman（1995）研究一般意义知识模型中知识的组织和使用过程，认为协同对上层知识使用有非常大的作用[②]。Peter A．Coming通过分析复杂系统的演进过程，认为协同是自然（或社会）系统中两个或两个以上的子系统、要素或者人之间通过相互依赖形成的联合效应[③]。美国学者迈克·波特（1998）在《竞争优势》一书中使用“关联”一词对协同进行了研究，认为业务单元之间的协同大致可分为三种类型：有形协同、无形协同和竞争协同[④]。Maryan 和Szasz（2005）认为，协同是系统有序结构形成的内驱力——形成内部作用力[⑤]。David（2005）认为，协同过程中的政府作用十分重要，政府行政调控，对各个要素进行引导，进而达到协同目标[⑥]。DanieJ Suthers（2007）认为信息的交互过程中，协同更加有利于信息共享[⑦]。AgarwaI（2009）认为协同能够进一步促进信息动态能力建设，网络实现服务的创新[⑧]。

①陈荣平：《战略管理鼻祖——伊戈尔·安索夫》，河北大学出版社，2005年版，第3-10页。

②Bataman J，Magnini B，Fabris G. The General Upper Model Base: Organizations and Use. In Mars，N. J. I.（ed.），Toward Very Large Knowl-edge Bases. IOS Press，Amsterdam，1995：60-72.

③Coming P A．The Synergism hypothesis：on the concept of synergy and its role in the evolution of complex systems[J]．Joumal of Social and Evolutionary Systems，1998，21(2):133-172.

④Michael E. Porter. Compertitive Advantage[M]. New York: Free Press，1989:12-78.

⑤Maryan M，Szasz A，Szendro Peta1.Synergetic model of the formation of non-crystalline structures[J]. Journal of Non-Crystalline Solids，2005，351（2）:189-193.

⑥David R Justa. Effect of information formats on information services:analysis of four selected agricultural commodities in the USA[J]. Agricultural Economics，2006，(35):289-301.

⑦Danie J Suthers，Richard Medina. Information Sharing with Collaborative Convergence: The Case for Interaction [J].Computer Support for Collaborative Learning，2007(9):715-743.

⑧AgarwaI R，Selen W. Dynamic Capability Building in Service Value Networks for Achieving Service in Novation [J]. Decision Sciences，2009，40(3):340-356.

三、国内研究现状

（一）关于协同理论的研究

2016年8月1日，课题组在中国知网（CNKI）上对与课题研究相关的文献进行了检索，通过篇名“协同”进行了检索，共查找到59019条结果，显示协同理论研究已经成为热点，但仔细阅读这些成果后，却发现真正就协同理论进行深入研究的成果几乎没有，而是把许多问题嵌套于信息概念中，以协同理念来研究某一问题。因此，协同理论是一个尚待深入研究的新学术领域。

孔繁玲等（1987）认为，协同学把社会科学和自然科学联系了起来①。郭治安（1988）认为，协同学揭示了系统产生运动的原因及系统变化的规律特征②。孟昭华（1997）认为，协同学对各个系统之间的运动给出了差异分析，这种差异是辩证统一的，反映了协同学“内因”与“外因”之间的辩证关系③。曾健等（2000）认为，协同学强调整体大于部分的系统理论概念，反映了事物的结构与功能需要协作的含义④。潘开灵等（2006）认为，协同学开启了研究复杂系统在统一体的既共存又矛盾的事物特性⑤。刘丽娟（2006）发现，从无序到有序并非自然而然地产生，乃是需要各种因素的影响才能够实现⑥。王晓丽等（2007）认为协同的本质是实现各个要素的充分流动，打破束缚系统发展的壁垒，使各个系统有效实现发展目标⑦。蒋国瑞等（2007）认为，自组织是系统的一种状态，是协同学的核心⑧。李辉等（2011）认为，协同并非自然形成，协同的关键在于系统机制的形成，系统只有在机制的作用下才能发挥作用，产生新的组织⑨。王洛忠等（2011）认为，协同效应就是“整体大于部分”⑩。汪锦军（2012）认为，协同是多元主体的必然选择，协同不会必然产生，从碎片到整体的协同过程中，最终产生

①孔繁玲，振林：《论协同学对系统科学的丰富和发展》，载《求是学刊》，1987年第4期第37页。

②郭治安：《同学入门》，四川人民出版社，1988年版。

③孟昭华：《关于协同学理论和方法的哲学依据与社会应用的探讨》，载《系统辩证法学报》，1997年第2期第18页。

④曾健，张一方：《社会协同学》，科学出版社，2000年版。

⑤潘开灵，白列湖：《管理协同理论及其应用》，经济管理出版社，2006年版，第59页。

⑥刘丽娟：《声乐演唱教学中的协同理论研究》，湖南师范大学硕士学位论文，2006年。

⑦王晓丽，赵希男，丁勇：《供应链企业技术嵌入式协同机制研究》，载《科技进步与对策》，2007年第9期第154页。

⑧蒋国瑞，杨晓燕，赵书良：《基于协同学的Multi-Agent合作系统研究》，载《计算机应用研究》，2007年第5期第32页。

⑨李辉，全一：《地方政府间合作的协同机制研究》，载《社会科学辑刊》，2011年第5期第118页。

⑩王洛忠，秦颖：《公共危机治理的跨部门协同机制研究》，载《科学社会主义》，2012年第5期第212页。

何种协同[1]。高雪梅等（2012）认为，协同的开放性、目标性、非线性、远离平衡态等范式特点，决定了协同过程的复杂性、不可预测性和一定的干预性[2]。黄磊（2012）认为，协同学是描述系统的新结构与新秩序怎样出现的理论，它说明了系统处于临界状态时，系统中的元素挣脱出系统的控制独立作用，在对系统进行争夺控制权的竞争中，由偶然性的随机因素影响（蝴蝶效应），最先出现、增长率最高、影响最大的元素或者元素联盟成为役使序参量，让所有的其他元素按照自己的步调统一协调地工作，这样一种新的系统质形成了，一种新的系统结构也成型了[3]。马永坤（2013）认为，协同是子系统相互合作与协调的结果[4]。李波等（2013）发现，当序参量达到一定的阈值时，就会出现一种新的状态；从新状态到旧状态就是从无序到有序，新的序结构之所以能够存在是由子系统的运动来决定的[5]。蔡小葵（2013）认为，协同学的综合作用构成了协同机理和规律[6]。朱文涛等（2013）认为，协同学是开放性系统、自组织演进的动力学方法论[7]。孙迎春（2014）认为，协同论其实是系统论的延伸，是在组织间关系的平衡与不平衡的动态发展中从无序走向有序。协同论从能量流的角度，解释了组织跨界合作的生存与发展过程[8]。孙寅生（2015）认为，协同需要把握枢纽、需要顶层设计、需要统筹联动、需要补足“短板”、需要把握关键和需要自觉意识[9]。曲蜂庚等（2016）认为，协同论的要点就是系统的自组织状态从无序到有序[10]。

（二）关于协同论的实践应用

蔡剑（2012）通过分析协同学的价值，发现人们对稀缺的资源进行竞争；另一个假

---

①汪锦军：《构建公共服务的协同机制：一个界定性框架》，载《中国行政管理》，2012年第1期第18页。

②高雪梅，王维青：《创新高校基层党建与学科团队建设协同机制的研究》，载《黑龙江高校研究》，2012年第12期第58页。

③黄磊：《协同论历史哲学》，中国社会科学出版社，2012年版，第254页。

④马永坤：《协同创新理论模式及区域经济协同机制的建构》，载《华东经济管理》，2013年第2期第52页。

⑤李波，吴伟军：《我国金融监管系统协同机制的构建及运行》，载《江西社会科学》，2013年第3期第62页。

⑥蔡小葵：《运用协同理论探索大学生思想政治教育中的协同机制》，载《内蒙古师范大学学报（教育科学版）》，2013年第11期第66页。

⑦朱文涛，秦峰，钟积奎，杨小华：《大学图情工作之协同研究》，载《现代情报》，2013年第1期第14页。

⑧孙迎春：《发达国家整体政府跨部门协同机制研究》，国家行政学院出版社，2014年版，第120页。

⑨孙寅生：《论社会发展的协同机制》，载《求实》，2015年第1期第62页。

⑩曲峰庚，董宇鸿：《城镇化健康发展协同创新理论与实践》，社会科学文献出版社，2016年版，第45页。

设是系统之间对知识和信息共享与合作[1]。孙迎春（2014）为了应对政府工作的日益复杂化和综合化，政府整合政策、项目和服务的要求越来越多，公共服务的碎片化，多元主体参与而产生的责任界限模糊等问题，引入协同理论来研究跨部门协同机制[2]。蒋敏娟（2016）认为社会治理过程中的复杂性，越来越挑战政府的管理能力，协同学有助于打破层级等级制度，为建立跨部门协同机制提供了理论依据[3]。李静（2016）通过在昆明的实地调研，从参与主体这一视角着眼，研究政府、企业、公众、社会组织对创新食品安全治理模式的阻碍性要素，以多元治理、网络治理、协同治理作为理论指引[4]。

四、文献研究简要述评

（一）协同理论提出了一个新的分析视角

协同理论借鉴了社会科学理论，自组织内部机构的整合以及系统之间的协同与整合机制，使系统研究从竞争走向合作。与单纯的信息学相比，协同学理论更加具有综合性和理论性，借助伙伴关系及各种协同方式，为农业信息学的发展奠定了更为广阔坚实的理论基础。协同理论在组织设计上还科学融合了新公共管理理论的原则、方法和技术，为农业信息资源的共建共享问题研究提供了新的理论指导。

（二）国外研究呈现多元化态势

纵观国外对协同学研究状况，由于协同学理论起源于德国，协同学在国外发展受到关注，至今它仍然是探讨自然科学诸要素之间关系的主要理论。协同理论涉及的学科日益增多，如管理学、政治学、社会学、情报学、图书馆学等。借鉴协同理论研究社会科学，是协同理论的广泛应用和深度发展。国外学者侧重应用协同理论研究系统之间的关系，以考察系统的合理性和科学性。一些研究技术性太强，不利于从整体上把握，重视系统技术分析，缺乏更为宽泛的研究视角。

（三）国内研究主要应用协同理念研究实际问题

国内信息资源协同研究，为农业信息服务提供了极大的发展空间。经过几十年努力，特别是自20世纪90年代以来，国内协同理论研究开始受到学者的关注，协同理论研究的内容也越来越多。近年来，农业信息资源协同研究受到学界的关注，在协同学的引导下提出解决问题的新思路，主要有三个方面的特点：一是总体上农业信息资源协同理论研究较少，并呈现出某种“碎片化”状态，研究视角主要集中在信息技术的应用上，进而出现了对互联网条件下农业信息资源协同研究。二是在理论研究方面，成果偏

①蔡剑：《协同创新论》，北京大学出版社，2012年版，第5页。

②孙迎春：《发达国家整体政府跨部门部门协同机制研究》，国家行政学院出版社，2014年版，第20页。

③蒋敏娟：《中国政府跨部门协同机制研究》，北京大学出版社，2016年版，第12-13页。

④李静：《中国食品安全“多元协同”治理模式研究》，北京大学出版社，2016年版，第7页。

少，研究方法单一，研究视野不开阔，特别是协同学对农业信息资源协同的研究，规范性、实证性研究都较少。应用性研究一般针对实际问题进行探讨，这方面的成果也较少。三是研究总体上缺乏系统性，难以推动理论、方法、结论和应用的突破性进展。

综上所述，协同理论是一个兼容并蓄、博大精深的综合性知识框架，有其丰富的理论基础和宽泛的研究视角，在理论发展与实践探索中逐渐成长，是一种具有丰富理论内涵的整体性、创新性理论，具有强大的生命力和适应力。

第二节　农业信息资源协同理论

信息既是人类对物质世界认知的表述，又指导人类改造物质世界。农业信息资源协同就是实现农业信息资源的有序建设，使农业信息资源科学、合理地配置。农业信息资源的内容很多，协同的要素也十分复杂，总体来说，农业信息资源的协同就是让丰富的农业信息资源通过有效的协同机制，使各要素有序运行，并科学、合理地配置资源，使农业信息资源得到充分有效的利用，以此来实现农业经济效益的最大化。但农业信息资源怎么协同？需要建立怎样的协同机制？协同机制怎么建立？需要进一步的思考和探究。

一、农业信息资源协同的相关概念

（一）机制与协同机制

机制是一个常见的词汇，但有丰富的内涵。从协同学角度看，机制是实现各个子系统有序发展的运行方式。机制推动事物不断发展。国内一些学者对机制的定义进行了不同的阐述，如于真（1989）认为，机制是一种状态或动作受一定条件的限制[①]。李以渝（2007）认为，机制可形式化为：机制=[如果A（自动）则B]（A、B为系统子系统或元素）[②]。王运武（2013）认为，机制内涵丰富，类型很多，机制应用于不同的事物应做具体的分析[③]。

根据协同学理论，课题组认为，协同机制是推进系统发展的动因、作用和机理。协同不是简单的合作，而是使系统的各个子系统之间协调运行、共同发展。Denning和Ya-holkovsky也指出，与协同相比，合作在共同工作方面较弱，但是两者都需要相互间

①于真：《论机制与机制研究》，载《社会学研究》，1989年第3期第11页。

②李以渝：《机制论：事物机制的系统科学分析》，载《系统科学学报》，2007年第4期第25页。

③王运武：《基于协同理论的数字校园建设的协同机制研究》，中国社会科学出版社，2013年版，第26-27页。

分享信息[①]。协同机制可分内源协同机制和外源协同机制，内源协同机制是政府的顶层设计，外源协同机制是外部环境因素的影响。

（二）农业信息资源协同

国内对农业信息资源协同尚未有明确定义，相关研究文献中与之相关的概念较多，如信息平台建设、跨系统/部门信息共享等。随着协同理论在农业信息研究领域的应用，农业信息资源协同问题受到了一些学者的关注。2016年8月1日，课题组在中国知网（CNKI）上对与课题研究相关的文献进行了检索，通过篇名“西北农业信息资源协同”进行检索，查找到0条结果，说明农业信息资源协同是一个尚待深入研究的新的学术领域；通过篇名“农业信息资源协同”进行检索，共查找到15条结果，从检索到的文献内容来看，农业信息资源协同多指跨系统或跨区域下进行的农业信息资源的协同工作。如何在农业信息资源建设主体多元的现实基础上，通过协同机制的构建，来实现信息系统功能的清晰定位、建设主体的参与式共生、传统信息系统的转型、信息系统的空间重构等方面涉及不多，需要进一步延展、深入和探索。

1.关于农业信息系统协同需求的研究

熊晓元（2007）提出，应在目前现有的农业网站基础上建立农业信息资源协同机制[②]。刘双印等（2008）认为，协同机制有效地解决了技术协同[③]。王健等（2008）以元数据为基础，分析了农业领域知识的组织结构与表达形式[④]。徐勇等（2009）针对互联网中的农业信息数量巨大、内容庞杂、良莠不齐、系统异构等问题，认为用户很难找到自己需要的信息，信息资源协同就更难实现。应该设计有专业智能的搜索引擎，通过建立一个信息智能分类、信息跨系统搜索、信息组织及推送服务便捷的协同系统，才能够为用户提供准确、快捷的农业信息，这显然需要一个新的组织架构[⑤]。王娟等（2011）基于湖南省农业信息综合服务平台下的一个子系统，评分更具有可参考性[⑥]。甘国辉等（2012）认为，农业信息资源协同服务致力于把分散、孤立、碎片化的农业信息从逻辑

①Denning P J， Yaholkovsky P. Getting to “We” [J]. Communications of the ACM，2008 ，51(4): 19-24.

②熊晓元：《多功能协同农业信息服务网站的构建》，载《农业网络信息》，2007年第2期第67页。

③刘双印，徐龙琴，沈玉利：《AJAX协同OWC技术在农业政务管理信息系统的研究》，载《计算机技术与发展》，2008年第11期第226页。

④王健，王志强，周艳兵：《面向协同计算的农业信息元数据研究与实现》，载《农业工程学报》，2008年增刊第5页。

⑤徐勇，甘国辉，牛方曲：《农业信息资源协同服务总体架构解析》，载《农业网络信息》，2009年第9期第10页。

⑥王娟，方逵：《一种优化的基于协同过滤的农业信息推荐系统研究》，载《农机化研究》，2011年第7期第194页。

角度实现一体化，进而形成无序到有序[①]。

2. 关于农业信息协同机制的研究

胡昌平等（2013）利用图书馆联合参考咨询服务的成功模式，结合湖北省农业信息咨询发展状况和用户需求，打破单一式信息咨询服务已难以满足用户日益多元化和专深化的信息咨询需求的格局，在跨系统农业信息咨询服务中，实现跨系统协同农业信息咨询服务的功能，体现出从资源协同、界面协同、组织跨系统农业信息咨询服务[②]。刘艳霞等（2014）分析了黑龙江省农业高校创建的以农技推广中心、农场、农业合作组织为服务目标的科技信息服务协同模式，该模式提高了农业高校服务农业的能力，使得产学研教相互融合，是一个多赢模式[③]。宋金玲等（2015）以过滤算法为前提对农业科技信息进行信息资源协同，进而促进农业信息系统的改进[④]。汪祖柱等（2015）结合我国ASTISS的研究与发展现状，提出了基于协同理论的ASTISS构建思想[⑤]。杨柳（2016年）认为，农业信息资源协同可以提高农业信息的利用效率，但目前的信息资源协同主要依靠信息技术的推动来完成，加快信息系统建设可以有效改善协同[⑥]。

（三）农业信息用户

农业信息涵盖范围较广，农民是农业生产的主体，一般意义上的农业信息用户主要是指农民。农业信息用户的范围广泛，用不同标准衡量可划分为不同的类型，从信息资源协同的角度来理解，经营过程中的主体单位，即政府管理部门、农业企业和农业科研教育单位为核心用户，农业经济组织是重点用户，而个体（农户）是一般用户，信息资源协同主要针对核心用户和重点用户等（见图2-3）。

①甘国辉，徐勇：《农业信息资源协同服务：理论、方法与系统》，商务印书馆，2012年版。

②胡昌平，胡媛：《跨系统农业信息咨询的协同化实现》，载《图书馆论坛》，2013年第6期第14页。

③刘艳霞，李鹏伟，赵文忠：《黑龙江省农业高校科技信息服务协同模式探索》，载《黑龙江农业科学》，2014年第5期第142页。

④宋金玲，黄立明，薄静仪，刘海滨：《基于信任的农业科技信息资源协同过滤推荐方法》，载《农技服务》，2015年第5期第14页。

⑤汪祖柱，钱程，王栋，高山：《基于协同理论的农业科技信息服务体系研究》，载《情报科学》，2015年第8期第10-14页。

⑥杨柳：《关于提升农业经济管理信息化水平的研究》，载《农业经济》，2016年第7期第53-55页。

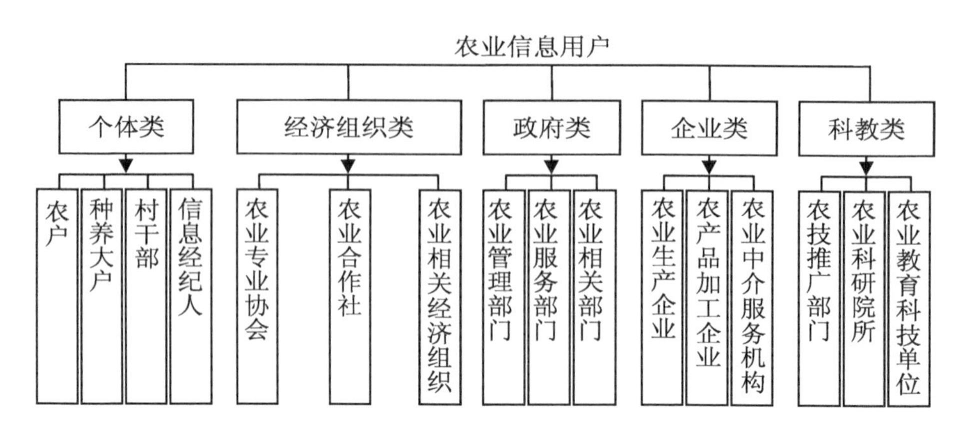

图2-3　农业信息用户的类型

农业信息内容丰富，从需求主体的个体看，包括年龄、性别、从事行业、收入水平和文化教育水准等因素。从需求机构看，政府、企业、教育、科研和社会等行业，农业信息资源协同主要引导农业产业结构调整、农产品空间布局、农业科技信息体系建设、农业教育资源布局等，这些因素的综合性形成农业信息资源协同需求（见表2-1）。

表2-1　农业用户信息资源协同类型划分

需求形式	信息内容
需求背景	农业生产经营过程中与种植、养殖、加工相关的生产信息、科技信息、生产信息等
需求内容	数据事实等资料型、符号型、视频型的信息，消息、农业知识信息等
需求类型	文献资料信息、数字化信息、语音信息、符号信息等
信息形式	文字、符号、图像、视频、语音、肢体等表现的信息
需求目标	生产需求、经营需求、生活需求、研究需求、证实需求、解疑需求、娱乐需求、随意需求等
服务内容	资料发放、定题服务、跟踪服务、网络信息、多媒体技术、农业教育、科技信息、技能培训服务等

（四）农业信息资源协同机制

1.信息资源协同机制建立的最核心问题就是各个信息系统的共生性

农业信息的关联决定农业发展的相互依赖性，由于农业产业间的纵向分工和企业之间的横向合作，西北区域内的农业在生产和经营上紧密联系，组织间共生性不断加强。在社会分工日益细化的今天，农业经济已经成为一个相互依存的紧密群体。为了完成某项工作，人们必须进行协作。农业信息资源协同理念缘于赫尔曼·哈肯的协同理论，在这个特定的信息资源管理构架中，以自组织、序参量为他的重要的逻辑基础，信息资源协同就是其中的一种典型的协作形式。

2.协同机制就是各信息资源（信息系统）相互协作的规则

农业信息资源协同机制就是要实现将分散的农业信息资源进行整合与集成，协同服务于农业信息用户。信息资源协同针对用户的信息请求，分析业务需要，依据协同机制对各种信息资源和信息服务进行分配、推送、编排、组合等，以形成完善的农业信息提供给信息用户。协同着眼于互动互补、协同完成，具有自组织运动。由此可见，相对而言，协同是协作与合作这两个概念的上位概念；协调是指共同体的互动需要指向同一目标，促使个体之间行为的和谐，对不协调的行为，有必要采取一定的协调措施，以提升内聚力（凝聚力）与关注程度；构建则是指在协同过程中，各个系统的信息资源对整个信息资源建设的互补与建构。这三者是一个相互联系的有机体。农业信息资源协同能提高信息共享的效率，农业信息资源协同机制的建立主要是农业信息资源建设过程中协同政府管理机制。信息资源（信息系统）是农业信息资源协同机制建设的基础，以信息资源管理理论为指导，以农业信息资源建设为基础，以行政政策梳理为主核心，以信息技术为手段，建立农业信息资源协同机制，进而为农业用户提供范围全面、内容真实、有效适用的农业信息资源。协同机制是为了相互协调共同服务于同一服务对象所遵循的协作规范。目前分散的农业信息资源为服务于不同的农业信息用户，在设计和规划上没有考虑相互配合、协同服务。对于特定的服务对象，要使各自分散的信息资源进行相互协调，建立相应的协同机制。因此，提高农业信息资源协同的认识，进行农业信息资源协同机制的构建，是农业管理机构的引导与农业信息用户的自我转变相结合的共享导向机制的构建。

二、农业信息资源协同的作用

信息组织者与信息传播者在与信息内外生态的作用和影响下共同构成信息主体的循环系统[①]。在这复杂的循环系统中，协同难度是很大的。但若进行科学、有机的协同，将有助于农业信息资源的建设和有效利用，进而推动农业可持续发展。

（一）农业信息资源协同是农业信息预测和决策的依据

在农业技术开发、农业生产经营管理等农业信息系统中，我们要及时掌握当前各种发展状况，紧跟农业的最新发展，避免低水平的重复研究和开发，这是避免决策失误的关键所在。在这里，信息的作用更是不言而喻的。大量的事实证明，不重视开发和利用农业信息，往往会造成智力、物力和财力的极大浪费，甚至造成重大损失或市场混乱。

（二）农业信息资源协同是信息运动的趋势所在

通过农业信息资源的有效协同，促使农业产业向附加值高、知识密集、高效绿色的方向转化，同时，信息在传统农业产业中的应用，将使传统农业产业“软化”，从而改

①裴成发：《信息运动生态协同演进研究》，科学出版社，2014年版，第99页。

变农业产业结构。实现从海量的农业信息资源中发现有价值的信息资源，实际上也是一种信息运动的过程，在这一开发和利用的过程中，信息资源协同是必然趋势。农业信息资源协同可以使农业经济效率不断地提高。

第三节　相关理论

需要说明的是，农业信息资源协同是基于协同理论，同时借鉴其他学科理论实现农业信息系统整体协调发展的新思路，具有系统性、整体性，强调整体协同效应，实质上是对农业信息资源自身发展路径的优化，是系统与系统之间关系的重塑，是一种发展路径的创新。协同理论不是孤立的，它是一个有机整体。

一、系统理论

1937年，贝塔朗菲（Van Bertalanffy）提出了一般系统论（General System Theory），开启了把信息系统作为学科研究的大门，其代表作品是1968年出版的《一般系统论》①。在他主要研究的三种系统理论（机体系统论、开放系统论、动态系统论）中，任何一个系统都是一个有机的整体。

（一）系统的各个要素是相互联系的

系统中的各要素也不会孤立存在，而是分别处于一定的位置，起着特定的作用。内因和外因具有天然的密切关系，环境是决定系统的前提，系统只有适应环境，才有价值。系统、环境可以通过竞争、磋商、合作和联盟的方式来影响系统目标的实现过程。可见，组织在系统运动中处于什么样的状态十分重要，要实现系统的有序发展，组织必须积极作为，这一积极作用在协同中起着关键作用。在农业信息管理领域，可以分宏观和微观两个层次。微观系统是一个潜在的行动系统，而各个层次都是相互运动且相互影响的，组织通过内外环境之间的作用，建立相应的社会形式和制度结构，这种形式和结构的最终结果，取决于组织各要素之间不断发生的互动和调节。

（二）系统理论有助于人们更加深刻地认识信息运动规律

现代系统科学是从老三论（系统论、信息论、控制论）过渡到新三论（耗散结构论、突变论和协同论）。演化性是系统的普遍特性，系统演化会出现自组织现象，自组织理论的提出被认为是系统科学研究的高潮，通常人们把耗散结构论和协同论统称为自组织理论。系统理论说明要想使不同系统活动领域的信息呈现有序运动，就要加强各个系统的信息资源协同，建设为整体信息系统，并对信息流进行有效的控制和管理，把信

①Van Bertalanffy：《一般系统论：基础、发展和应用》，林康义、魏宏森译，清华大学出版社，1987年版，第51页。

息优势转化为管理或经济优势[①]。系统理论不仅让组织认识了系统的特点和规律，更重要的是可以发挥人或组织的主观能动性。

二、跨部门协同理论

跨部门协同理论认为，组织之间资源禀赋的差异促使组织产生了跨界交换的需要，但是组织希望在自愿的基础上，按照共同的价值标准进行平等交换，同时在资源交换过程中，还希望从经济人的角度进行成本核算，力图保证自身受到的影响最小、付出的成本最少。而通过系统定位、分类管理、等级制度和社会网络结构，组织在跨部门协同运行环境、内部结构、层级划分和网络类型的形成中，可以实现权力、信息、职能和资源的合理有效配置。当然，除了合作动力和运行框架之外，组织跨界合作还需要组织内部各要素之间以及组织与外部其他组织之间保持不断沟通、交流、竞争和合作的动态平衡，让组织在条件充分的情况下主动控制跨界合作的演化过程，为跨界合作提供适应发展、主动创新的工具和手段，在跨界合作的能力建设中为跨界合作的文化环境和责任机制提供坚实的保障。

（一）跨部门协同动力理论

1.资源依赖理论（20世纪60—70年代）

代表人物：菲佛、萨兰基克。主要观点：组织通常生存于一种资源有限的环境，不同程度地依赖其他组织的资源求得生存与发展。

2.社会交换理论（20世纪60年代）

代表人物：劳布。主要观点：从整体论的角度分析群体交换机制，并提出争取资源交换关系的平等地位，是组织不愿受制于人而想办法跨组织寻找替代资源甚至是强力掠夺资源以保持竞争平衡的动力。

3.公共选择理论（20世纪60年代）

代表人物：布查南、涂洛克。主要观点：不同利益主体积极参与政治决策过程的内在动因，就是想通过建立各种信任、竞争、交流和合作关系，追求个体和群体的利益最大化。

4.交易成本政治学（20世纪80—90年代）

代表人物：狄克斯特、诺斯。主要观点：从经济学角度进一步细化了政治交易的成本，使个人（群体）能够更明确地计算参与政治活动的成本、收益，最大化地提高自身投入的实际效益。

---

①钱学森：《论系统工程》，湖南科技出版社，1982年版。

（二）跨部门协同结构理论

1. 系统管理论（20世纪60年代）

代表人物：约翰逊、卡斯特、罗森茨维格。主要观点：管理分系统负责计划与控制，强调系统的层级关系，系统层次划分的标准是事物之间联系的“程度”。结构分系统包括组织图表、职位说明、工作流程和规章制度等因素。

2. 官僚制理论（20世纪60年代）

代表人物：韦伯。主要观点：按照不同的职能设定等级森严的组织结构和权力关系及其运行框架，在官僚组织职能和外部环境之间还建有各种运行系统。

3. 网络理论（20世纪80年代）

代表人物：维尔曼、邦波特迪欧。主要观点：网络是用节点和边联结构成的图，社会网络表示研究对象及其相互关系，关系的数量、方向、密度、力量和行动者在网络中的位置会影响资源流动的方式和效率。

（三）跨部门协同过程理论

1. 系统理论（20世纪60年代）

代表人物：博塔兰菲、巴克雷。主要观点：任何系统都不是孤立存在的，一定是以某种结构维系着整体的功能，系统之间相互依赖并影响整体组织和功能。

2. 权变理论（20世纪60-70年代）

代表人物：鲁坦斯、卡斯特、罗森茨维格。主要观点：系统环境与管理之间存在一种函数关系，管理方法与手段应随着环境条件的变化而变化，以达到不同的管理效果。

3. 巧匠理论（20世纪90年代）

代表人物：巴达赫。主要观点：在跨部门合作的两个相互联系的动态过程，前者涉及运行能力的建设和演进过程，形成了一系列成功效应的连锁反应。

三、信息资源管理理论

（一）西方学者的观点

1. 管理哲学说

代表人物：马钱德、克雷斯林、史密斯、梅德得等。主要观点：信息资源管理是一种对改进机构的生产率和效率有独特认识的管理哲学。这是从组织中实施信息资源管理所产生作用的角度来解释他们对信息资源管理的理解。

2. 系统方法说

代表人物：里克斯、西瓦兹、赫龙、戴维思、奥尔森等。主要观点：信息资源管理是为了有效地利用信息资源这一重要的组织资源而实施规划、组织、用人、指挥、控制的系统方法。

3.管理过程说

代表人物：怀特、霍顿等。主要观点：信息资源管理是对信息内容及其支持工具的管理，是对信息资源实施规划、组织、预算、决算、审计和评价的过程。

4.管理活动说

代表人物：比思、博蒙特、萨瑟兰、沃森、小麦克劳德等。主要观点：信息资源管理是把合理的信息、在合适的时间提供给决策或协调工作的活动。并指出，信息资源的管理可视为一种生命周期或价值链活动，包括识别和存取信息，保证信息的质量、时效性和相关性，为未来存储和处理信息。

（二）中国学者的观点

中国科学院孟广均教授（1992）认为，信息资源管理就是利用全部信息资源实现自己的战略目标。北京大学岳剑波教授（1998）认为，狭义的信息资源管理是指对信息进行收集、加工、组织，形成信息成品，并引向预定目标；广义的信息资源管理是指对涉及信息活动的各种要素进行合理的计划、集成、控制，以实现信息资源的开发和有效利用，从而有效地满足社会信息需求。霍国庆认为，信息资源管理是为了确保信息资源的有效利用，以现代信息技术为手段，对信息资源实施计划、预算、组织、指挥、控制、协调的一种人类管理活动。

综合国内外学者的种种观点，课题组认为，信息资源管理既是一种管理思想，又是一种管理模式。就其管理对象而言，信息资源管理是指对信息活动中的各种要素（包括信息、人员、设备、资金等）的管理；就其管理内容而言，信息资源管理是对信息进行组织、控制、加工、协调等；就其目的而言，信息资源管理是为了有效地满足社会的各种信息需求；就其手段而言，信息资源管理是借助现代信息技术，实现资源的最佳配置，从而达到有效管理的目的。

近十几年来，随着信息技术的快速发展，社会信息化程度越来越高，社会与经济系统高度复杂，人们面对大量不确定信息，需要进行管理。一是技术环境的变化。信息化基础设施日益普及，新的信息技术不断得到应用，研究重点不得不转移到信息内容的管理与开发上。二是应用环境的变化。信息服务的不断扩大和信息动态化趋势越来越明显，信息资源管理已经上升到战略层面。这些变化给学科发展带来挑战，同时，许多新的研究领域得到开拓，如模糊信息管理、智能信息管理、基于电子计算机的信息资源管理、本体论在信息资源管理中的应用等为学科研究带来了新的发展机遇和空间。

本章小结

农业信息资源协同强调了农业自然资源禀赋条件外的信息要素的重要性。农业信息的内容十分庞杂，仅种植业就包含多个子系统，对于以便捷的方式找到解决各个不同农业信息系统信息资源共享的解决办法，协同学无疑是一条好的路径选择。

本课题理论研究的支撑点是协同学，结合农业用户信息需求趋势、特征进行了分析，进一步确认农业信息资源协同的趋势及其意义。关于相关理论，简要介绍了系统理论、跨部门协同理论和信息管理理论的发展脉络，这些理论对于研究西北农业信息资源协同机制有极大的启示作用。

|第三章|

西北农业信息资源建设状况

第一节　农业信息设施建设

由于西北地域广阔，信息基础设施建设难度较大，总体建设薄弱，农业信息资源建设发展缓慢，但基本架构已经搭建。信息化建设促进了农业信息资源建设，促使各个农业信息系统全面发展。农业信息设施的建设包括信息基础设施（主要是农村通信、广播、电视等的基础设施）建设阶段、农业信息资源开发与应用（主要是信息技术集成系统的建设与应用）阶段、农业信息资源全面发展（主要是各种农业信息资源系统的全面发展）阶段。

一、通信基础环境的优化

（一）电话“村村通”全面实现

随着通信基础环境的改善，通信成为代替人际传播的农业信息传播主要渠道，尤其20世纪90年代以来。2014年西北互联网普及率为60.62%，比2012年的24.98%增加35.64个百分点；移动电话普及率为93.33%，比2012年的83.05%增加10.28个百分点。信息化增速明显（见表3-1）。相对于其他省，甘肃省互联网及率和移动电话普及率都最低，信息化程度较小。

表3-1　西北互联网普及率与移动电话普及率

	陕西	甘肃	宁夏	青海	新疆	西北
互联网普及率/%	61.67	51.50	60.47	64.21	65.27	60.62
移动电话普及率/%	95.80	79.7	105.20	94.15	90.80	93.33

资料来源：中国信息年鉴期刊社.中国信息年鉴（2015）[Z].中国信息年鉴期刊社出版，2015:667-668；674.

2015年，西北全部的行政村和98.7%的20户以上自然村通了电话；100%的乡镇和100%行政村通了互联网。①

（二）农村互联网建设得到全面推进

西北农村已建成覆盖西北传输网络，电信网络已经成为支持视频、音频、数据、语音全业务承载网，可以满足“三网融合”的技术要求，已完成无线数字移动网络、农村数字化互联网出口接入等多个重大项目建设。以此为基础的综合农业信息平台有力支持了农业经济的发展。

（三）农村居民信息化水平提高迅速

西北农村居民百户家用信息设备拥有量快速提高：①移动电话从2010年的135.9部、2011年的196.62部、2012年206.66的部、2013年的231.21部、2014年的298.69部，到2015年达242.82部，六年增长了1.78倍。②计算机拥有量从2010年的4.63台、2011年的10.31台、2012年的13.08台、2013年的15.63台、2014年的29.75台，到2015年达16.88台，六年增长了3.65倍（见表3-2）②。

表3-2 西北农村居民百户信息设备拥有量

	陕西	甘肃	宁夏	青海	新疆	西北
彩电/台	113.2	109.0	111.1	117.5	99.9	110.14
移动电话/台	251.3	244.6	262.3	281.5	174.4	242.82
计算机/台	22.0	14.2	11.9	22.0	14.3	16.88

资料来源：国家统计局.中国统计年鉴（2016）[Z].中国统计出版社，2016:200-201.

二、广播、电视基础建设全面完成

（一）广播、电视稳步发展

在国家大力支持西部广电事业发展的政策引领下，2015年广播综合人口覆盖率达96.60%，比2012年的95.74%提高了0.86个百分点；电视综合人口覆盖率达97.80%，比2012年的97.31%提高了0.49个百分点（见表3-3）。

表3-3 西北农村广播、电视覆盖率情状况

	陕西	甘肃	宁夏	青海	新疆	西北
广播综合人口覆盖率/%	97.55	97.63	97.20	94.25	96.39	96.60
电视综合人口覆盖率/%	98.25	98.14	97.28	98.67	96.66	97.80

资料来源：国家统计局，中国统计年鉴2015[Z].中国统计出版社，2016:762.

---

①国家信息中心，中国信息协会：《中国信息年鉴（2015年）》，中国信息年鉴社，2015版。

②国家统计局：《中国统计年鉴（2016年）》，中国统计出版社，2016年版，第200-201页。

（二）重点项目建设步伐加快

2015年广播节目套数为413，比2012年的397套增加了16套，电视节目套数为498，比2012年的460套增加了38套，覆盖率有了较大的提升，整个西北五省（区）的广播节目套数占全国的14.71%，电视节目套数占全国的14.18%（见表3-4）。

表3-4　西北地区广播、电视基础建设状况

	陕西	甘肃	宁夏	青海	新疆	西北
公共广播节目/套	107	94	15	25	172	413
公共电视节目/套	123	110	17	28	220	498
中、短波转播发射台/座	14	30	21	11	66	142

资料来源：国家统计局.中国统计年鉴2015[Z].中国统计出版社，2015:806-807.

（三）广电传输网络系统架构全面搭建

经过多年建设，各地区从实际出发，采取有线、无线、微波等多种技术手段，基本构建了一个开放性高、集约性强、易灵活扩展、集中分布式的多业务综合运营平台，并不断丰富平台内容。2009年启动的HiTV高清互动电视业务，不仅提供高质量的视听体验，还具有VOD视频点播、高清视界、时移电视、电视阅览室、电视课堂、电视营业厅等多种功能，为用户提供丰富多样的视听体验；在“全媒体集成播控平台”基础上推出手机高端的HiTV客户端，支持安卓系统和iOS系统，为无线数字用户提供基于广电联网的音频服务；与党政机关、金融部门、企业事业单位合作，建立视频监控系统、企业信息网等专网工程，构建新的服务模式。完成了农村IP数字电视平台，实现和开通5个频道以上60多套农村无线数字电视节目播出，90多套有线数字电视节目播出；全面完成了三波分一干、二干系统建设，保证IP数字电视业务和专网业务的承载能力。

第二节　农业管理信息资源建设

互联网于1994年进入中国，随着国家信息化建设步伐的加快，一个全新的农业信息资源建设路径——农业信息网络得到迅猛发展，网上农业信息检索、发布、收集等成为农业信息用户的主要信息活动。互联网农业信息这一新业态的出现，进一步推动了西北农业信息资源的建设步伐。

一、西北地区农业信息资源开发与建设全面推进

（一）西北农业信息网络化建设步伐加快

1.农业信息化建设

由于西北各省（区）信息传播环境不尽相同，在农业信息化建设的路径方面，各地区采取因地制宜的发展战略，从表3-5可以看出，各地围绕自身农业发展特点和信息基础设施条件，开展有效的农业信息化建设。

表3-5　西北各地涉农政务信息化建设状况

陕西	省法人基础数据库、人口基础数据库、地理信息公共服务平台、公共信用信息交换平台和企业信用数据库、宏观经济信息库、基本省情数据库等重要业务系统建成使用。
甘肃	基础建设:全省气象灾害影视发布平台实现了对全省气象灾害预警等信息24小时不间断发布、乡镇以上医疗机构全部实现法定传染病及突发公共卫生事件网络直报、法人基础数据库、人口基础数据库、地理信息公共服务平台建成。
青海	基础建设:政务外网省到州、州到县的广域骨干网(除玉树外)全部连通,大部分州、县实现了政务外网网络横向全覆盖。应用逐步拓展,目前承载的业务应用系统有监察系统、劳动和社会保障系统、扶贫系统、全国文化信息资源共享工程系统、应急系统、农业系统、水利系统、安全生产监察系统、全省网上政务大厅系统等,同时依托该网络开通了应急系统和安全生产监察管理系统、国家到省的纵向视频会议系统。
宁夏	基础建设:依托自治区政府专网平台,建设了全区政务服务网上审批和公共服务及电子监察系统,初步实现区、市、县、乡、村五级服务网络,形成了互为贯通、上下联动的农业服务体系。
新疆	基础建设:政务外网自治区、地(市)、县三级网络建设项目(电子政务外网一期工程)于2009年正式启动,并按照统一规划、分工负责、分步实施的原则进行建设。通过几年来的不懈努力,自治区政务外网建设已于2012年年底基本完成,建成了上联国家、下联地县、横联区级政务部门和单位的纵横向网络,初步具备各政务部门纵向业务应用系统和横向部门间信息交换、共享与业务协同的能力,为实现满足各级政务部门社会管理和公共服务的需要、促进政府监管能力和服务水平提高的应用目标奠定了良好的基础。

资料来源：国家信息中心.中国信息年鉴（2015）[Z].北京:中国信息年鉴期刊社，2015.

2.农业信息技术在生产中应用初见成效

省、市、县农业管理部门网络全线开通，主要农产品产区和大部分乡镇建有农业信息网站或网页。同时，通过智能控制、智能生产、信息化管理等，提升了农业生产的效

率，提高了农产品的产量和质量，增加了农民的收入。由于农业信息技术应用成为发展趋势，海量信息数据的存储、提取、集成等问题需要研究解决。针对目前出现的问题，各地的做法不尽相同，都在进行不同的探索。

（二）西北农业信息化快速发展

1.陕西

陕西省全面启动“数字化城镇”示范工程，全省首批7个镇成为数字化示范镇。到2015年，全省有线电视完成了300万农户直播卫星“户户通”工程任务，该工程是“村村通”工程的延伸，是新中国成立以来国家投资最多的覆盖工程；“金农工程”全面覆盖至乡，农业管理部门农业信息化管理得到全覆盖；与电信、移动、联通等各个公众网建立了业务互联关系，形成了以网络互联互通为主要特点的信息网络平台，在农业信息化全局性、整体性、系统性和基础性方面打下了坚实基础，提高了创新能力，提升了服务质量，完善了运行维护体系，拓展了业务空间。

2.甘肃

甘肃省以“因地制宜，注重实效，2015年以农村综合信息服务网络工程为依托，建设农村信息化”为指导，建立了省级农业信息中心、14个市（州）农业信息中心和87个县区农业网络信息平台及4461个村级信息服务点。

3.青海

2015年，青海省完成了政务外网二期工程建设任务，实现了从省到州、州到县的广域骨干网（除玉树外）全部连通，大部分州（县）实现了政务外网网络横向全覆盖。政务外网应用逐步拓展，目前承载的业务应用系统有扶贫系统、文化信息资源共享工程系统、应急系统、农业系统、水利系统、安全生产监察系统等，同时依托该网络开通了应急系统国家到省的纵向视频会议系统；建立了200个村级农业信息服务站，构建了短信、广播、电视、网络、报刊等多层次的农业信息服务体系。

4.宁夏

2015年，宁夏100%的行政村建立了农经网便民利民信息服务窗口或信息服务站；建立了“一站多用”的村级农民多功能信息服务站，建立了乡镇、村网页，覆盖全省100%的乡镇和行政村；集电脑、电话、电视、电子屏、信息大篷车和大喇叭等为一体的信息传播服务体系已覆盖到更为广阔的农村地区；应用设施农业物联网开始运行。

5.新疆

2015年，新疆建成了上联国家、下联地县、横联多个部门和单位的网络，该网络初步具备承载各级政务部门纵向业务应用系统和横向部分间接信息交换、共享和业务协同能力，为满足用户信息需求和提升信息服务能力奠定了基础。新疆按照“统一机构、统一规划、统一平台、分级推进、注重绩效”的管理框架，走“信息资源整合共享”的集约化路子。

（三）西北农业信息网络全面覆盖

截至2015年“十二五”结束，“金农工程”二期建设项目任务已经完成，国家农业数据中心的农产品及农资市场监测信息系统、农业监测预警系统等10多个电子政务系统成为农业行政管理部门为用户提供农业信息服务的重要平台。目前，西北（包括省、市级）农业行政管理部门都建立了农业信息中心，基本实现了部、省、地、县、乡的信息联动，多数行政村建立有信息服务点。信息应用系统得到广泛推广，信息技术应用服务不断拓展，随着计算机服务信息化和重大工程及项目进展顺利有序，测土配方施肥、田间管理智能控制、农机械购置补贴管理系统得到广泛应用。

1. 网络视频远程诊断系统

网络视频远程诊断系统建立了远程信息服务平台，通过互联网把各县、市的农业专家系统联结起来，为各地的农业企业、农业合作社、农资连锁店和农户进行农业视频诊断咨询，降低了技术服务成本，提高了服务质量。

2. 网络视频会议/培训系统

网络视频会议/培训系统由视频会议软件、视频服务器、客户端组成。视频服务器可以设在总部/平台，专家到总部进行“坐诊”，为终端用户提供视频技术服务；通过网络视频会议系统，宣传国家农业政策法规、推广先进农业技术、搭建农业专家培训咨询平台，使农户通过该平台及时了解国家农业政策，掌握最新农业技术，了解农产品的市场需求动态，适时调整产业结构。

3. 农业影视点播系统

该系统收集了各方面的农业技术、病虫害防治等优秀科教片，农户通过互联网学到急需的农业技术知识与各种作物病虫害的防治方法，从而丰富农业知识，增强和提高专业素质与技能水平。

4. 病虫草害查询系统

此系统集中了各种作物的病、虫、草害图谱对照以及发生规律与防治方法，让农民查询后自己就可准确地诊断病、虫、草害，并且根据自己的实际情况对其进行适时防治。

5.LED农业信息实时发布系统

此系统通过移动网络，为农民及时提供当前的天气信息、农情预报、病虫害防治信息等与农业密切相关的各种信息，方便LED覆盖区域内农民的农业生产活动。

6. 农资产品查询系统

该系统将农业企业经营的农资产品按照标准分类，并将规格、产地、成分、使用方法、防治对象以及在不同农作物上的试验效果用文字和图片的形式汇集起来，形成利民农资产品查询系统，便于农民选择性应用。

7.多媒体信息展示查询系统

多媒体信息展示查询系统基于多媒体管理技术和触摸屏技术实现，是集图像、声音、文字为一体的多媒体电脑系统，具有图文并茂、多姿多彩和操作简便的特点。此系统具有国家农业政策法规库、农产品病虫害防治信息库、专家培训资料等信息库，以触摸屏方式提供给农户，方便农户查询相关信息。

经过十几年的努力，西北农业信息服务系统智能化趋势越来越明显，通过多媒体技术发布各种农产品信息、农业政策信息、试验示范样板信息等，为用户提供快速便捷、互动交流的农技、农资、农副产品产销信息服务。

（四）西北“信息进村”服务稳步推进

1.农业信息服务站建设

西北农业部门所属的农村信息服务站于2015年达42515个，信息站占全部行政村比例为75.06%（见表3-6）。

表3-6　农业部门所属的农村信息服务站建设情况

	陕西	甘肃	青海	宁夏	新疆
行政村建有信息站/个	27914	4461	230	2364	7546
信息站占全部行政村比例/%	100	84.87	5.41	100	85.03

资料来源：陕西、甘肃、青海、宁夏、新疆农业厅提供。

宁夏、陕西的各乡镇都设立了信息站，甘肃、青海、新疆的大部分行政村和部分自然村也普遍设立了信息站。乡镇信息站是农村基层信息提供与信息服务的终端，对基层农户的信息获取和信息利用有积极作用。

2.“十三五”时期发展目标

2015年国家确定了“互联网+”发展战略，“十三五”时期的西北农业信息资源建设集中围绕“互联网+农业”来进行，着力完善省、市级的农业互联网信息建设，通过平台上移、服务下移的策略，进一步满足农业信息用户的信息需求，提高农业信息利用率，提升农业信息的价值（见表3-7）。

从发展趋势看，随着互联网快速发展，以移动通信网络为载体的农村信息服务模式将有较大的发展，将进一步助推农业信息资源协同发展。

表3-7 西北农业信息化建设重点项目

	项目
"互联网+"现代农业行动	实施全省农业物联网区域试验工程,探索建立大数据农业及其应用,重点建设集耕地数量、质量、环境、生产资料、生产设施、生产技术服务、动植物疫病防控、原料产品、质量监测、加工物流信息、市场营销信息等于一体的公共服务数据平台。
"12316"综合信息服务平台	全面完成农村信息公共服务网络工程二期建设任务,推进"12316""三农综合信息服务平台建设,完善省、市、县、乡、村五级农村综合信息服务体系。
农业信息化示范工程	物联网应用、农产品质量溯源系统、"三品一标"信息系统、种植业生产信息化、养殖业生产信息化、农业智慧动态监测、农业经营信息化、合作社信息化等工程。
农村信息化示范基地	建设一批农业信息化与农业现代化融合的示范基地,在生产控制、生产管理、经营销售、信息服务等方面起示范作用。
特色产业领军企业培育工程	支持龙头企业参与农产品交易公共信息平台、农产品电子商务、农业物联网建设,支持特色农产品生产与销售企业进行网上直销。
农业人才培训信息化平台建设工程	结合农业信息化发展特点,以培养农业信息化人才为目的,以此整合培训资源,降低培训成本,提高培训实效。

资料来源:课题组根据甘肃、陕西、新疆《"十三五"农业现代化发展规划》、青海《关于加快农牧业社会化服务体系建设的指导意见》、宁夏《关于加快农业现代化实现全面小康目标的意见》整理。

二、西北农业信息互联网建设步伐加快

(一)互联网普及率不断提高

西北五省(区)网民规模2016年增速低于全国平均水平0.7个百分点(2015年同期高于全国2.92个百分点),互联网普及率低于全国平均水平2.2个百分点(2015年低于全国平均水平0.8个百分点),说明西北地区互联网发展速度总体程度低,更落后于发达地区。同时,西北地区之间发展不平衡,其中:2016年陕西的互联网普及率为52.4%、甘肃的互联网普及率为42.4%、青海的互联网普及率为54.5%、宁夏的互联网普及率为50.7%、新疆的互联网普及率为54.9%(2015年分别为50.0%、38.8%、54.5%、49.3%和54.9%),分别提高了2.4、3.6、0.0、1.4和0.0百分点,总体提升幅度小,显示出西北地区互联网发展缓慢(见表3-8)。

表3-8 西北地区互联网发展状况

	全国	陕西	甘肃	青海	宁夏	新疆	西北
网民数/万人	73125	1989	1101	320	339	1296	5045
网民规模增速/%	6.2	5.5	9.6	0.8	3.7	2.7	4.46
互联网普及率/%	53.2	52.4	42.4	54.5	50.7	54.9	51.0
普及率全国排名	—	14	30	11	20	10	17

数据来源:《第39次中国互联网络发展状况统计报告》(2017年2月)。中国互联网络信息中心网站,http://www.cnnic.net.cn/hlwfzyj/2017年2月27日。

（二）网络信息资源得到开发

域名是网站的标识，网站是收集、整理、传播信息的集散地，域名的数量标志着一个地区信息数字化的程度①，从表3-9可以看出，除陕西外，其他四省（区）的CN域名数量和网站数量明显落后，其占全国网站总数的比例均不超过2%。总体看，西北互联网发展缓慢，2016年各项指标仍在稳定增长，域名数量为764120个，比2015年增加151844个；CN域名数量为472987个，比2015年增加261116个；中国域名数量为7040个，比2015年增加81个。

表3-9 西北互联网域名数一览

	陕西	甘肃	宁夏	青海	新疆	西北
域名数量/个	430800	111130	42549	45972	133669	764120
占域名总数比例/%	1.0	0.3	0.1	0.1	0.3	1.8
CN域名数量/个	138618	29941	15843	21700	55014	472987
占CN域名总数比例/%	0.7	0.1	0.1	0.1	0.2	1.2
中国域名数量/个	4587	702	457	183	1111	7040
占中国域名总数比例/%	1.0	0.1	0.1	0.0	0.2	1.4
gov.cn数量/个	1870	1067	347	491	776	4551
占全国比例/%	3.5	2.0	0.6	0.9	1.4	8.4
网站数量/个	58800	11008	5983	3524	10379	89694
占全国比例/%	1.2	0.2	0.1	0.1	0.2	1.8

数据来源：《第39次中国互联网络发展状况统计报告》（2017年2月）。中国互联网络信息中心网站，http://www.cnnic.net.cn/hlwfzyj/2017年2月27日。

地域网站数量的多少，一定程度上反映了这一地区信息资源的丰裕或贫乏程度。在由腾讯研究院与京东、滴滴出行、携程等互联网企业代表共同发布的《中国“互联网＋”指数2016》报告中，西北平均指数为1.049%，其中：陕西2.153%、新疆0.933%、甘肃0.917%、宁夏0.785%、青海0.457%，除陕西排名居中外，其他省区排名垫底②。

（三）农业信息网站类型多样

近年来，伴随着互联网快速发展的推动和用户信息需求的刺激，农业类网站如雨后春笋快速发展。由于农业产业发展特点，农业网站大多数仍属于政府投资建设，其次为

①庞红梅：《西北地区信息资源现状及对策研究》，载《情报资料工作》，2001年第1期第25页。

②赛迪网：《中国“互联网＋”指数2016》报告发布，http://www.ccidnet.com/2016/0617/10147050.shtml.

企业投资建设。大量农业网站的出现，为用户获取和利用农业信息提供了一个有效平台。通过对西北农业网站的分析，我们可以发现，西北农业信息类网站主要包括6种类型：政府网站（包括党委、政府及农业主管部门所建的网站）、农业行业网站（包括农林牧渔及农业相关行业所建的网站）、科技与教育网站（包括农业科研、教育机构所建的网站）、农业企业网站（包括农业生产、加工、经营、销售等企业所建的网站）、农业服务网站（为农业生产经营提供各类服务的网站）和农业媒体网站（包括农业类报纸、期刊网站）（见表3-10）。

表3-10 西北农业信息网站主要类型

项目	基本内容
政府类	主要由各级政府（省、市、县级政府）的农业部门投资建设，是农业管理部门对外发布信息和在线办公的主要平台。网站内容丰富，主要包括：农业政策、发展规划、行业计划、数据统计、农业信息的公布。同时，提供在线办公、信息下载、资料公开、信息发布、知识学习等服务。
行业类	大多数由农业管理部门、农业教育科研机构、农业服务部门、农业行业协会主办。网站类型繁多，包括了农业生产经营领域中的各行各业，具有一定的专业、权威、信度、深度、引导等的特点。
科教类	由农业教育教学单位、农业科研机构、农业行业管理机构、农业服务机构等建设，主要提供农业信息服务性内容，对推广农业科技成果、普及农业知识、提升农业科技意识、普及农业教育有着积极的作用。
服务类	主要由服务类企业投资建设，内容包括金融服务，农业保险，农业生产资料销售、租赁、代理，农业产前、产中和产后等服务，是现代农业发展的趋势所在。近年来，农业电子商务快速发展，电商平台主要由电商企业投资建设，目前已经取代传统的农贸市场成为农产品最主要的交易平台，尤其对加快偏远山区、落后地区的农业产业发展意义重大。
媒体类	与农业相关的农业媒体，如电视、广播、报刊等所建的网站及网页，尤其在媒体融合环境下，该类型网站越来越多。

资料来源：2016年10月10日百度搜索引擎检索，根据西北各省（区）农业网站内容汇集。

根据西北各省（区）统计报告，2016年西北乡镇实现了100%的网络全覆盖。在农业网站快速扩散效应的影响下，许多农业企业或涉农企业也纷纷建立网站，进一步扩大了农业网站的数量。

（四）西北农业信息网站的发展特点

1.网络信息传播优势突出

农村互联网使用呈现几何级增长，尤其智能手机的普及，极大优化了农业信息传播路径，网上农业信息的获取与利用成为最便捷的路径，以政府为主体、企业和社会为辅助的农业网络信息生态圈已经形成。

2. 农业信息网站群集聚效果明显

农业信息网站栏目设置科学，与当前业务工作重点结合紧密，提供在线办公、推荐宣传、信息发布，发挥着园地作用，邮件发布系统完善，这不但使农业行业内部协同提速，也使得农业管理水平迅速提升，大大提高了工作效率。

三、西北网络信息资源建设稳步推进

（一）西北农业信息数据库建设稳步推进

1. 主要农业数据库建设

农业资料范围十分宽广，信息资源量大而且分散，西北农业信息数据库建设主要针对西北农业特点进行，主要是基础资源数据库（见表3-11）。

表3-11　西北基础数据库与特色农业数据库建设举要

陕西	农业特色数据库：陕西土壤墒情数据库、陕西农业统计-景观-卫星遥感影像数据库、陕西省土壤数据库、陕西省资源环境本底数据库、陕西土壤信息系统、涉农专利数据库与专利检索平台、陕西资源环境本底数据库等。
甘肃	农业特色数据库：甘肃节水农业决策支持系统的数据库、甘肃省农业专家系统、甘肃省绵羊品种遗传距离研究及遗传资源数据库、甘肃省农作物种质资源数据库及查询系统、甘肃啮齿动物数据库、甘肃省马铃薯数据库、甘肃农业新品种新技术数据库、甘肃省土壤资源数据库、甘肃林业数据库（41个）等。
宁夏	农业特色数据库：宁夏农村适用技术数据库、宁夏涉农企业数据库、宁夏农业技术专家数据库等。
青海	农业特色数据库：青海省农业科技信息语音咨询服务系统、青海湖流域基础科学数据库、江河源区生态环境数据库、青藏高原有毒有害植物数据库、青海作物种质复份库等。
新疆	农业特色数据库：新疆植物种质资源数据库、新疆典型荒漠植物光谱数据库、新疆常用医药材资源数据库、新疆农业气象资料数据库、新疆耕地资源数据库、新疆葡萄加工品质评价和基础数据库、新疆野生果树资源数据库、新疆杏加工品种数据库、新疆野核桃种质资源基础数据库等。

资料来源：课题组2016年10月10日通过“百度”搜索引擎搜索整理所得。

目前，我国建立了多种类型的农业数据库，发挥了重要作用。主要的数据库有：中国农业科技文献信息数据库、中国经济植物资源数据库、中国作物种质资源信息系统、中国农产品集市贸易价行情数据库、中国农业科技文献数据库以及引进的美国农业文献联机存取书目型数据库、国际农业科技情报系统数据库、食品科学与技术文摘数据库等。

2.积极开展“3C”（CALIS/CASHL/CADAL）工作

兰州大学图书馆获教育部批准正式成为CASHL西北区域中心，成为CASHL全国七个区域中心之一。西北内各成员馆依托CALIS，分别开展联合编目、书目数据交换、本单位学位论文收藏、特色数据库建设等工作，配合CALIS管理中心的部署，西北区域中心开展了一系列文献传递优惠活动。为提升高校和科研单位的“3C”服务能力，2015年下半年，西北图书馆联盟要求西北主要大学图书馆数字资源发展部与信息技术部相关人员开展调研与服务，全面了解成员馆的服务现状、人员配置、文献资源建设等状况，并重点就“3C”建设、数字图书馆发展、文献传递服务、微环境下图书馆服务推介、机构知识库建设等问题，了解发展需求，探讨创新举措，共同解决使用中的技术难题，对“3C”建设与发展形成了诸多共识，为成员馆的协同发展、创新服务打下基础。

3.开放资源元数据集成服务系统（Open Academic Resources Engine，OpenARE）

重点高校与科研机构也已经实现了对重要开放期刊、学术会议、科技报告、开放图书、会议演示文稿、数据仓储等开放资源系统元数据的采集和集成，建成了开放知识资源一站式检索发现平台，系统功能进一步得到扩展和完善。2015年重点对开放资源自动发现与采集、链接检测、开放接口等功能模块进行了优化升级，为资源的有效采集、访问利用和开放集成服务提供了更加有效的保障。随着信息资源量的增加和系统功能的升级优化，系统的应用服务与影响力也不断增强，系统浏览访问量持续增长。

4.推动科研成果开放共享的IR建设与推广工作日臻完善

重点研究机构IR平台（Cspace4.0版正式发布）建成，该系统重点进行了非文本数据管理、知识图谱、个人主页、iSwitch数据采集集成、iAuthor关联集成、存储审计、统一认证、开放接口（API）等功能模块的扩展升级，进一步丰富和强化了系统的知识管理与知识服务功能，增强了系统对图形图像、音频视频等非文本数据的管理与服务功能，增强了对缩略图导航、幻灯片在线浏览、图像文字OCR、图像集索引及案例检索的支持，以及对微型关系数据等的自动监测、管理与服务的支持。

（二）西北农业电子商务快速发展

“‘互联网+’是以互联网为主的一整套信息技术（包括移动互联网、云计算、大数据技术等）在经济、社会生活各部门的扩散、应用过程”[①]。2012年开始，农业电子商务迅速崛起，“互联网+”将为西北农村牧区搭建“信息高速公路”，进而通过这“最后一公里”实现农产品与消费者的面对面对接。

1.农业电子商务平台建设

目前，西北初步构建了以数据、电商、金融为核心的农产品交易平台，实现了以互

---

①阿里巴巴研究院：《“互联网+”重新定义信息化-关于“互联网+”的研究报告（上篇）》，载《光明报》，2015年10月16日第5版。

联网为载体、以APP为移动端总入口、以智能手机和电脑为信息终端的农业电子商务信息生态圈。2015年，国家“互联网+”行动计划提出后，西北农业部门又开始了“互联网+农业”的探索。西北在“互联网+农业”领域，已经探索开展了一些工作，如“互联网+行政审批”，有了“网上办事平台”；“互联网+灾害应急”，有了“动植物网络医院”；“互联网+农业资源管理”，有了“农业资源管理系统”；“互联网+生产监测监控”，建立了智能化的农业生产资源监测监控系统；“互联网+农产品”，与阿里巴巴、京东等电商平台展开了合作，建立了特色农产品电子商务平台。

2. 农业电子商务平台建设层次

西北农业电子商务平台建设力量主要分四个层面：①中国邮政邮乐购平台。该平台是国内最专业的农产品交易平台，提供最新生鲜食品、健康粮油、干货、休闲零食、冲调食品、绿色食品等农产品，呈现全新农品购物网站。②农业供销合作社。以大宗农产品收购与销售和农业生产资料销售为主，采用B2B大宗和批发交易、B2C零售交易、O2O在线业务等交易方式为用户服务。③互联网电商。政府通过鼓励和引导国内有一定影响力的大型电子商务企业开展农产品电子商务业务活动，主要参与电商有阿里巴巴、京东、苏宁云商等。④农业电商企业。既有全国性的农业企业，如金正大、大北农、云天化等，也有西北地方农业企业，如甘肃巨龙的聚农网（B2B）、沙地绿产网（B2B2C）、甘肃陇萃堂等。

3. “互联网+农业”建设

互联网全方位保障农产品产业链质量安全、传统农业和互联网融合、互联网重构传统商业发展模式等新业态出现，进一步加快了西北各省（区）“互联网+现代农业”步伐。2015年开始实施，2016年西北各省（区）加快了农业电商发展步伐，制定了本地区农业电商的发展规划（见表3-12）。

4. 网络化发展进一步加快了信息资源的利用

从西北范围内看，物流发展滞后仍然是电子商务发展的短板，对于西北的电商企业来说，物流短板对其发展的阻碍作用更加明显。如新疆与内地发达省（区）相距较远，物流成本高、周期长，严重影响了网购消费者的消费体验。地处新疆南疆的维吉达尼更是存在这样的问题，因此，物流短板对西北农业电子商务企业的影响是显而易见的。信息网络化的发展，使农业的生产管理及生产经营信息密切相关。信息技术、信息系统和农业信息作为一种资源已不再仅仅支撑农业发展战略，也促进农业经济增长方式转变的过程。

表3-12 西北各省(区)农业电子商务发展状况

陕西	实施“电子商务进农村综合示范县建设项目”,创建10个农产品电子商务示范县,在80%以上县城设立农村电子商务服务中心;开展农产品电子商务示范创建工作,创建15个农产品电子商务示范县、20个示范乡镇、70个示范企业。建设杨凌现代农业电子商务产业园。京东建立了76个县级服务中心,苏宁开设了47家易购店,阿里巴巴与19个县签订了淘宝项目。
甘肃	在全省培育了一批具有典型及示范带头作用的电商企业和电商网站,30%的乡(村)建成了电子商务服务站(点),尤其陇南市农业电子商务被国家商务部树为典型。
青海	各级政府用创新的思维和方式建设农村电商,以示范创建工作为抓手,促进提升全省农业电子商务综合服务能力。积极探索贫困地区发展特色产业、开展产销衔接的新途径、新方法,带动贫困地区农牧民脱贫致富,实现电子商务综合服务点覆盖30%的建档立卡贫困村。
宁夏	实施千村电商工程,构筑农产品绿色通道,加快农村电子商务基础设施建设,推动形成“一村(乡镇)一品一店”新型农村经济新业态,实现了全区乡(镇)一级农业电商服务站(点)的全覆盖。
新疆	确定霍城县等32个县(市)为2016年自治区级电子商务进农村综合示范县,昭苏县洪纳海乡等61个乡(镇)为自治区级电子商务进农村综合示范乡,霍城县清水河镇农科站村等62个行政村为自治区级电子商务进农村综合示范村。同时,国家投入专项资金全力扶持7个试点县发展农村电子商务,重点向建设县、乡、村三级物流配送体系倾斜,培育农村电商生态环境。

数据来源：数据由陕西商务厅、甘肃商务厅、青海商务厅、宁夏商务厅、新疆商务厅提供(2016年)。

第三节 西北农村文化教育信息资源建设

农业信息资源建设工程，是以农业知识普及、农业科技传播、农村思想教育为内容的信息资源开发，对促进农村生产发展、健康思想教育和生活质量提升起到巨大作用。

一、西北地区公共文化信息资源建设

（一）公共文化信息环境逐步改善

随着农村物质生活水平的提升，文化生活越来越成为人们精神文化生活追求的目标，农村文化信息资源建设以农家书屋、乡镇综合文化站、村文化室建设为着力点，积极推进文化信息的传播，保障了农民的文化信息获取权。2015年西北五省（区）公共图书馆达399个，比2010年多了26个；乡镇文化站达4307个，比2010年多了11个（见表3-13）。

表3-13　公共图书馆与乡文化站建设情况

	陕西	甘肃	青海	宁夏	新疆	西北
公共图书馆/个	114	103	49	26	107	399
乡镇文化站/个	1501	1228	358	199	1021	4307

资料来源：1.中国图书馆学会编.中国图书馆年鉴（2015）[Z].国家图书馆出版社，2016：795.

2.国家统计局农村经济社会调查队.《中国农村统计年鉴（2015）》[Z].中国统计出版社，2016：327.

各级政府积极开展文化设施建设活动，不断满足农村文化生活信息的需求，已经形成了点面结合、内容丰富的多样化文化信息资源开发和传播态势。西北各级图书馆传统文献收藏机构得到了一定发展，陕西省的公共图书馆数量较其他四省（区）多。

（二）农家书屋建设全面完成

2005年农家书屋工程率先在甘肃启动，2007年在全国得到推广。到2013年，西北农家书屋建成60213个，行政村覆盖率达101.84%，实现西北农村的行政村全部覆盖（见表3-14）。

表3-14　西北农家书屋建设情况

	陕西	甘肃	青海	宁夏	新疆	西北
农家书屋/个	27364	16860	4169	2786	9034	60213
行政村覆盖率/%	100.00	95.12	100.63	112.16	101.27	101.84
行政村/个	27364	17725	4143	2484	8921	60619

资料来源：陕西、甘肃、青海、宁夏、新疆5省（区）新闻出版局。

近年来，西北农家书屋发展较快，2013年与2011年相比，2013年数量上增加13101个，陕西、甘肃、青海、宁夏和新疆分别增加了5302个、3860个、2939个、50个和950个；覆盖率增长了25.55%，陕西、甘肃、青海、宁夏和新疆分别提高了20.13%、21.78%、70.87%、12.16%和2.8%。

西北地区地广人稀，经济落后，农民文化水平普遍不高，在农家书屋建设过程中，主要结合农村实际情况，把农家书屋建在村委会、学校、寺院等里面或附近，增强农家书屋的影响力，方便群众阅读学习。总体看，2016年西北农家书屋建设成效显著（见表3-15）。

表3-15　西北农家书屋建设成效

	主要成效	特点
陕西	2010年启动，截至2016年共建成农家书屋27364个，覆盖了全省具有基本条件的行政村。每个农家书屋按照2万元标准建设，配备图书不少于1500册，品种不少于1200种，报刊不少于20种，电子音像制品不少于100种(张)。同时，还完成数字农家书屋建设。	成为农村一个新的文化信息传播平台。
甘肃	首个农家书屋于2005年在甘肃启动。实现了全省农家书屋所有行政村全覆盖，又先后建成了266家藏传佛教寺庙书屋、40家清真寺书屋和34家高山台站书屋。2016年，累计投入4亿多元，建成农家书屋达17200家。同时，还创建了数字农家书屋。	农村文化信息的集散地。
青海	2014年启动卫星数字农家书屋建设。2016年共建成达到统一标准的农(牧)家书屋4169个，配备图书626万册，全面覆盖了全省所有的行政村。	选择民族特色读物，送文化进牧区。
宁夏	2012年起，宁夏在传统农家书屋的基础上，启动卫星数字农家书屋工程，率先在全国实现传统农家书屋与卫星数字书屋的双结合、双覆盖。2016年建有农家书屋2736个，实现了全区农家书屋所有行政村全覆盖。	书屋成为联系各族群众参与经济社会建设的知识屋。
新疆	2007年启动。2016年已建成农家书屋9034个，实现了全疆所有行政村全覆盖。配有维吾尔、汉、哈萨克、蒙古、柯尔赛克孜、锡伯等6种语言文字的各种期刊、图书(挂图)；配发维、汉、哈、蒙、柯等5种文字图书、语言音像制品。2015年启动卫星数字农家书屋建设。	把科普知识送到田间地头，把先进文化带到牧场毡房，成为家门口的“文化粮仓”。

资料来源：陕西、甘肃、青海、宁夏、新疆5省（区）新闻出版局提供（2016年）。

为解决农家书屋“遇冷”问题，以提档升级满足农民数字化阅读需求，西北农家书屋进行了数字设备的接入。这些举措使农家书屋进一步适应信息技术发展，满足了农民阅读需求，扩展了农家书屋的功能。

二、西北地区农业文献信息资源建设

（一）农业文献资源分布

西北农业文献资源种类较多，主要分布在农业科研机构、农业高校、农业（牧）厅、林业厅、科技厅、农业技术推广单位、涉农企业以及下设农业信息资源相关管理机构，内容包括图书、期刊、会议文献、学位论文、教参资源、电子报纸、科技报告、专利、标准、古籍文献、特色资源、专题数字资源、影音资源、数据库等，体现出专业性和学术性集中的特点（见表3-16）。

表3-16　西北农业文献信息重点布局

陕西	小麦信息、玉米信息、苹果信息、猕猴桃信息、特色蔬菜信息、农业科技创新信息、农产品加工信息等。
甘肃	小麦信息、玉米信息、苹果信息、马铃薯信息、中草药信息、食草畜牧信息、牧草信息、高原夏菜信息、啤酒原料信息、农作物制种信息、草业信息、生态农业信息、林果花卉信息、旱作节水信息等。
宁夏	枸杞信息、牛羊畜牧信息、马铃薯信息、瓜菜信息、农作物制种信息、牧草信息等。
青海	油菜信息、马铃薯信息、蚕豆信息、枸杞信息、青稞信息、高原畜牧信息、牧草信息、林木育种信息、生态保护信息、野生植物资源信息、设施农业信息等。
新疆	棉花信息、甜菜信息、大麦信息、玉米信息、小麦信息、甜瓜信息、葡萄信息、微生物菌种信息、生物质能源信息、设施农业信息、农业工程技术与装备信息等。

（二）不断加快农业文献传递的现代化

科研教育单位文献利用现代化步伐不断加快，中文内刊文献数据库收录资料从20世纪60年代至今，一般馆藏都有中外文信息，外文专题资源多来自购买或联机获取，中文信息包括全文文献、文摘与题录、中文信息资源。大多数中文期刊数据库资源都有维普中文科技学术期刊全文数据库、万方数据资源系统等。特色资源数据库种类较多，如新疆农业科学院有中亚五国专业数据库、新疆棉花产业综合等六种特色资源数据库、重要报纸、博/硕士论文等专业数据库，这类信息资源一般都与本地农业发展关系密切。知识产权信息网有2种（中国知识产权网、扬凌农业知识产权信息网）。同时，还有联合国粮农组织FAO专藏、电子图书、农业全文数据库等，基本上满足了科研、教学、科技、公众等对文献信息的需求。

三、西北地区农业信息服务系统建设

（一）文化资源信息共享工程

文化部2002年启动建设“全国文化信息资源共享工程”，该工程是国家重大文化惠民工程，在我国公共文化服务体系建设中具有战略性、基础性地位。共享工程通过省、市、县、乡镇、村五级数字文化服务体系向农村用户提供内容涵盖影视作品、文化专题、农业科技、公益讲座等各个领域的资源服务，2015年行政村覆盖率达95.4%（见表3-17）。

表3-17　西北文化资源信息共享工程发展状况

	陕西	甘肃	青海	宁夏	新疆	西北
县支中心/个	101	86	43	22	61	313
乡镇站点/个	1054	644	140	191	555	2584
村级基层服务点/个	27396	16272	4170	2362	7606	57806
行政村覆盖率/%	100	91.8	100	100	85.26	95.4

资料来源：陕西、甘肃、青海、宁夏、新疆5省（区）图书馆，数据为2015年。

面对国家部署文化资源共享发展的契机，西北各省（区）文化管理部门都成立了全省（区）的领导小组，并设立了工作办公室，全面启动和实施了文化信息资源共享工程建设，建立了资源共享传输平台，及时更新和下发资源，方便各级支中心开展活动，多平台、多渠道、多终端信息服务系统已经形成，已经实现了西北地区村村通（见表3-18）。

表3-18　西北文化资源信息共享工程资源库建设一览

陕西	陕甘宁边区红色记忆资源库、陕西文史资料库、陕西非物质文化遗产数据库、陕西民间美术数据库、省情文献库、陕西景观数据库、秦腔秦韵数据库、珍品古籍资源库等。
甘肃	甘肃陇剧专题资源库、甘肃红色历史多媒体资源库、甘肃古长城遗址多媒体资源库、甘肃东乡族文化专题片、甘肃裕固族文化专题片、甘肃地方特色美食专题片、红色记忆哈达铺多媒体资源库、伏羲文化多媒体资源库、甘肃保安族文化专题片、甘肃黄河文化专题片、甘肃河州花儿民歌专题片等。
青海	“三江源”文化多媒体资源库、汉藏文化交流项目——以藏区寺庙、乡镇街道等为重点，提升200个汉藏文化交流乡镇服务点终端配置，建设400个汉藏文化交流驿站。
宁夏	宁夏岩画多媒体资源库、西夏春秋多媒体、回族暨伊斯兰教文献、宁夏非物质文化遗产、红色记忆多媒体资源库、《宁夏回族民俗文化普及》专题片、中国经典民歌动漫·宁夏篇、宁夏回声特色音频资源库、《宁夏古塔》系列专题片等。
新疆	建有新疆红色多媒体资源库、新疆印象多媒体资源库、新疆舞台艺术多媒体资源库和新疆少数民族语言译制资源库、新疆红色多媒体资源库、新疆民族乐器多媒体资源库、丝路传奇之口述史、“丝路传奇之听遍新疆——天山声韵”音频库、“丝路传奇之美食故事——寻味中亚”专题片、“文化中国之另眼看丝路”微视频、“丝路传奇之民间艺术——新疆农民画”多媒体资源库、新疆建设兵团口述史等。

资料来源：西北五省（区）图书馆文化信息共享工程办公室，数据为2016年。

文化信息资源数据库包括国粹京剧、地方剧种、精品话剧、歌剧舞剧、综艺会演、相声小品、音乐会、经典译制片、古琴专题库、国产老电影、影视剧场、少数民族影片、舞台艺术片、获奖影片、新时期电影、电视剧、中国漫画专题库、中国电影百年、少年文化、小戏、小品、名家讲坛、文艺鉴赏、人物春秋、文化繁华、文物瑰宝、素质教育、关爱成长、综合知识、医疗卫生、文化新闻等多类资源数据库，农业资源数据库的内容主要有农业种植、农业养殖、中国园林艺术、进城务工、政策法规、名家讲座等。

利用现代信息技术加强公共文化信息资源共享服务，通过整合地、州、县（市）各级公共图书馆、公共电子阅览室、乡镇综合文化站、社区文化室和街道文化中心等现有资源，建立完善的省（区）、地（市）、县、乡镇、村五级信息资源平台，实现各层机构分级有效地运行管理。

（二）农村党员干部远程教育工程

由中组部建设的“农村党员干部远程教育工程”，2003年正式启动，2007年建设，以乡镇终端接收站为基点，通过村级站点培训农村党员干部和农民群众，进一步加快了农业信息资源的传播和利用。2015年西北各省（区）终端站点覆盖率达94.6%（全国远程教育办公室要求60%），一期布点建设工程已经全面完成，实现了省、乡镇、行政村教学终端站点全覆盖的目标（表3-19）。

表3-19　党员干部远程教育工程网点建设情况

	陕西	甘肃	青海	宁夏	新疆	西北
县区辅助教学网站/个	107	68	54	22	68	319
乡村终端站点/个	29184	18525	2651	2492	11863	64715
全省终端站点覆盖率/%	100	91	82	100	100	94.6

资料来源：西北五省（区）党委组织部党员干部远程教育工程办公室，数据为2015年。

农村基层党组织以多种学用模式，加快学用转化，真正实现学以致用，体现了各具特色的西北远程教育网络。组织保障主要包括市、县党委组织部和乡镇、村党组织抓学。截至2016年，党员干部远程教育工程网点已经全面实现了行政村的全覆盖，形成了具有地方特色的党员干部远程教育工程，在信息资源建设方面，包括党建新闻、乡村讲堂、共产党员、时代先锋、红色经典、政策法规、农业科技、文化共享、卫生保健等内容；主要课件节目库有：总书记讲话、思想理论库、先进典型库、党务工作问答、基层党建交流等。同时，还有影视视频，包括革命、历史、人物、事件、战争、文化、生活、综艺、其他等方面。

本章小结

西北行政区划上包括陕西、甘肃、青海、宁夏、新疆五省（区），自然区划上包括大兴安岭以西，昆仑山—阿尔金山、祁连山以北的广大地区。国土面积占全国的1/3，人口占全国的7.31%（2016年），是少数民族较多的地区。把握西北地区农业信息资源的分布，关注农业信息资源基础状况，摸清“家底”，挖掘潜在农业信息资源，对西北农业信息资源的协同有很大的作用。

1.西北农业信息资源建设正处于扩展阶段后期

研究表明，西北农业信息资源建设的整体水平不高。目前农业信息基础建设优势明显；政策及政府管理信息建设步伐较快，并开始进入由点到面、普及推广、深化应用、整合提高的发展阶段；而市场和社会领域的农业信息资源建设相对滞后，农业信息资源的开发与利用比较薄弱。总的来看，在西北农业信息资源建设中，相应组织机构基本具备，管理体系基本成型，信息系统布局逐步到位，信息化技术标准正在逐步建立，部分业务应用实现了集成化，局部领域实现了跨部门业务协同和信息资源共享。西北整体农业信息资源建设目前正处于扩展阶段后期，约有80%的信息资源集中于政府管理领域，如何在扩展信息化建设应用的基础上，优化信息资源建设，推动跨部门的信息资源和业务系统整合，促进信息与农业紧密融合，实现农业信息资源的深度协同，是下一步工作的重点和方向。

2.西北地区已形成较为完整的农业信息系统

农业信息基础设施建设是农业信息资源的基础，西北地区在农业信息基础建设中，已形成了各自不同的农业信息系统，这些系统互为补充，形成了较为完整的农业信息系统，是政府部门、市场和社会获取和利用农业信息资源的重要系统，也是各级政府基础管理工作、农业企业生产经营的重要载体。从农业可持续发展的角度看，要优化农业信息资源建设，完善农业信息体系，优化农业信息资源的获取和利用环境，有效缓解“三农”发展难的问题，涉及建设主体、建设环境、决策者对信息资源的管理以及信息技术在信息资源开发和利用中的应用等方面。针对建设主体对信息供给的有效性，如何建立完善、高效的信息系统，并将信息协同有机地纳入信息服务体系中，提高协同能力，需要在理论和实践中进行更加深入的研究。

3.西北地区农业信息资源协同具有多维性

从区域经济社会发展整个大系统来看，西北农业信息资源协同具有多维性，主要体现在空间维度（国家→区域→行政区）、关系维度（交换→合作→协同→一体化）、功能维度（经济→社会→生态环境）、社会再生产维度（生产→分配→消费）等，作为子系统的不同地区，分布于多维网络总系统中，今后的联网运行需要以协同的作用来实现各个信息系统的有效对接。

|第四章|

西北农业信息资源协同探索

——西北五省（区）农业信息资源协同案例分析

第一节　西北农业信息资源协同典型案例举要

近十几年来，西北农业信息资源在协同上，不断改变传统管理的理念和方法，从最初的信息搜集、信息传播等传统管理，逐步提升到信息发展战略、信息资源开发、用户信息管理；不断创新体制机制，开展信息流程再造，从全面信息质量管理到追求信息绩效管理；努力创建以服务用户、不断建设信息新平台、农业生产和信息服务相结合的信息资源协同创新体系；着力于农业产业化和信息化“两化”融合的信息资源协同管理方式；进一步提升农业信息管理内涵和运营能力效率，强化信息基础管理，促进部门信息资源协同的规范化和科学化；通过开展不同形式的信息资源协同创新实践，使农业信息资源建设发生了巨大变化，取得了很好的成效。这些信息资源协同创新成果，普遍具有鲜明的时代特征。自上而下的设计与自下而上的实践相结合，是我们所需的更为深刻的信息管理变革。

一、陕西农业信息资源协同

陕西是西北地区的科技和教育大省，通过政策引导和服务创新，把信息要素与农业发展紧密结合，科学合理地配置农业信息资源，营造有效的信息传播环境，在信息资源的有机协同下，农业信息资源的效力大大提升，农业信息服务也得到全面发展。

（一）农业科技110（12316）信息资源协同

2007年，陕西省科技厅启动农业科技110（12316），为农业用户提供便捷、及时的农业信息服务。一是在纵向设置上设立了省、市（区）、县三级农技110（后改为12316服务热线）信息服务体系建设领导小组及信息服务中心；二是在横向上由省、市、县进行自身建设，即信息资源建设项目、信息管理制度、信息服务内容都根据自身情况来定；三是在市一级建立“三农服务呼叫中心”，在县一级建立“三农服务平台”（表4-1）。

表4-1　农业科技110信息资源协同结构

项目	内容	项目	内容
主导单位	科技厅	协同主体	科技部门、农业部门、林业部门、电信公司
服务渠道	965110电话热线	服务支撑	农业专家数据库和农业技术数据库
平台建设	电信公司	协同模式	行政协作

1.实践效果

该信息资源协同实现了农民与专家在电话中进行实时信息交流，咨询农业实际操作中遇到的具体问题，为农户提供精准服务，解决了农业生产经营中疑难问题，并提供快速解决问题的通道。

2.协同路径

专家不是万能的，专家的信息和知识来源于农业信息资源的协同，每个专家、各个部门在科技厅的协同下共同进行，同时有效利用技术手段，实现信息资源的快速汇集。

（二）农业科技专家大院信息资源协同

宝鸡市依托西北农林科技大学的农业技术研究与咨询优势进行农业信息资源协同。1999年宝鸡市与西北农林科技大学合作，聘请37位教授为农业顾问，建立了布尔羊、秦川牛、莎能奶山羊等32所农业科技专家大院。到2015年，全省已建有82个省级农业科技专家大院（见表4-2）。

表4-2　农业科技专家大院信息资源协同结构

项目	内容	项目	内容
主导单位	科技厅、农业厅	协同主体	科技部门、农业部门、教育部门、相关部门
服务渠道	专家+推广机构+农民	服务支撑	以专家、教授为农业科技顾问
平台建设	特色农业大院	协同模式	建立利益共同体

1.实践效果

该农业信息资源的协同通过农民的科技信息需求，以专家为农业科技知识传播点，以农业推广机构（农业企业、示范基地、农业合作组织等）为载体，为农户解决农业生产中遇到的具体问题。这种模式在全国引起了较大反响，受到农业部的肯定，成为一个典型模式。

2.协同路径

通过地方政府牵线，农业科研教育单位直接面对农业生产主体，利用农业科研机构、教育部门较多的农业科技信息、知识及成果，建成一个合适的载体或平台——科技专家大院。

（三）电子农务/农信通信息资源协同

2004年，由信息提供商（联通和移动）为主投入千万元，实施“电子农务/农信通”工程。2015年陕西省政府发布了《关于切实抓好电子农务工作的通知》，使电子农务/农信通信息资源协同模式在全省得到进一步的发展（见表4-3）。

表4-3 电子农务/农信通信息资源协同结构

项目	内容	项目	内容
主导单位	联通、移动	协同主体	通信公司、农业部门、相关部门
服务渠道	电话、网络	服务支撑	各种栏目
平台建设	农业信息网站	协同模式	建立战略合作联盟

1.实践效果

该模式有效解决用户信息获取渠道，短信、网络、电话都可以作为信息终端来获取需要的农业信息，信息载体多元化、多层次，方便了用户的信息获取和利用。

2.协同路径

通信部门通过技术手段，有效整合各个部门（如农业部门、林业部门、气象部门、科研机构等）的农业信息资源，把各种信息资源分门别类，针对不同的用户需求传递给需要的用户，实现了多部门农业信息资源的集成。

（四）延安“互联网+现代农业”信息资源协同

农业信息服务系统通过信息技术手段把已经存在的农业信息资源经过加工整合，形成新的农业信息资源，并与移动互联网结合，通过信息员和农民专业合作社服务农业用户，这是一项新举措（见表4-4）。

表4-4 延安“互联网+现代农业”信息资源协同结构

项目	内容	项目	内容
主导单位	农业局	协同主体	通信公司、农业部门、合作社
服务渠道	电话、网络、电视、培训、简报、信息员	服务支撑	各种栏目
平台建设	农业综合信息服务平台	部门协同	建立战略合作关系

1.实践效果

农业信息系统是信息技术成果的广泛应用载体，为农民用户提供及时、有效的信息服务，达到了“大资源，广覆盖；大信息，广服务；大农业，直通车”的效果。

2.协同路径

延安农业信息系统建设重点在农业信息组织系统的重构，把信息资源、政府政策等看作要素的集成和综合，为达到系统建设目标，形成科学的管理制度和有效调控措施。

（五）陕西农林科技协同创新与推广联盟

陕西省农林科学院是陕西农业科技研究单位，具有较强的科研能力和丰富的科研成果。杨凌农业科技示范区是国家级农业科技示范区，具有较强的科技应用和扩散能力。在两家强强联合的基础上再联合陕西省杂交油菜研究中心，以及西安、宝鸡、咸阳、铜川、渭南、延安、榆林、汉中、安康、商洛等十个地市农、林科学研究所（院、中心）于2014年共同发起成立了陕西农林科技协同创新与推广联盟（见表4-5）。

表4-5 陕西农林科技协同创新与推广联盟信息资源协同结构

项目	内容	项目	内容
主导单位	农林科学院	协同主体	农、林科学研究所(院、中心)
服务渠道	沟通、培训、协调	服务支撑	行政系统及行业
平台建设	协同联盟	协同模式	建立紧密合作关系

1.实践效果

联盟统筹了全省农业科技资源，探索农业科研推广协同创新的新路子。市级农业行政主管部门均设立了农业服务站，并得到广泛覆盖，形成全省农业科教资源统筹协调的新机制。

2.协同路径

实现了联盟范围内“横向扩展、纵向延伸、系统接入”的总体思路，进一步实现农业信息资源共享、优势互补、利益共享、风险共担，农业科技信息得到快速传播。

二、甘肃农业信息资源协同

甘肃以农业信息资源的利用能力为着力点，政府积极引导，社会广泛参与，发挥服务主体在农业信息资源建设的创新性，使农业信息资源建设面貌焕然一新。

（一）金塔农业信息资源协同

2006年以来，金塔县信息服务主体、管理体制进行了改革，组建了信息服务联盟责任区，构建起了纵向以县、乡、村三级责任为主，横向以政府、社会、农户联盟为主的农业信息服务一体化发展机制（见表4-6）。

表4-6 金塔农业信息资源协同结构

项目	内容	项目	内容
主导单位	政府	协同主体	农业部门、商务部门、教育部门、中小学
服务渠道	信息传单	服务支撑	各种农业信息
平台建设	农业信息中心	协同模式	建立农业信息网络

1.实践效果

该模式引起国务院信息办的高度重视，2003年国家信息化领导小组第三次会议上，把金塔县作为全国电子政务建设先进典型予以推广，也成为甘肃农业信息服务的典范。金塔模式加快了农民增收的步伐，找到了一条落后地区实现农业信息服务比较可行的路子。

2.协同路径

以农村远程教育为平台，以村信息点为终端，在政府的支持下，实现了网上农业信息的最后一公里传递，扩大了应用范围，加快了信息扩散，满足了用户需求，保障了农业发展。

（二）白银“神农通”农业信息资源协同

2005年，由政府投资、通信运营企业负责，以种养大户、村干部、合作社为重点服务对象，准确提供信息服务，实现了农业科技的精准推广。2013年“神农通”农业信息电话已安装7500部，并与甘肃“12316”农业信息服务对接。

表4-7 白银“神农通”信息资源协同结构

项目	内容	项目	内容
主导单位	政府	协同主体	政府部门、相关部门
服务渠道	短信信息、专家咨询	服务支撑	信息服务支撑
平台建设	电话、电视、信息机	协同模式	层层落实

1.实践效果

农业用户通过“信息机”（电话）可以及时、准确地获取农业信息，减少了用户的信息甄别时间，保证了用户信息的利用效果，实现了农业科技的快速推广，农民收入也有较大增长。

2.协同路径

以适用性、经济性和可扩展性为基础，政府主导投资，通信企业参与，把筛选的农业科技信息点对点提供给农业用户，减少了信息传递过程中的干扰，信息价值得到充分体现。

（三）平凉“农民信息之家”农业信息资源协同

2003年，政府通过财政补贴支持建立了104个“农民信息之家”（见表4-8）。一是在村委会、农贸市场等群众较为集中的地方建立办公场所。二是有专人服务、热线电话、电脑设备等信息设施。三是与农村其他基础组织活动紧密结合，使服务领域不断拓宽。2015年建成近300个“农民信息之家”。

表4-8 平凉“农民信息之家”农业信息资源协同结构

项目	内容	项目	内容
主导单位	政府	协同主体	政府部门、各乡镇、合作社
服务渠道	发布信息	服务支撑	农业信息员
平台建设	农业信息服务站	协同模式	建立协会网站

1.实践效果

“农民信息之家”成为农村建设中的新生事物，适应现代农业发展的需求，转变政府服务职能，解决农民生产经营中遇到的具体实际问题，尤其在帮助农民拓宽农产品销售渠道上作用明显。

2.协同路径

政府统筹规划，农村基层组织发挥作用，应用信息推动农业经济发展，基层农业信息服务直接面对农业生产主体，及时捕捉市场动向，有效解决市场信息不对称的问题。

（四）陇南电商扶贫模式信息资源协同

陇南地区山大沟深，交通十分不便，耕地缺乏，但拥有2个国家级自然保护区（白水江国家级自然保护区、甘肃裕河国家级自然保护区）、1个省级自然保护区（文县尖山大熊猫自然保护区）、3个国家森林公园（文县天池、宕昌官鹅沟、成县鸡峰山）和2个国家湿地公园（文县黄林沟国家湿地公园、康县梅园河国家湿地公园），具有丰富的农副产品。农业电子商务的应用，从根本上解决了农副产品流通难、卖难的现象（见表4-9）。

表4-9 陇南电商扶贫模式信息资源协同结构

项目	内容	项目	内容
主导单位	市政府	协同主体	政府部门、阿里巴巴
服务渠道	互联网	服务支撑	网店
平台建设	电子商务平台、微博	协同模式	建立平台、微博、微信的媒体矩阵

1.实践效果

该模式通过政府积极扶持和引导、电商企业参与的发展路径，成为陇南农业信息高效协同便民利民的新方式。近年来，陇南市电子商务走在甘肃前列。

2.协同路径

通过第三方平台——电商平台，实现了农产品与消费者的对接，保证接收到更多的市场讯息，以技术手段进行的信息资源协同起到了关键作用，除满足用户的基本需求外，还能够提供额外服务。

（五）甘肃省精准扶贫大数据管理/协同平台

2015年，甘肃省委省政府组织，甘肃省扶贫办牵头，省委组织部、省委农办、省发展委等41个行业部门和相关单位协同配合实施（见表4-10）。

表4-10 甘肃省精准扶贫大数据管理/协同平台信息资源协同结构

项目	内容	项目	内容
主导单位	省政府	协同主体	各管理部门(41个行业部门和相关单位)
服务渠道	行政机制	服务支撑	行政管理
平台建设	大数据平台	协同模式	建立扶贫网络

1.实践效果

实现全省每年100万人脱贫，到2020年，实现贫困县全部摘帽，为解决区域性整体贫困提供基础信息，实现全省的电子商务交易平台在甘肃农业信息网基础上全面推进且成效明显。为信息用户提供了全方位的服务，强化了政府各级农业管理部门的服务职能，提高了信息管理效率。

2.协同路径

通过纵横两向的行政信息资源强力整合，政府主导下的各部门信息资源协同得到实现，扶贫信息采集涉及多个部门，如易地搬迁、危房改造、饮水安全、社会救助、教育、卫生、富民产业、劳动力培训、惠农政策等部门，没有强有力的政府政策措施的推进是难以实现的。

三、青海农业信息资源协同

2005年以来，青海农业管理部门鉴于投入资金有限、农业信息资源分散及其他涉农部门又不断重复建设等问题，对全省农业信息资源进行了有效整合。以纵向主管部门的行业管理为主，横向其他部门协同为辅，逐步实现农业信息资源的整合，农业信息资源协同发展逐步显现。

（一）“点对点”农业科技信息资源协同

2013年，青海省科技厅针对基层农业科技信息需求，建成了农业信息化综合服务平台。平台信息分为行政层和社会层两个方面，行政层主要针对各个涉农行政管理部门，社会层服务主要面向农业用户提供农业信息服务（见表4-11）。

表4-11　“点对点”农业科技信息资源协同结构

项目	内容	项目	内容
主导单位	科技厅	协同主体	科技部门、农业部门及相关部门
服务渠道	发布信息	服务支撑	农业信息站（点）
平台建设	农业信息服务平台	协同模式	行政体制机制

1.实践效果

通过多层次、多渠道开展农业信息服务，提高了服务效率，降低了投资成本，提升了农业信息资源的价值。

2.协同路径

利用信息网络技术，通过通道建设、平台建设、站点建设、基地建设和模式推广等服务体系运行支撑环境建设，同时在原来的模块上不断增加远程教育、远程医疗、社会管理等多元化信息服务。

（二）乐都“五位一体”农业信息资源协同

2013年，乐都县创造性地开展网络、电话、电视、现场服务和智能监控的“五位一体”服务模式，即信息平台、12316服务热线、科技特派员、专家现场指导和信息技术智能控制五方面相结合，使各方面农业信息资源得到充分利用（见表4-12）。

表4-12 乐都"五位一体"农业信息资源协同结构

项目	内容	项目	内容
主导单位	政府	协同主体	政府部门、各乡镇、合作社
服务渠道	热线、短信、宣传单	服务支撑	各个农业信息系统
平台建设	多平台服务	协同模式	集成各种农业信息服务

1.实践效果

该模式使农业信息服务方式多元化，信息提供多层次，带动了乐都县农牧业增收，产生的经济效益和社会效益明显。"五位一体"的应不仅使用户有更多的信息渠道选择，同时，农业信息资源也得到了最大限度的利用。

2.协同路径

充分利用行政手段使各个部门的信息资源全力协同农业部门，通过传统信息传播渠道和现代通信渠道的结合，加上现场指导服务，使农业信息资源协同得到有效发展。

（三）"一带一路"林业数据资源协同共享/协同平台

2016年，由国家林业局组织，青海省林业厅组织实施，协同单位为陕西林业厅、甘肃林业厅、新疆林业厅和宁夏林业厅，共同建设了"一带一路"林业数据资源协同共享/协同平台（见表4-13）。

表4-13 "一带一路"林业数据资源协同共享/协同平台信息资源协同结构

项目	内容	项目	内容
主导单位	国家林业局	协同主体	青海林业厅、陕西林业厅、甘肃林业厅、新疆林业厅、宁夏林业厅
服务渠道	行政管理	服务支撑	林业信息系统
平台建设	林业数据共享平台	协同模式	集成西北林业信息

1.实践效果

该平台以信息资源共享来测量信息资源协同机制的决策分析框架，形成合作过程稳定的动力，使合作各方的合作关系有本质上的提高，促进了甘肃、青海、宁夏"一带一路"林业数据资源项目示范建设工作，进一步推动了林业信息资源全面发展。

2. 协同路径

随着信息技术在农业生产经营过程中的广泛应用，以农业信息资源协同的理论和技术为基础，组成决策支持系统（DSS）、专家系统（ES）、计算机和网络技术、自动控制技术、3S（GIS、RS、GPS）技术、模拟模型技术、动态监测与速报系统等，将甘肃、青海、宁夏等林业数据效应发挥到最大。

四、新疆农业信息资源协同

新疆地域辽阔，少数民族占全区总人口的60.25%，农业信息资源建设难度大。新疆发挥政府主导作用的同时，积极引导社会力量开展为农服务，使农业信息资源得到进一步的利用。

（一）"信息大篷车"信息资源协同

2008年，自治区信息产业厅启动"信息大篷车"项目，即一辆配备各种信息设备的中型客车为农户提供农业信息服务，形式上是一个流动的农业信息服务工作站（见表4-14）。2013年，"信息大篷车"改为"科普大篷车"（转由科协主导）；2014年，新疆有科普大篷车110辆，实现了110个市、县（区）科普大篷车的全覆盖。

表4-14　"信息大篷车"信息资源协同结构

项目	内容	项目	内容
主导单位	信息产业厅、科协	协同主体	政府部门
服务渠道	学习、培训、指导	服务支撑	互联网
平台建设	信息设备车	协同模式	互联网+农业信息服务

1. 实践效果

信息大篷车适应了新疆地广人稀、民族众多的特点，在信息基础设施不完备的情况下，体现了农业信息服务的创新性和便民性，促进了农业经济的发展。

2. 协同路径

以GPS技术和无线移动网络技术为手段，通过与各个部门的网络链接，实现农业信息的实时传送，解决了流动工作站的信息传递需求。

（二）新疆建设兵团数字农业信息资源协同

新疆建设兵团农业智能化管理始于2000年，目前，已经建立了农业生产决策专家系统（包括棉花、番茄、小麦等管理系统）、基于网络GIS的农作物病虫害防治及预测系统，计算机控制自动化灌溉系统等得到广泛应用，农业生产智能控制监控系统和

"3S"技术也在农业领域中得到应用（见表4-15）。

表4-15 新疆建设兵团数字农业信息资源协同结构

项目	内容	项目	内容
主导单位	新疆建设兵团	协同主体	各个农场
服务渠道	信息技术	服务支撑	信息系统监测、预警和评估
平台建设	建设信息系统	协同模式	智能控制

1.实践效果

既节省了建设资金，又避免了重复建设，通过吸纳已有分散的技术资源，实现资源的科学整合与高效利用，2015年新疆建设兵团已具备了开展精准农业信息资源服务的基本条件，推动信息资源服务高效化、精准化、数字化。

2.协同路径

通过技术手段，把已经开发的各个农业信息系统进行集成，实现了"互联互通、信息共享、业务协同"模式的农业信息资源协同效应，对提升农业生产经营过程中的智能化、自动化和体系化作用明显。

（三）气象灾害监测、预警和评估信息资源协同

2015年，新疆气象局与农业厅协同建立在联合开展会商、灾害监测预警和评估、技术研究、农业气象服务等基础上，不断提高农业应用气候资源和防御气象灾害的水平，提升农业防灾减灾能力（见表4-16）。

表4-16 气象灾害监测、预警和评估信息资源协同结构

项目	内容	项目	内容
主导单位	气象局	协同主体	气象局、农业厅
服务渠道	会商、研究、指导	服务支撑	气象灾害监测预警和评估
平台建设	联合建设信息平台	协同模式	战略合作

1.实践效果

气象预报预警更加准确，并对一些重大自然灾害气象进行预警，减少了农业生产经营中的损失。

2.协同路径

该信息资源协同模式具备了现代信息资源协同理念，自治区农业厅和气象局将自己的信息资源进行共享，从行政沟通上实现业务协作。

（四）新疆棉花目标价格补贴改革信息管理/协同平台

2015年，新疆由政府组织，农业厅组织实施，各农口单位协同配合，有效减少了数

据采集过程中的人为干扰和偏差；摸清了新疆棉花生产“家底”；首次创建区域性棉花从生产到消费的全产业链信息系统和质量追溯体系，为农户、企业、政府提供信息服务和质量保障，有效促进了新疆棉花产业持续健康发展（见表4-17）。

表4-17 新疆棉花目标价格补贴改革信息管理/协同平台信息资源协同结构

项目	内容	项目	内容
主导单位	自治区政府	协同主体	农业厅、各农口单位
服务渠道	政策指导	服务支撑	行政机制体制
平台建设	管理平台	协同模式	层层指导落实

1.实践效果

发挥了现代信息技术优势，构建了改革信息平台，成为棉花价格改革成功的重要支撑。为实施精准补贴、防控补贴奠定了操作基础，降低了政策操作成本，提高了政策执行效率，增强了政策的精准性和指向性。

2.协同路径

采集的农户基本信息、种植面积、交售数量、收购价格和质量、加工、库存、公检、物流配送等基础信息，成为平台信息汇集的信息来源，通过用互联网、云计算和大数据等现代信息技术手段，设区、市、县级信息管理系统，确保政策实施。

五、宁夏农业信息资源协同

宁夏是西北国土面积最小和人口最少的省份，利用好管理的优势，全区农业信息资源协同是一个自上而下的政府农业信息化工程，由自治区进行顶层设计，通过整合各个部门的农业信息资源，建立全区统一的综合农业信息平台，信息平台体现管理上移、服务下移的管理理念。

（一）搭建全区统一的农业信息资源协同平台

2005年，宁夏以“抓整合、促共享、推应用”为重点的农业系统软件与安全认证支撑平台、信息存储与交换平台、综合业务应用与服务平台，使关键领域内的农业信息资源得到开发和利用，实现了对全区农业网络、运行主机、系统软件、应用系统和农业信息资源的全区统一管理的宁夏农村服务平台（图4-1）。

从图4-1可以看出，农村信息服务平台由宁夏农村综合信息网、互联网电视、“三农”呼叫中心三个部分协同组成，其主要功能是进行农业信息发布、农村党员干部教育和农村文化娱乐信息的提供。信息资源协同主体可分为政府和企业两个主导层面，由电信宽带、无线数字接入作为技术传输手段，是一个集农业生产、气象、医疗卫生、农村党员干部教育、农产品销售、农业科技教育、数字图书馆、文化娱乐等农业信息服务于一体的协同平台。

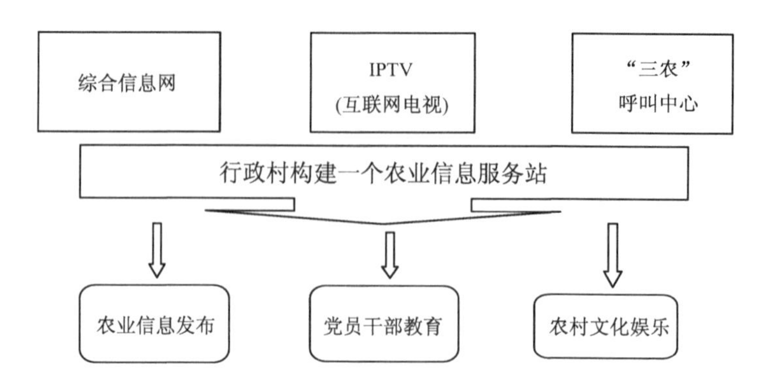

图4-1 宁夏农村信息中心服务平台

（二）共建一个涉农数据库

农业信息数据业务方案的顶层设计按照“高标准、高起点”标准进行建设，充分考虑技术的可扩展性、信息系统的可延续性、应用接口的灵活性和核心技术适当的超前性（见图4-2）。

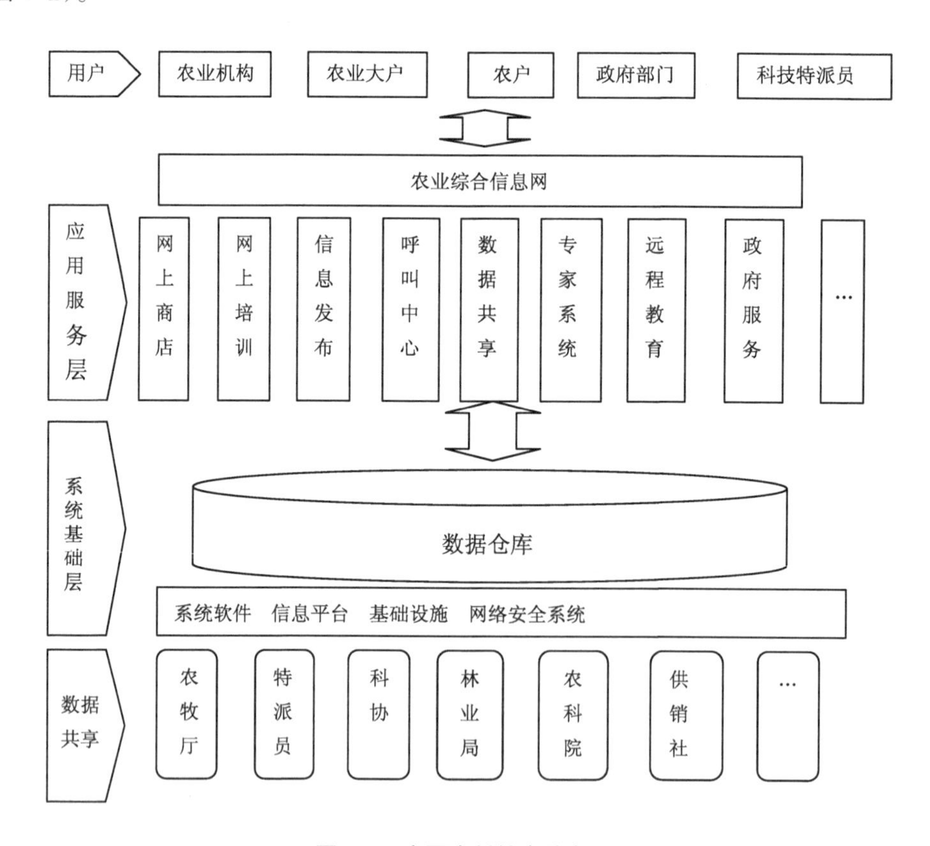

图4-2 宁夏农村综合信息网

从图4-2可以看出，共建一个农业信息数据库的基础就是整合各个政府管理部门的信息系统，以信息资源协同的集成开展为农信息服务，通过信息资源协同实现了政府信息的共享。在协同平台建设上以数字化网络平台和电话为链接点，实现为农信息服务和利用效果的最大化。

（三）构建一个信息服务站

在对基层农业信息资源协同方面，宁夏在每个行政村建设了一个农业信息服务站。该站信息资源协同功能全面，并且链接各个涉农部门网站，体现出一站多用、一站多能（商务、政治、社会服务）、一站服务的作用（见图4-3）。

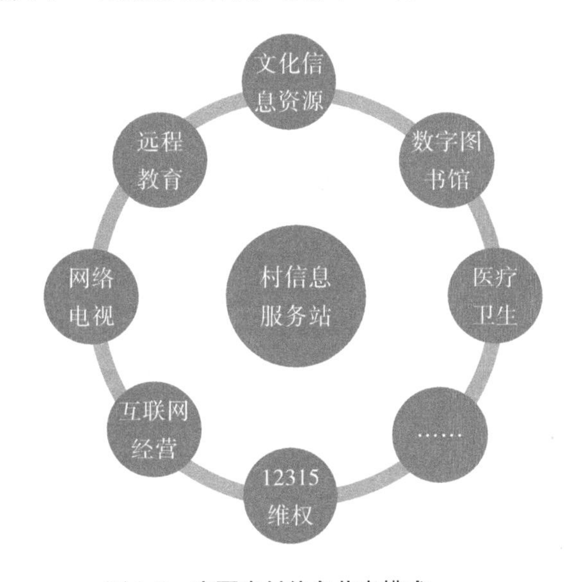

图4-3　宁夏农村信息共享模式

可见，村信息服务站通过上联下通，提供多样化的农村信息服务渠道，农民不出村就可以获取自己所需的农业信息，并进行农产品的网上订单及网上销售，实现了农民长久以来足不出村决策千里的夙愿。

（四）创建一个长效信息资源协同机制

宁夏在农业信息资源协同机制建设方面，通过多种机制整合，实施以“一把手工程”为主，辅助以“以奖代补”“市场化运作”和“将信息员纳入信息科技特派员”等措施，保证信息资源协同机制的建设能健康、持久、可持续发展（见图4-4）。

宁夏农村信息资源协同机制包括了领导机制、奖励机制、服务站运行机制、信息员队伍建设四个具体的机制建设，形成互为前提和动力的良性互动协同格局，是一个具有地方特色的农业信息资源协同建设机制。

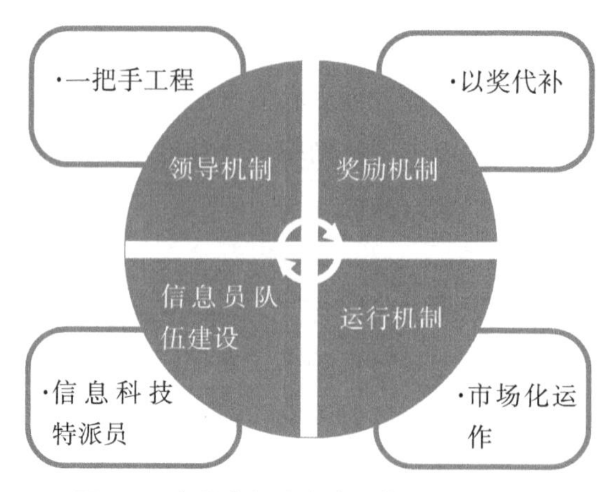

图4-4 宁夏农村信息资源协同机制

（五）农业社会化服务综合服务协同平台

2016年，自治区农牧厅发布了《创新农业社会化服务发展综合服务组织的意见》，开始每年新建50个新型农业社会化综合服务组织，力争到2020年实现全区特色产业重点产区全覆盖（见表4-18）。

表4-18 农业社会化服务综合服务协同平台结构

项目	内容	项目	内容
主导单位	农牧厅	协同主体	各农口单位及农村基层单位
服务渠道	政策指导	服务支撑	整合服务资源
平台建设	综合服务站	协同模式	企业型、公益型、企业公益结合型

建设目标：通过相关信息系统的开发、利用和信息共享，正确决策、及时指导，推进农业调整结构、转变方式。

建设内容：整合农业信息资源，采用改建、扩建等方式，切实打通农业信息资源服务“最后一公里”。

预期效果：解决农业信息资源服务“最后一公里”问题，促进现代农业发展的全程式服务。

服务系统：信息服务室、测土配方配肥站、农机服务机具库棚、农资超市及庄稼医院、培训室等。

信息共享：有固定场所，开展坐诊服务、电话咨询和现场指导服务。建立电子商务、金融信息、市场信息的发布和查询系统。

第二节　西北各省区农业信息资源协同的比较与分析

21世纪初以政府顶层设计为主导的农业信息资源协同机制不断涌现，各地均有不同程度的农业信息资源协同，建构了多种形式的协同机制，但在协同的类型、模式与结构上有差异。

一、农业信息资源协同的类型、层次与结构

（一）农业信息资源协同的模式

课题组通过总结西北农业信息资源协同经验，认为农业信息资源协同模式就是通过一定方式方法的信息资源协同，来实现农业信息资源收益的最大化，而这一方式方法相对固定。就农业信息资源协同而言，其模式乃是在一定的社会发展阶段、技术环境、生产条件下，通过各种方式实现农业信息资源的有序发展，使信息资源价值最大化的较为理想的发展范式，是一个处于不断发展的动态过程。

西北农业信息资源协同模式是通过大量的信息生态、农业系统管理、农业市场经济等原理，建立起一个系统，以此完善的农业服务机制，可使得广大农民通过简单的操作或咨询获得各类农业生产管理的精准信息。西北农业信息资源协同模式主要体现为政府投入为主，这种协同模式在近年的发展中取得了可喜的成绩（见表4-19）。

表4-19　西北农业信息资源协同主要模式

陕西	农技110(全省)、农信通12582(全省移动)、电子农务(全省联通)、农业科技专家大院(宝鸡农业科技服务)、农业高新科技成果孵化(杨凌农业高新区)、白河模式(白河农业综合信息平台)、大荔模式(大荔农技服务)、星火科技12396模式(潼关专家服务)、延安模式(延安农业综合信息服务平台)等。
甘肃	12316"三农"服务热线(全省)、金塔模式(金塔农业信息传播)、家家e(金昌电话信息服务)、黄羊川模式(黄羊川镇因特网村)、神农通(白银农业电话短信服务)、农民信息之家(平凉农业信息服务站)、武山模式(武山宽带进村干部入户)等。
青海	信息服务大厅(全省)、信息田园(全省移动)、12316"三农"服务热线(全省)、农信通(全省联通短信)、合作社信息服务(海东)、五位一体(乐都)等。
宁夏	农技110(全区)、农村综合服务信息平台(全区)、特色农业专家系统(全区远程诊断)、"三农"呼叫中心(全区)、IPTV(全区)、三网融合(全区)、无线广播电视(固原)等。
新疆	信息大篷车(全区)、电话呼叫中心(全区)、多语言农业信息系统(昌吉)、农业信息系统集成(建设兵团)等。

西北农业信息资源协同渐入佳境，成为承载新的农业信息资源协同的方式方法，是一种客观存在并行之有效的协同模式。信息资源协同的起步因事而定，不能强求划一，不能一刀切，因此出现不同程度、不同形式的协同模式，但当信息资源协同发展到一定阶段时，就需要对信息资源协同进行规范和优化。在符合省（区）情的情况下，西北地区依托各省（区）公共信息资源建设，积极与国家纵向农业信息系统和地方横向农业信息系统接轨，逐步融入地方或国家农业信息服务规划之中，使农业信息资源协同得到不断发展，并随着顶层设计的因地制宜，不断创新，积累了许多行之有效的做法和经验。

（二）农业信息资源协同的类型

经过十年摸索，发现农业信息资源协同的复杂性，怎样评判信息资源协同效果没有清晰的指标。在许多情况下，信息资源协同都是在寻求对信息秩序进行调整，而不是去改变它，比如自行开发农业信息资源，与合作伙伴签署双边协议而不是通过政府行政或市场去进行整合。西北农业信息资源协同无疑都是由政府主导的，在政府主导之下各个地区根据自身情况又有一定的差别（见表4-20）。

表4-20　西北农业信息资源协同类型

自上而下	政府引导	政府+市场	政府推动
宁夏	新疆	甘肃、陕西	青海

1.自上而下型

宁夏以政府顶层设计为主导，构建了信息平台上移、信息服务下延、整合各个部门农业信息资源的协同模式，农业信息资源的各项功能得到有序发挥，提升了农业信息资源的价值。

2.政府引导型

新疆以农业信息化建设为支撑，通过加大信息资源的整合力度，开发出各种农业信息管理系统，不断扩大信息资源协同的内容，使各部门的农业信息不断融合。

3.政府+市场型

甘肃和陕西通过政府主导农业信息资源的开发与建设，发展到一定阶段后，引导企业等市场主体参与其中，进一步扩大农业信息资源的开发和建设力度。

4.政府推动型

针对青海农业信息基础建设薄弱、农牧民居住分散情况，青海采取政府推动型发展农业信息资源协同策略，即政府通过打造农业信息平台，吸引相关政府部门和企业参与其中，逐步把农业信息资源做强做大。

综上，西北农业信息资源协同模式从起步到发展的过程中，信息资源协同模式大多依靠政府主导，通过一定的信息技术，将信息资源转化为信息资源协同能力，实现了信息资源的有效利用。信息资源协同能力会进入一个质变阶段，即开始实现高层次、大区域（打破行政界线）的农业信息资源协同状态，自此信息资源协同会进入越来越有序的发展阶段。

（三）农业信息资源协同的基本结构

西北农业信息资源协同结构不尽相同，其中的许多顶层设计在继承了一部分传统因素外，都是以“互联网+”为核心，在发展中不断适应新的发展需求，反映出这种信息资源协同模式与区域农业经济和社会信息化发展的适应性（见表4–21）。

表4–21　西北农业信息资源协同路径

项目 地区	协同渠道			协同特点	
	推进战略	技术支撑	典型代表	实现目标	协同手段
陕西	省政府制定政策	互联网	宝鸡农业科技专家大院	调动各部门参与	行政协调
甘肃	农业管理部门推进	互联网	金塔模式	协调各部门资源	行政沟通
青海	农业管理部门推进	网络平台	农牧厅综合信息服务平台	协调各部门资源	行政沟通
宁夏	自治区政府协调推进	网络平台	农村综合信息服务平台	整合各部门资源	政策措施
新疆	以农业信息化为核心推进	信息技术	新疆建设兵团精准农业	集成各信息系统	政策引导

上述西北农村信息资源协同模式的发展，说明多元化、多样化和多主体始终是农业信息资源协同的基础所在，如：宁夏直通型的信息资源协同结构容易实现对信息资源进行整合，更容易协同各种信息系统，比西北其他省（区）灵活；新疆则是通过对各种农业信息系统的开发和集成，实现农业信息系统的有序发展，有着较大的发展空间。信息资源协同情况非常复杂，如何设计一个科学的架构并没有一个借鉴标准。同时，以政府为主导建设的农业信息系统与日益市场化的信息需求矛盾日益突出。

二、农业信息资源协同的路径及优劣势分析

（一）农业信息资源协同的层级

1.农业信息资源协同方式呈层次分布

农业信息资源内容广泛，形式多样，通过组织各种农业信息资源为农业生产服务，

促进当地农业组织和农民用户获取、利用农业信息资源的积极性。农业生产单位涵盖的范围十分广泛，有中介机构、经纪人、合作社、协会、种养大户、科技人员及农户等，他们是农业信息资源协同的参与主体，也是农业信息的主要需求者，为农业信息资源协同增添了活力。

2.农业信息资源协同路径呈多元化

多元化的信息资源协同路径越来越明显，主要包括三个方面：一是多元化的协同主体。农业信息系统的建设来自不同部门和不同层级，市场需要通过集中规划和统一标准，来进行农业信息资源的协同，实现农业信息资源价值的最大化。二是联合协同。农业信息涵盖范围十分广泛，内容海量，任何一个单独系统都不可能完全完成，需要市场各个方面的力量来联合产品的多样化。三是技术提供及参与运作。协同主体利用自身资源整合与协同等方面具有较强的开发能力，协同有较强的组织保障。

（二）信息资源协同的SWOT分析

通过对西北农业信息资源协同的SWOT分析，显示信息资源协同的优劣势（见表4-22）。

表4-22　西北农业信息资源协同的SWOT分析

内部因素	S(优势):政府主导 政府顶层设计 行政资源作用明显 制定协同政策 采取部门联合	W(劣势):部门利益 信息孤岛仍然严重 行政效率低下 利益部门各自为政 后续建设与发展问题突出
外部因素	O(机会):信息需求 建立农业信息平台 区域一体化步伐加快 信息资源协同技术越来越成熟	T(威胁):跨部门难 农业部门一家能力有限 横向协同难度大 需要政策支持

农业信息资源协同的主体主要是农业管理部门。在信息资源协同的市场动机上主要由市场决定。目前主要的问题是政策反复、部门政策“打架”，协同的机会成本被无限推高，机制建设往往为此而跌入失望的境地。而农业信息资源协同区域联盟优势明显，西北各省（区）实施的农业信息资源协同，主要是在当地政府引导下，由各类信息机构组成信息资源协同联盟，实现各类农业信息的集成，具有因地制宜、针对性强的特点。

三、西北农业信息资源协同模式的评价

要探究西北农业信息资源协同模式，前提是弄清楚协同的性质，即协同模式的原理性根源——价值与手段。信息资源协同价值的实现首先依托的是具体实践，实践是多元

的，协同模式也必然是多元的，以实践模式求证价值模式，是“事实论证”，而非“理论论证”。

（一）西北农业信息资源协同的机理

1.生成特点

西北农业信息资源协同首先是将西北各类农业信息资源进行集成，在信息资源协同过程中，信息资源协同主体结合信息技术条件对各个信息要素进行合理分配，突出信息流动的特点进行部门协同、资源协同、技术协同，最终实现农业信息资源的协同（见图4–5）。

2.要素创新

西北农业信息资源协同实现的核心是对农业信息资源管理的创新，即在政府的推动下，结合市场需求，积极应用新的信息技术在西北农业信息资源开发与利用上不断创新（见表4–23）。

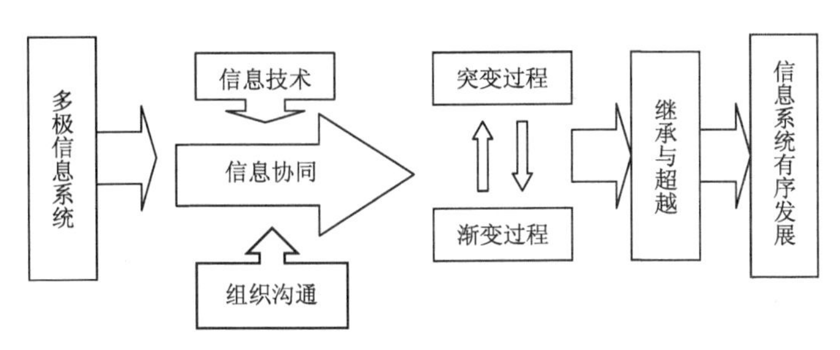

图4–5　西北农业信息资源协同机理

表4–23　西北农业信息资源协同的创新要素

	要素Ⅰ	要素Ⅱ	要素Ⅲ	要素Ⅳ	要素Ⅴ
环境	政府政策	协同动力	信息需求	资金投入	市场培育
因素	市场化发展	提高效率	行政沟通	合作双赢	技术促进
效果	资源整合	信息平台	社会效益	经济效益	优化环境

3.资源整合

实现西北农业信息资源建设从无序到有序是一个长期的过程，“无序”是任何一个信息系统的主要特征，“有序”是通过整合资源，在不断探索中逐渐厘清发展目标，达到最佳发展的状况。实践证明，利用信息资源协同可以极大推动西北农业信息资源的发展。

4.政府推动

围绕着农业信息资源协同建设这个重点，各市、县（区）有计划、有组织、有分工、有协作地开展工作，按照“政府牵头，企业参与，结对帮扶，多方联动”的推进办法，地方政府的各部门都制定了具体的实施方案，有力推进了农业信息资源的开发和利用。

（二）西北农业信息资源协同的实现效果

目前的农业信息资源协同虽然没有实现完全意义上的信息资源协同，但它的协同思想、协同理念、协同方向无疑是有意义、有价值的。从西北农业信息资源协同的发展方向看，仍需要在信息传播设施、体制机制建设、制度设计、政策制定等方面进一步完善。

1.搭建农业信息服务平台

利用现有农业信息资源实现“三网”（电信网、广播电视网和计算机网）有效融合，创新农业信息资源协同模式。选择IPTV作为三网融合的突破口，以宽带为业务传输平台，提供高清晰度节目。

2.建立市、县、乡三级农业信息资源协同网络

农产品销售环节的各种信息提供、农业信息的需求与发布等方面的信息服务，可以链接各种农业信息系统，实现一站式服务，满足用户的信息需求。

3.实现农业信息系统的初步协同

进一步完善农业信息资源协同体系，在三农呼叫中心建设上，建立三大技术支撑子系统（见图4-6）。

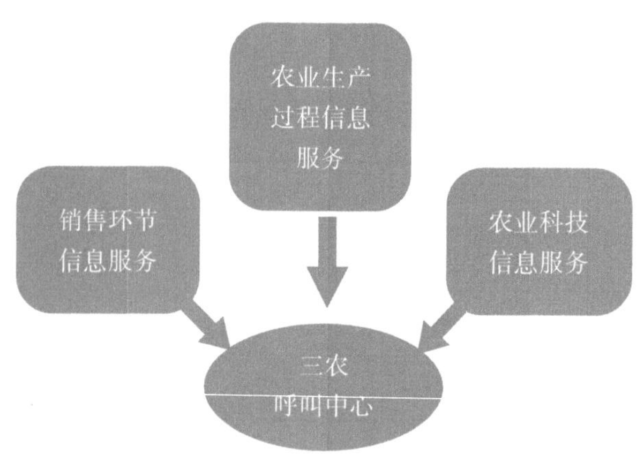

图4-6　三农呼叫中心服务功能

（三）西北农业信息资源协同显现的问题

1.协同基础还不牢固

目前，西北农业信息资源协同的主体（农业管理部门、农业生产部门、农业科研部门和农业教育部门）对农业信息资源协同的需求动力不足。在农业信息资源建设的目标、信息产品开放、深度信息服务等方面投入少，特别是在信息采集与信息汇集等方面

问题突出，需要进一步探析、厘清和深化适应信息时代变化的新问题。

2.协同渠道不畅通

首先，政府管理部门的协同意识不强。一些职能部门对农业信息资源协同认识不够。其次，协同效果不理想。当前信息需求水平低下，市场容量有限，农业信息资源协同想要大幅度占领市场份额在短期内难于实现。以甘肃“科技110”为例，该系统是由科技部门和农业部门合作建立的一个农业信息系统，最初的一年访问量能够达到300多万人次，而现在一年只有几万人次访问量，但每年的基本费用为几百万元，管理部门压力很大。

3.协同的发展层次不高

西北农业信息资源协同机制滞后，信息传播范围小、信息失真、信息不对称问题严重，严重阻碍了农业经济的发展。在整个农业信息资源开发与建设方面并没有进行顶层设计或制定发展规划，不同行政区域需要各个信息系统通联，但行政层级或部门利益阻隔，造成协同整体上的碎片化。

4.协同效果没有整体性

从协同学观点出发，理想状态是把农业部门的信息系统、党政部门的农业信息系统、高校科研单位的农业信息系统和企业农业信息系统协同在一个部门之下，以更好地在现代农业建设中发挥作用。但是，由于缺乏宏观上农业信息资源建设的规划和管理，农业信息资源协同缺乏整体性，仍然呈现碎片化状态。

（四）西北农业信息资源协同的经验

1.顶层设计，整合资源

西北农业信息资源协同基于信息的充分获取、解析和应用。通过加快西北农业信息资源协同，尤其在信息基础设施的提升方面，采用多样化建设手段，在各级业务管理上实现管理全覆盖，在省、市、县管理层级之间实现信息互通，在不同职能部门和管理环节上实现信息共享（省市县三级）与设施联网，并与各系统对接，最终构建“战略-协同-组织”三重互动的农业信息资源协同创新机制框架。

2.平台上移，服务下延

平台上移、服务下延的本质就是受益者必须是农业用户。协同是使各种信息系统的无序化变成有序化，协同要求发挥各种信息资源的协同效应，需要克服体制弊端，才能够大幅度地提高农业信息资源的管理效益。

3.部门协调，系统融合

西北农业信息资源的协同建设离不开大量投资，为了确保各种信息资源机制协同，需要体现出长效和可持续性。既然是协同，就不是一个系统能够完成的工作，需要融合多个信息系统。通过应用互联网，使西北的各种农业信息资源确保协同信息数据的准确性、真实性和信息价值的最大化。

第三节　西北农业信息资源协同模式的启示

目前，西北农业信息资源层面还未形成新型的协同机制体系，从发展农业信息基础设施建设入手，在进入农业信息资源协同的全过程中，政府政策提供必要条件，确保农业信息资源协同机制的形成，有效为农业信息资源协同提供保障，培育、建立核心的农业信息系统。

一、建立西北农业信息资源协同机制是趋势

（一）西北农业信息资源建设已经进入转型期

改革开放三十多年来，我国农业增长跑赢了同期世界农业增长，这是历史性成就。但是也呈现出传统农业增长模式面临的资源环境透支、生产成本上涨、价格严重倒挂等问题，需要尽快转变发展方式，提高可持续发展能力和市场竞争能力。在国家层面，农业部采取了指导性姿态，“金农工程”“三电合一”等代表了农业信息资源协同的国家层面纵向发展方向，主要内容是：启动农业信息资源（包括信息设施互联互通）的协同试点，探索建立政策扶持和管理制度，在农业信息资源协同的概念、程序认定、管理办法、规范认定、跨部门程序等方面正在出具意见。作为信息系统内部无法外释积聚的力量而造成的结构性失衡，需要通过协同来实现“弯道超车”，进而实现充满弹性的“区域性”农业信息系统。

（二）建立农业信息资源协同机制

“协同”是哈肯协同学的重要线索。在协同论的架构下，弄清农业信息资源协同的方向，有重要的启发意义。新环境下农业信息资源的新业态不断产生，选准政策扶持的重心非常重要，政府支持是可行路径。从实践情况看，分散农户的小生产难以推动农业信息资源协同发展，也难以实现农业信息的规模经营和管理，农业企业、农业合作社、农业管理、农业科研、农业推广、农业教育等机构和部门成为推动农业信息资源协同发展的中坚力量。农业信息资源的获取环境要有大农业的理念，不能仅仅盯着自己的一亩三分地，还要看区域、全国甚至世界。一是必须注重市场导向，加大农业信息基础设施的互联互通，在信息基础建设、政府政策和信息服务方面加大投入；二是明确新协同方向，在信息资源协同配置上加强技术和政策的支撑，使信息资源协同与农业现代化有机统一；三是明确农业信息资源协同路径。农业信息资源作用的实现必须与农业生产经营相结合。

二、培育西北农业信息资源协同的政策框架

按照西北目前的实际情况，培育农业信息资源协同的核心政策内容应该是“一网三保”，即构建农业信息资源协同网，提供农业信息资源协同保障、管理信息保障、信息基础设施建设保障。

（一）协同形式多种多样

新的环境条件下出现许多新情况、新特点、新问题，系统差异、制度障碍这些独特的问题是过去不曾研究的，农业信息资源协同存在许多不同的形式，如甘肃模式在很多方面与陕西模式、宁夏模式大不同。模式的意义更注重信息资源的管理方式，对于发展方向出现了更多的关注。协同理论是西北农业信息资源协同起点范畴和主线脉络，是构建协同机制的突破口。

（二）政府与市场互相补充

是否可以通过政府文件来解决协同问题？若完全由政府来定，则是计划经济；若完全由市场来定，则是自由经济。行政手段实现资源再分配，体现政府意图，打破行政隔阂进行部分内容的信息资源共享，至少为信息资源协同奠定了制度基础，体现了最深层的信息价值归宿。

协同的基本前提是用户必须符合一定的规制。政府要提供农业信息资源协同的保障政策和措施，政府的政策支撑主要包括进入支持和发展支持两部分，主要内容有：信息技术标准化，信息资源形成明确有力的政策激励。

本章小结

协同模式改善了用户信息的获取和利用模式，每个用户可以同时成为信息消费者和信息生产者，可以自由选择自己所需的信息，信息获取容易实现，这些都极其利于信息用户的全面发展。西北农业信息资源协同十年，证明协同模式的基础是分享、合作、互助，同时也探索出了农业信息资源协同的一些经验和路径，农业信息资源协同不仅影响用户的农业信息资源获取方式，还将改变农业信息资源的建设和管理方式。一是信息资源协同拓展了农业的功能。信息资源协同包含一系列服务行为的过程，无形性和异质性是主要特点。从发展周期来看，需要从个性化向专业化发展，用户在一定程度上参与到信息服务过程中，以提高服务质量为最重要目标，进一步扩大用户群，改进业务流程，降低成本。协同模式中用户从信息封闭的束缚中解脱出来，其结果是农业产业创造力得到激活。农业信息资源协同满足可持续发展的需求，要求农业信息用户具有更高的知识和技术水平，协同模式以每个用户都分享信息价值链上的信息方式和一系列信息资源协

同服务方式来满足用户需求。二是信息资源协同能够实现政府各个部门信息畅通。打破农业信息资源的不对称状况，更有效地进行农业管理，如农业林地和基本农田重合度就占有一定比重，由于林业用地和基本农田是两种不同性质的用地，如果是林业用地用于种粮是违法，反之是基本农田用于种树也是违法，但实践中，一块地两个“身份”的问题较多，原因是林业部门和农业部门由于信息不沟通，两个部门同时都有认定，类似的问题在现实中不少。因此，农业信息资源协同有助于政府实现农业经济的宏观调控、产业优化，实现多规合一，无缝对接，是农业生产安全防范、灾害预警、农产品市场运行监督和提升紧急应急能力的重要手段。近年来，多数农产品价格走低、农民收入下降、农业粗放式生产态势明显，为研究农业信息资源协同提供了思路。

|第五章|

西北农业信息资源建设存在的主要问题及解决的对策和建议

第一节　西北农业信息资源建设存在的问题

无论是传统农业社会还是现代农业社会，农业兴则国家兴，农业兴则地区经济兴，地区经济兴则国民经济兴，国民经济兴则国家繁荣富强、人民安居乐业。经过十多年的努力，西北农业信息资源建设与发展有了骄人的进步。在全国打赢脱贫攻坚战的重要时刻，如何抓住这一战略机遇，解决新时代西北农业凸显出的新情况、新问题，是当前一个阶段最重要的任务。

一、农业信息资源供给存在的问题

（一）农业信息资源保障体系多元分割，适应新形势新需求的体制机制亟待完善

农业信息资源协同具有时代、社会以及确定实践模式和信息需求供给关系的特殊性。实践证明：传统的农业信息资源管理方式和信息资源建设模式已经不能满足农业经济社会发展的需要（包括国家和省区层面）。虽然农业信息化建设成绩突出，但由于没有形成一个高效的信息管理体制，农业信息资源建设在地方上普遍存在“烟囱林立”的现象，“信息孤岛”问题进一步加剧[①]。目前，西北农业信息系统多元并存，一是多头分管，导致信息系统的分割化和碎片化。基于当前的农业信息保障体制存在党委部门、政府部门、专业部门、行业部门、社会组织、市场中介等多种机构，呈现出“低门槛进入，低标准服务”的特点。二是信息资源统筹层次较低，大部分地方是“倒金字塔”型模式，即省一级又好又大，地方只统筹到市（县）一级，到基层村镇更是模模糊糊，以

①甘国辉，徐勇：《农业信息资源协同服务——理论、方法与系统》，商务印书馆，2012年版。

至“最后一公里”的农业信息服务成为多年来难以解决的大问题[①]。

（二）信息内容建设不足，原有发展模式难以为继

农业信息化是农业现代化的重要标志之一，农业对数据、信息的需求贯穿整个农业生产经营的始终[②]。西北农业信息系统以2003年的“金农工程”建设拉开序幕，通过城镇化和政府自上而下的政策措施，来实现农业信息化“赶超式”建设。

从课题组对西北农业信息资源建设的调查情况来看，西北农业信息资源的建设存在信息内容不足，信息系统缺乏必要的协同发展方向和明晰的建设路径，协同总体发展较慢。同时也暴露出管理不到位、体制不顺、信息化建设不规范，特别是“老三难”（信息资源共享难、信息设备互联互通难、业务信息资源协同难）等问题。这些问题既是农业管理的瓶颈和难点，也是农业信息管理在目标导向、空间规划、孤立运动、活动方式上存在的局限性，严重制约了信息资源协同的长足发展。20世纪90年代以来，农业信息系统建设在“真空”状态下一哄而上，由于管理职能考虑不周，功能定位不够明确，信息系统并没有围绕信息用户的实际需求进行服务，导致服务效能低下，使农业信息资源未能充分、有效地发挥其价值。

（三）各省（区）之间缺乏农业信息资源建设的协同机制

西北地区和各省（区）间农业信息保障制度的分割化和碎片化，不仅影响制度的公平性，也不利于农业信息资源的统一市场建设，并影响农业信息保障能力以及管理和运行效率。农业各级单位系统基本上都是采取单独建设的方式，只承担各自区域的任务，而实现内网到县、外网到乡的农业信息系统职能整合信息化平台仍需较长的时间。由于农业信息资源建设整体缺乏各个部门的信息资源协同机制，各个地区农业信息系统各自为政，虽然纵向上有了较大改进，但横向上仍然各自为政，缺乏区域协同，成为多年顽疾。从农业产业链来看，农业的产前、产中、产后各个环节的高效衔接需要信息的支持[③]。西北地区地域广阔，国土面积为296.6万平方千米，占全国面积近1/3（见表5-1），在如此大的行政区域内，想把农业信息资源协同搞好确非易事。

西北农业信息资源协同需要从三个方面来入手：一是顶层设计要搞好。对西北农业信息资源协同建设的组织框架、技术路线、体制机制以及如何协同等问题需要科学合理地做好设计。二是农业信息资源建设必须有效地与西北的农产品、农业生产环节、各个省（区）之间的农业信息进行对接，要实现农业信息资源的共享和协同。三是要进一步创新信息资源协同系统，激活数据库或网络平台，把“躺”在各个农业管理部门的数据

①汪祖柱，钱程，王栋，高山：《基于协同理论的农业科技信息服务体系研究》，载《情报科学》，2015年第8期第10页。

②张杰：《农业现代化：提升农民利用信息能力》，载《中国社会科学报》，2014年3月24日。

③张兴旺：《现代农业发展离不开大数据支撑》，载《农经》，2015年第6期第76页。

库，包括各年的统计数据、发展规划、建设项目等静态数据利用起来，实现农业信息资源的充分利用。

表5-1　西北地区基本状况一览

	陕西	甘肃	青海	宁夏	新疆	西北
国土面积/万平方千米	19	39	72	6.6	160	296.6
地州市/个	10	14	8	5	14	51
乡镇/个	1291	1135	399	236	1047	4108
农村乡村人口/万人	1748	1477	292	299	1245	5061
占总人口比重/%	46.08	56.81	49.70	44.77	52.77	50.03
农作物种植面积/千公顷	4284.5	4229.3	558.4	1264.6	5757.3	16164.1

资料来源：民政部.中国民政统计年鉴（2016）[Z].中国统计出版社，2016：181.国家统计局农村社会经济调查司.中国农村统计年鉴（2016）[Z].中国统计出版社，2016：38；142.

（四）农业信息资源协同发展面临较为复杂的制度障碍

我国传统农业生产可细分为四个阶段：1958—1960年、1961—1966年、1967—1983年和1984年至今。四个时期中前三个阶段出现农业生产困难局面。从信息资源管理角度看，农业信息对农业生产和农民增收起不到作用，用户完全没有信息意识。当时的农业基础建设投入巨大，但因缺乏信息资源的协同，大都是各自为政，自建自用，形成信息孤岛，造成河流堵截、生态平衡破坏、农产品品种单一等问题。而第四个阶段之初，在农业信息资源建设市场方面任由市场规律发挥作用，甚至是实行错误的市场信息自主决定市场，市场有意压低农产品价格或进行错误引导，造成农产品生产混乱、交易不畅，农民不能增收，市场难于对农业信息进行消化吸收和有效利用。

协同是一个复杂的巨系统，它涉及面广，头绪多，包括了政府职能、行业管理、市场行为等多个层面。虽然西北农业信息化程度在不断提高，但由于市场化发育不好，协同体制没有搭建，目前的农业信息资源协同还缺乏健全、合理的制度环境和政策保障。制约农业信息资源协同发展的深层次原因有两个：一是市场化程度与农业信息服务有着正相关关系，处于市场程度相对落后的西北农业经济制度，难以为农业信息资源协同提供制度支持。二是农业信息资源协同面临较为复杂的制度约束，各个农业信息系统的发展功能定位不够明确。随着互联网技术的日新月异和农业信息资源的海量增加，农业信息资源因庞杂、分散、异构而呈现出了相对孤立和难于满足生产经营者对信息需求的状况[①]。西北农业信息服务能力不足，严重影响了农业信息资源建设力度。要实现内在超

①钱平：《我国农业信息网站建设的现状与分析》，载《中国农业科学》，2001年第34期（增刊）第78页。

越，就需要有全局化视野的考量。

（五）政府的农业信息公共管理职能缺位

农业信息系统多头建设，“烟囱效应”明显，使农业信息缺乏协同力，相应地制约着农业信息资源的建设与发展，为信息供给提供“结构性空间”，导致“短板效应”的产生。当农业信息资源建设获取回报率低时，社会资本不会资助该领域，而单靠政府部门的农业信息资源建设，实质是将由政府进行顶层设计的上游的农业信息资源建设与中下游农业信息资源的储存、加工、传播等没有进行有效衔接，用户对农业信息资源的获取与利用没有达到经济效益的最大化。农业产业化发展，对农业信息系统发展所需的信息资源提供支持不足，再加上政策引导不力，造成农业信息资源建设严重落后。目前农业信息资源协同难的问题，原因有三个层面：一是技术架构层面。最初的农业信息资源建设中，政府部门在开始数据共享工作时未完全实行信息共享。二是政策层面。由于数据信息具有时效性，各部门工作的协调不畅问题严重，每个部门在向其他部门要数据时都很困难，促成数据保密、数据私有，久而久之各部门之间都没有信息共享的思维。三是建设费用层面。2014年西北农业信息需求结构与信息服务模式课题组对西北地区建设农业信息服务站点所需的最低费用进行了调查，根据当地情况建设一个农业信息服务站点所需的最低费用为：地市级36万元、县市级24万元、乡镇级13万元、村级7万元，同时每年的设备维护费用分别为5万元、3万元、2万元和1万元。所以，建设的高额费用使得一般机构（或用户）难以开展农业信息化建设，农业合作社及个人更是无从谈起。

二、农业信息需求存在的问题

（一）农业信息资源服务水平低

在西北地区，各个层次的农业信息服务水平不一，发展差距较大。在传统农业中，信息的收集、分析、运用、共享也是无处不在的，但农民没有一定的意识。在现代社会中，信息共享有着诸多不同媒体和方式，但因受经济水平和教育水平的局限，我国农业体系中的“信息交流共享”还停留在比较初级的阶段，信息多依靠“口耳相传”的传统方式来传播。这些交流方式，很大程度上制约了信息传播共享的速度和广度，也限制了农业生产技术的推广和农业产品市场供求消息的传播。传统农业的“信息交流共享模式”如果不能突破信息传递速度慢、受众少、范围窄的局限，则必然会阻碍现代化农业的发展。20世纪后期，网络已经成为公认的最快捷、最便利的信息交流平台，信息的大规模、高时效性共享将不再是一个难题。从微观层面看，西北农业公共信息服务中的农家书屋、村信息服务站作用发挥不够充分。从宏观层面看，国家“丝绸之路经济带”战略的实施，必将对西北农业发展产生积极的推动作用。这不仅突出表现在直接农业园区建设，诸如新疆的喀什和霍尔果斯两个经济开发区、阿拉山口综合保税区和几个经济合作区的园区企业有了更多的发展机会，而且将成为促进西北农业发展的重要契机。近年来，有许多农业企业都是直接定位于新疆的产业基地、出口基地、加工基地，以求实现向西开放的“引进来”和“走出去”通道，利用好国际国内两个市场和两种资源。目前，西北农业已经确立了建设“丝绸之路经济带核心区”的战略定位，这为西北农业发展打开了向西开放发展的空间，在不远的将来，有望发展一批依托西北实现“东联西出、西来东去”的外向型农业。

（二）农业公共信息资源的利用率不高

即便是经济较发达的城市工业基地，农业发展受客观条件限制，高额发展成本难以承受。西北农业资源优势和地缘优势始终是西北发展最重要的潜在优势，而这种优势正在通过国家的特殊支持政策和区域内外各种市场主体的介入而激发出来。“一带一路”战略将体现西北向西开放的便利，为西北农业发展提供了重要机遇。后发赶超虽然长期处于相对劣势，但客观上也存在一定的“后发优势”，这就是通过学习、借鉴、引进发展成功的模式和经验，避免别人走过的弯路。国家深化经济体制改革的一项重要任务是“着力解决市场体系不完善、政府干预过多和监管不到位问题”①。目前，随着不断地简政放权，政府干预过多的现象已开始明显得到扭转，但市场体系建设还需要有一个较长的过程。同时，政府管理不到位的问题仍然比较突出：①农业信息服务体系建设才起步，信息系统建设有待加强，信息资源供给不足和信息资源供给内容适应性不强的问题突出，缺少信息平台，农业信息体系亟待加强建设。②加强市场监管的任务十分艰巨，假冒伪劣、侵权仿制、虚假信息、不正当竞争、环保超标等屡见不鲜。环保、安全、技术等方面的农业信息资源协同难度大，农业信息资源协同处于不利的地位。③农业信息资源建设很薄弱，甚至缺乏长期发展的规划。

西北五省（区）总体经济发展水平较低，2015年西北农村居民人均收入为8420.46元，低于全国平均水平（11421.7元）3001.24元，且各省（区）农业发展差距较大，其中陕西农村居民收入为8688.9元、甘肃农村居民收入为6936.2万元、青海农村居民收入为7933.4元、宁夏农村居民收入为9118.7元、新疆农村居民收入为9425.1元②，由于西北各省（区）发展阶段和增长目标不同，影响到整个区域合作进程。五省（区）农业经济处于全国价值链的中低端，易受区域外经济波动的冲击，区域内竞争加剧并影响其收益。

（三）农业信息资源开发程度低

农业信息服务系统作为公共产品，应该由政府作为投资建设主体。计算机与网络技

①《中共中央关于全面深化改革若干重大问题的决定》，载《新华日报》，2013年11月15日。

②国家统计局：《中国统计年鉴（2016）》，中国统计出版社，2016年版，第195页。

术在农业领域发展中的运用潜力无穷，利用这些高科技手段科学化、低成本、高效率地利用信息资源，并将其运用于生产实践中。农业信息服务系统建设缺乏统筹规划和顶层设计、信息采集处理的标准化程度低、很多信息指标缺乏科学性等问题，给农业信息系统建设带来难题。在这种情况下，出现条块分割、各自为政的格局也不足为奇。地方农业信息资源服务是提高农业生产效率和农民经济收益的必要因素，而大部分农村基层仍然靠“一张嘴，两条腿”的工作模式。信息运动是一个从“信源→信道→信宿”的过程，信息系统产出效益不明显，信息资源的系统性、完整性差，产出效果不理想。农业信息涉及的领域繁多、信息量庞大，难以建立完整的信息分类体系。

（四）农业信息资源建设快速扩张与发展滞后同时存在

农业信息设施建设是根据行政区划进行的，区域之间的公共信息服务不对称问题仍然较为显著。城乡间、区域间的文化设施分布差距显著，农业公共信息服务体系的均衡性和均等性需要继续提高，用户群体之间的信息差距明显。随着信息网络的普及和新媒体的广泛应用，农业信息获取与服务与以前相比情况大为不同。农业信息内容的不丰富、层次性不明确，农业用户群体信息需求不清晰、区域之间的信息能力差异显著，主要表现在：一方面，在农业信息平台建设方面，数量激增，西北普遍存在粗放式、外延式扩张。不少信息服务项目惨淡，场地和设施闲置，没有发挥应有的作用。另一方面，伴随智能手机的普遍使用，农业电子商务也快速发展，但是农业信息业态结构和布局结构不合理，表现为提供适合有用的信息资源不多，且大多集中在农产品销售方面。近几年，在西北各地均出现了农村信息站、专业信息服务店等布点集中扎堆现象，使信息服务市场在信息资源获取越来越便利的情况下，农业信息资源的利用缓慢和严重滞后。西北农业信息资源服务布局不合理，设施不配套，服务功能定位不准，专业化水平低，信息不连续，综合运行成本较高，广大农村地区信息网络建设仍然十分薄弱，与城市形成了强烈反差。在西北农村，农民信息资源的利用仍然主要依靠原始的、规模较小的集贸市场传播和落后的人际传播，现代一站式信息服务业态还没有广泛采用。

（五）农业产业缺乏较强的市场竞争力

西北农业产业结构趋同现象严重，农民收入来源单一，家庭经营收入来自第一产业的比重占80%以上。低层次产业、低端产品、低加工程度、低增值环节的比重较大，成为制约西北农产品加工业和农业产业结构调整的主要障碍。产业布局分散，集聚程度低，差距过大，发展不平衡，自主创新能力不强，核心竞争力及带动辐射能力不强，市场影响力弱。农产品生产主体的保鲜储运能力不足，冷链物流设施建设远不能满足农产品生产能力，再加上一些特色农产品保鲜技术不过关，往往造成农产品损耗较大，给农产品的流通与销售造成一定障碍，尤其是出口难度更大。农业企业规模小，技术水平低，加工转化率低，90%是中小企业，大型龙头企业少。大多数农业产业化企业以农产品初加工为主。目前，西北农产品加工率只有25%～40%，其中二次以上深加工仅占10%左右，大多数只能进入中低端市场，如干鲜果，大部分仍以原产品进入市场，分级、包装水平有限，无法形成整体优势和规模效益。

第二节　农业信息资源协同的难点分析

农业信息资源协同有助于实现农业经济和农村社会可持续协调发展。当生产力发展到一定水平时，区域经济一体化必将实现，因而信息资源协同是一个历史过程和发展趋势，对促进农业信息资源建设具有重要意义，但它不可能一蹴而就。

一、农业信息资源建设难点

（一）信息要素持续流向城市，农村信息要素匮乏成为常态

城乡二元结构状态下，农业、农村作为落后和弱势的一端，急需信息要素的大规模流入。但在很长时期内，却出现了完全相反的情况，信息要素大规模持续由农业、农村流向工业和城市。这种状况，可谓之为信息要素的倒流。计划经济时期，国家为积累资金以支持工业化和城市化，有意识地通过工农业产品“剪刀差”，把农业剩余甚至农业必要产品转移到工业和城市，开创了信息要素在我国城乡之间的倒流机制。改革开放以来，除工农业信息资源建设“剪刀差”继续发挥作用之外，还出现了一系列新的要素倒流机制：农村劳动力大量进城务工，导致农业、农村普遍缺乏中青年劳动力；农民工的工资保险等权益被扣减，被扣减部分留在了工业和城市；农村土地被大规模征占出让，土地出让金主要用于城市建设；农村存在普遍的资金存贷差，银行如抽水泵一般源源不断地把农村资金泵入工业和城市等等。这种状况既源自历史的惯性，也源于迄今未变的城乡分治制度。一个更为直接的原因是这两个方面综合作用造成的农业产业比较效益的低下，进而使得农业信息要素持续倒流向城市，支持了工业化和城镇化，但却使农业在“缺信息”的状态下进一步失去发展动力，信息要素匮乏成为一种常态，农业发展失去动力，是“三农问题”和城乡发展差距扩大的根源，也是推进农业信息资源协同必须首先根治的症结。对于这些因素，有的我们认识得比较清楚，而有的还不那么清楚；对于它们之间的联系，有的已经被揭示，有的还有待于揭示。

（二）投资渠道不畅，建设资金难以进入农业信息资源领域

随着我国社会主义市场经济体系日益完善，互联网普及程度不断提高，物质技术手段日益丰富，因此有必要、也有条件适时启动农业信息资源协同这一工作。2015年国务院《促进大数据发展行动纲要》的规划，对实现农业信息的“可查”（查询）和“可转”（转换）、推动农业信息资源协同发展有着极大的促进作用。农业生产要素的积聚和信息

资源的配置呈现一定的正相关关系，在西北农业经济发展过程中，农业信息资源建设速度和农业经济发展程度具有耦合现象，其根本原因在于长期以来独特的体制安排和工业化道路的选择，使农业信息体系的构建，具有非常鲜明的政府主导型特色，并且相对其他行业的信息建设的快速市场化、国际化发展，农业信息建设进展慢、结构散、效率低等问题越发突出。特别是20世纪90年代以来，农业信息管理体制改革滞后，农业信息系统体系的制度性、功能性、技术性和操作性的缺陷日益凸显，农业信息系统成为整个社会信息体系建设的“瓶颈”和“短板”，难以满足农业用户需求，难以满足城乡一体化发展的需要。在社会资本引入方面，目前存在着各种制约，首先是农业产业效益不高，尤其是农业种植业比较效益低下，无法满足社会资本的逐利需求，而农业比较效益低下与主导农产品的价格管制紧密相关，资金由农村流向城市、由农业流向工业的单向流动格局，总的来说尚未破除，农业信息资源建设总的状况令人担忧。

（三）公共农业信息资源配置失衡，基本农业信息服务不均等

西北地区，由于政府实施了改善农村基本公共信息服务的一系列政策，加大了对农村公共信息服务的力度，但由于历史欠账多，加之长期形成的城乡公共信息服务二元结构并没有从根本上得到改变，农产品“种难”和“卖难”，特别是每年都有个别地区大面积农产品卖难问题突出，农业信息保障水平较低。后来对公共信息服务农业信息化建设的投入加大，如“文化信息资源共享工程”“农村党员干部远程教育工程”“广播电视村村通工程”等，乡镇覆盖率达到100%。目前，农业信息保障体系建设互联互通相对滞后，城市居民享有的网络宽带、信息公开、信息获取等多种保障机制，信息保障基本上达到了全覆盖，但绝大多数农民根本无法同等享受。这是推进农业信息资源协同必须解决、也相对难以解决的一个问题。从目前西北农业发展实际情况来看，农业信息技术应用环境建设滞后，也制约着西北农业经济的发展。

二、农业信息资源协同中的工作难点

（一）认识不统一，目标不明确，执行不到位

这些年来，在农村改革、农业产业化、统筹城乡发展、农业信息化建设等方面，党中央针对“三农问题”和城乡二元结构提出了多种解决方案，地方各级党委、政府和各个方面发文件、做部署，也不可谓不重视，但实际工作的效果却并不理想，其原因或者是认识不到位，或者是目标不明确，或者是执行不到位。在认识方面，不少部门口头上重视、行动上轻视。在经济效益为中心的条件下，各地普遍看重的是工业和城市的招商引资，发展第三产业，农业和农村的发展问题难免敬陪末座。在农业信息资源协同上，各级领导干部认识不统一，造成信息资源协同工作中的最大障碍，若没有从事关农业竞争力这个高度上给予足够重视，就难以形成“心往一处想、劲往一处使、汗往一处流”

的合力，自上而下和自下而上的步调也不可能一致。在协同目标方面，这些年在解决以农业信息服务促进农业农村发展这个问题上，意见已经较为统一，但对信息资源协同态度并非始终明确，一直存在着不同看法，粮食安全、社会稳定、增加就业、农民增收分别在不同场合、不同角度被确认为目标指向。确立这些目标指向各有理由，而且它们之间往往有着密不可分的内在联系。然而，信息资源协同的根本目标是什么？就是要消除城乡二元结构，实现信息资源协同发展，这决定着我们发展农业的价值取向和战略部署。农业信息资源协同所涉及的粮食安全、社会稳定、增加就业、农民增收等方面，各自引领一套部署安排，为保证工作步调高度一致，对目标指向有必要加以明确，毕竟工作的着力点不同，差异会很大。在信息资源协同的执行方面，这些年的实践表明，协同工作总体上缺乏强有力的执行，存在着执行难和执行不到位，或重形式、走过场，或者是缺乏长远规划、急功近利的问题。这些问题，部分源于认识不统一，部分源于目标不明确，大部分则源于行政体制阻隔。因此，对于各地的实践创新，也应及时总结评估，具有普遍意义的经验应该及时推广，明确农业信息资源协同应该“干什么”和“怎么干”。做好以“点”促“面”的工作是农业信息资源协同实践的一条重要经验，这项工作应当在总体规划和顶层设计框架内进行强化。

（二）区域农业信息资源协同体制机制的建设还没有明确发展方向

目前，整个西北地区农业信息资源呈现“上层集聚、基层分散”的特征，信息要素空间在农业管理部门分布差异很大，区域农业技术创新、项目建设、产业结构调整等的合作协作程度较低。一是西北地区间信息资源协同体制机制还有待建立。西北地区农业信息资源协同功能定位和区域分工无论从学界层面还是政府层面都没有探讨过，政府管理部门高层次的联合商讨或合作磋商机制尚不明晰，尤其是在区域农业信息资源建设规划、信息政策、重大项目、协同标准等的沟通协调机制仍在学术讨论之中，致使西北地区农业信息资源的联系和协同没有明确方向。二是评价及建设标准等方面存在较大差异。西北各个省（区）农业信息的割裂，分散了西北一体化农业大市场的建设，致使信息流动受阻。区域农业发展的辐射动力不足，而自身建设又跟不上发展需求。

（三）宏观管理强势，微观管理虚置

农业是国民经济的基础，农业的核心问题是土地。土地是农民的生存之本、收入之源，农民仅仅获得了与农业生产相联系的使用权，而未得到与全部市场经济活动尤其是市场交易相联系的使用权。政府为农民生产经营提供信息资源服务在政府责任上是应该的，但提供的信息资源多为宏观政策，难以具体使用，农业信息资源不能被有效利用，在市场上发挥不了使用价值。所以，当信息权利超然于农民之上，且农民无法在这信息权利中得到量化的农业信息或知识，同时又不能体现出市场价值，那么，农民的信息权利可以说被虚置了。结果就是，农民无法凭借农业信息参与市场经济活动，获得创业和生产发展资本以及相关的收益，农民因此也无法成为拥有完整的信息权利和平等地位的市场主体。由于农业信息权利的虚置，导致土地的收益大量流失。2008年《政府信息公开条例》要求政府信息公开为主动公开和依法公开两种形式，但现实中主动公开不足，导致信息供给不足，为解决这个问题，一是加快建立农业管理部门的数据开放平台，明确政府信息公开职责，促使农业信息资源高效整合和共享；二是应进一步制定政府信息数据开放的具体标准、原则、范围、边界、权限等。目前农业管理部门都有自己的网络信息系统，但没有设计与其他部门实现数据资源共享和协同的接口，信息资源“纵强横弱”现象明显，各个信息系统之间相互孤立，信息资源的“部门私有”、重复建设、多重采集等问题突出，从而形成了农业信息资源无法交流与共享的信息“孤岛”。

第三节　构建西北农业信息资源协同机制的对策建议

在具体的工作中，目标也要具体化。不同的区域，应当有不同的目标。不同的层面，目标也要有所不同。不同的工作阶段，目标也要有所变化。虽然在具体工作中要实现的目标不同，但是之前已有的工作经验在今天仍然适用。要实现农业信息资源的协同发展，就必须在思想方面统一认识，尤其是对农业信息资源建设有着决定权的管理层，同时要对下设的各个部门、一些基层单位，都要做思想方面的统一认识，然后发挥各方面的优势，因势利导，消除城乡二元结构，实现信息资源的协同，努力向农业信息资源建设的“微笑曲线”两端转移①。党的十一届三中全会以来，农业开始全面的改革开放，农业信息也由此以市场经济主体的角色，登上了农业现代化进程的舞台，构成了富有效率的资源配置方式。经过这些年的发展，西北农业信息建设在农业各个领域均取得了积极进展，互联网对政府农业管理、宏观调控、科学决策等方面都发挥着显著的作用。农业信息资源管理将进入以信息整合与协同、全面推进行政体制改革为特征的管理创新推进阶段。

一、实行以政府主导型转向以市场主导型

从整体上讲，农业信息资源建设始终是由政府主导的。就西北情况而言，政府能否勇于倡导改革直接决定了一个地区的发展程度，政府制定的各种引导政策是农业信息资源建设的直接动力和利益源泉，上平台把信息系统“做大”当然是发展的主要目标，

①1992年，台湾宏基集团董事长施振荣先生提出了“微笑曲线”（Smiling Curve）理论。一条描述产业链附加值高低的曲线，呈微笑嘴形，两端朝上，左边是技术、专利，右边是品牌、服务，而中间是组装、制造。在附加价值的观念指导下，企业只有不断朝附加价值高的区块（两端）移动与定位，才能持续发展。

"拿补贴"是寻求发展的主要工作，如此这般，都是在"发展"，是政府在直接进行资源配置，是一种"政府主导型"的发展模式。除了上述情况外，农业信息资源建设还普遍存在着由主客观原因决定的依赖政府、依赖上级的"等、靠、要"行为。如今，农业信息资源管理体制和政策环境正在发生实质性变化。所谓"市场主导型"，就是信息需求与供给要"以市场为导向、以用户为主体"。我们看到，党的十八大后取消和免征一批行政事业性收费，努力为市场松绑，为企业添力①。党的十八届三中全会做出了《中共中央关于全面深化改革若干重大问题的决定》，在"处理好政府和市场的关系"这个"核心问题"上有了新的突破，其中最有实质性影响的是：①强调市场导向的主要作用，针对社会主义市场经济中的政府调控与市场配置孰主孰次的疑惑，明确"把市场在资源配置中的基础性作用，修改为'决定性作用'"②。②强调非公有制经济的重要性。③强调混合所有制的重要性。不难看到，改革的目标都指向"市场主导型"的发展模式。值得强调指出的是，由于农业信息资源建设的特殊性，从"政府主导型"到"市场主导型"的发展模式转型，在农业信息资源建设领域中应该分情况区别对待。

明确信息系统建设的主要因素和动力机制，为农业信息资源建设提供科学管理依据是顶层设计的关键。"顶层设计"的概念关键是关注流程状况，加快推进以农业信息中心为协同主体，是由当前西北农业信息中心占主体的现实所决定的，也是农业管理部门的地位、功能和使命所要求的。西北地区各个农业信息中心整体表现出"大而不强、大而不优"的特点。未来农业信息资源协同的发展要更多地体现在协同创新能力上，充分体现信息系统的竞争力既具有农业信息资源的整合能力，又具有西北区域的战略视野，能够有效整合西北农业信息要素资源，形成区域化运作架构和信息服务经营布局，最终确立以"西北"为轴心的信息价值链和信息供应链服务于农业经济发展，通过整合西北信息要素，在农业信息服务中形成主导权，并产生一定的影响力。西北农业信息资源建设面临转型任务，是今后相当长一段时期农业信息资源建设的重要工作。

二、高度重视农业信息资源共享体系与信息资源协同机制的构建

缩小城乡农业信息资源建设差距，需要大量建设资金，这就要区分不同的情况，分步实施。建立西北农业信息资源协同运行机制，对西北地区农业信息资源协同不断地进行市场化探索，逐步解决农业信息资源协同中存在的问题，促进农业信息服务业不断发

①李克强：《政府工作报告》，2014年3月5日在第十二届全国人民代表大会第二次会议上，载《新华日报》，2014年3月14日。

②习近平：《关于〈中共中央关于全面深化改革若干重大问题的决定〉的说明》，新华网，2013年11月15日。

展。2014年末我国城镇化水平已达到54.77%，但与发达国家和地区80%以上的城镇化率相比，仍有较大的差距。通过提高城镇化信息互联互通水平，能为居民提供更为便捷的信息服务，对此，可以借鉴城镇化过程中城市社区信息服务的经验，在农村居民集中居住的区域，尤其是新型农村集中居住区建立社区化的农业信息组织。通过注入新的信息要素，发挥专业化农村合作社的信息交互功能。以专业合作社为纽带，在地方特色经济发展中发挥信息资源的优势，通过多种途径为农民创设收入，提高效益。在农业生产过程中，粗放型的生产方式必须淘汰，必须转向集约化生产方式，因此需要加大对农村居民信息素养的培训。提升农民的信息资源利用意识，提高农民的信息素养水平，激发农民的创业热情。现代信息服务业不仅在促进农业现代化、农村集约化发展过程中发挥基础性保障作用，而且在农业产业结构调整、农产品销售、农业管理等方面发挥积极作用。推进城镇化中的城乡信息设施互联互通，要在加强农业信息组织改革的同时，在依法、自愿基础上形成农业信息服务的自治组织，进一步增强农业信息的服务活力。应用农业人口减少，要对涉农信息服务企业给予金融、财政补贴和税收优惠等政策支持，使信息中介健康发展，从而稳定城镇人口，使其安居乐业。推动以企业为主体的西北农业信息资源协同新体系建设，围绕西北农业的总体定位，以各类农业园区为载体，支持农业园区，在农业信息产业的增量培育上，做大农业产业园、农产品区域市场。

三、顺应“互联网+”发展趋势，积极探索信息资源协同的智能化手段

互联网是创造信息新需求的环境，建立以信息技术为支撑的农业信息资源协同架构。任何时候的信息资源管理必须建立在特定的技术基础之上，互联网深刻影响下的信息技术革命对信息资源管理影响深远。可以说，互联网的发展为信息资源的协同提供了重要的条件。随着互联网的发展，组织结构边界逐渐模糊，信息资源从单一信息源向信息多源转变，并相互关联、紧密联系，呈现网络化趋势。同时，信息资源在同级扁平化的网络结构中各自分工又紧密协同，完成特定的共同目标，呈现出自组织的结构状态。不同产业依托互联网平台，实现了产业升级。互联网促使了新信息供给方式和供给内容的产生，并进一步刺激了新的信息需求，同时互联网也成为政府宏观经济管理和调控的新手段。在供给端，互联网的广泛应用带来新的农业生产方式革命。随着社会的进步与发展，信息技术成为人们生产生活中最主要的影响因素，未来农业的发展必然是以智慧农业为主。农业领域的各种生产要素尤其是信息要素深度融合，互联网信息与人工智能渗透到农业生产的过程控制之中，农产品供应链溯源网络信息体系逐步建立，这些方面都弥补了传统生产条件下农业发展中的短板。农业信息资源在这一过程中扮演了重要的角色，激发了农业信息资源在农业产业升级中的活力。在需求端，随着信息要素价值的发现，系统与系统之间的信息交流频次和范围大幅提升，信息传播的速度日新月异；在

供给端，新信息、新服务向需求端转移的速度也在瞬间完成，供给和需求之间的时间和空间两个物理空间都不再成为阻隔。信息化的现代农业是信息技术在农业领域中的全面应用，没有农业信息资源的高度共享是难以实现现代农业任务的[①]。因此，紧跟互联网发展的步伐与节奏，不同平台、不同区域之间的农业信息协同将会得到进一步提升。依托互联网这个平台的纽带作用，信息要素的流转效率和信息资源的配置效率也会得到提升，进而围绕信息资源的需求创新信息资源协同机制。

四、构建区域农业信息资源协同联盟

以联合打造区域农业发展新环境的思路，进一步优化联合打造西北区域农业信息资源协同创新生态系统，促进西北农业信息资源协同的开展。西北五省（区）资源禀赋在各个地区之间，存在较大的异质性，应按照各地区的农业产业基础、农业发展阶段、农业功能定位的差异，从农业生产、农产品销售、产业结构调整、农业技术研发、农业高技术企业孵化、农业产业化和市场分析研究等多方面重新进行分层定位，以新定位引导信息资源合理流动。除此之外，还应鼓励科研单位、高等院校、国家级重点实验室、省级（工程）实验室等创新源头的信息扩散作用。建立开放的区域农业信息系统。开放是系统思想的核心，它必须与外界保持物质、能量和信息的交换，促进用户从低效率信息利用向高效率信息利用流动，进一步释放西北的农业用户发展红利，促进农业经济的增长。因此，应下决心改革现有的信息资源协同政策、信息保障制度，在农业信息服务总体水平不降低的前提下，使农业产业能够保持一定的竞争优势。

农业信息资源协同联盟最主要的是不断提高自身市场服务能力，不断适应深化改革和市场经济发展的形势。为此，亟待在加强信息管理、注重技术创新、搞好市场服务等方面下功夫。

在信息管理方面，一要进一步加快信息资源收集、传播与管理战略转型，从“一般化服务”向“差异化服务”和“质量提升”转型，从“跨越式发展”向“可持续发展”转型。二要进一步夯实信息管理基础，狠抓规范化管理和市场分析。三要全面提高信息服务质量，突出抓好信息质量管理来赢得市场占有率。四要进一步推进信息化与农业深度融合，加快信息技术应用，提升农业生产和管理的自动化、智能化，通过信息化提高农业科学管理现代化水平。

在技术创新方面，要积极推进云计算、大数据等新技术的应用，通过采用新方法、新技术、新装备、新理念，确保紧跟农业行业发展，积极为用户服务。

在市场服务方面，一要继续深入实施品牌商标战略，重点解决各个信息系统同质化、服务能力弱、服务理念和服务手段陈旧等普遍性问题。二要强化专业信息系统向

---

①陈永昌：《中国经济增长的八个潜在空间》，载《中国经济时报》，2014年12月10日。

"专、精、特、新"方向发展的意识，细化相关信息发展战略策略，进一步转变观念，切实强化服务理念，牢固树立以市场为导向、以满足用户信息需求为中心，通过促进信息资源协同最终实现用户目标的实现。

五、努力提升农业企业的农业协同能力

积极培育跨部门的农业信息系统和中介组织型骨干龙头企业，确保每个区域都有龙头企业的辐射服务，以龙头企业发展带动信息扩散与协同。一是突出发展与农民增收关联度大的农产品精深加工龙头企业，进一步完善农业产业化龙头企业的认定标准和优胜劣汰机制。二是进一步提升龙头企业的自主创新能力，创新龙头企业信息服务体系的运行机制。三是借鉴和探索各种利益联结机制，做到利益共享。四是建立信息服务平台，及时为用户提供各种信息服务。同时，积极培育和建设农村市场信息主体。从目前来看，农业信息资源建设提高了新信息技术的应用水平，加快了信息设施的互联互通，与此相伴随，自然也存在党委、政府、行业、管理部门、通信企业、商业企业、科研机构、教育机构等各自为政发展的局面，甚至有进一步固化的趋势，改变这种现象是西北农业信息资源建设转型的主要任务。针对当前西北农业信息以政府供给为主，且规模不大、分布分散、地区分割比较明显的特点，着力整合农业信息资源，推进农业信息资源流通与服务，特别要注重发挥农业部门信息中心的主渠道作用。

本章小结

目前，西北农业信息资源协同的意识在不断增强，协同战略规划日益清晰，在应用现代化管理的同时，各自积极开展自主创新体系的建设，造成西北农业信息资源建设无序状态明显，各地区发展路径具有多元化、差异化特征。在复杂的开放式区域农业信息系统中，每个地区发展的初始条件和最终状态存在显著的差异，初始条件和最终状态也并非是直线对应的因果关系，从当初的起步建设看，这一选择是正确和合理的，但随着社会发展步伐的加快，原来的建设与现在的需求不一致，又呈现出一些新问题。我们讨论的问题只是当下的定义，而要解决问题则是一个不断探索、不断研究、不断解决、不断完善、不断补充的过程，这也符合了协同论的要义。农业信息资源协同需要信息管理机制创新，各自为政的建设会在顶层设计中受种种利益藩篱和制度缺陷的制约而产生"趋利"现象，农业信息资源配置不均衡的问题在短期内无法得到根本性的解决。在信息孤岛普遍存在的现实背景下，明确各个信息系统的功能、责任、任务和方向，充分考虑各地区的农业资源、生态环境、建设成本、承载能力等因素，进行分工协作，形成合力的信息资源协同，使各项工作有梯度地分工，实现有效且长效的互动联动机制。重构

公益性农业信息资源协同机制，以农业信息资源建设的发展及用户需求为导向作为基本目标指向，全力推进，务求突破。农业信息资源协同发展是根据现阶段西北区域农业经济发展所面临的内外环境条件变化和国家重大信息化发展战略实施的新要求而提出的，是推动西北农业经济社会发展转型的必然选择，也是实现多功能、服务全的农业信息资源全覆盖的目标。

|第六章|

西北农业信息用户信息资源协同问卷调查与分析

第一节 调查问卷的设计与发放

农业信息资源协同是围绕农业发展这一特定问题及地域以及信息的功能定位而展开的，课题组用问卷调查的方式对西北五省（区）的农业用户进行了考察。

一、问卷设计

（一）调查目的与调查内容

1.调查目的

由于西北农业信息化发展较慢，信息协同的内容、方法都不能很好地反映出该地区的信息协同状况，所以对西北农业信息用户的信息协同状况进行调查就显得十分必要。本课题旨在通过此次问卷调查研究，更好地了解当下西北农业用户在信息协同方面所呈现出的不同特点和需求，以及在协同过程中所采取的措施和实施路径，进而为制定西北农业信息协同机制提供参考和依据。这需要深入到农业生产实践中，通过问卷调查、召开小型座谈会等方式进行问题的归纳和总结。

2.调查内容

本课题组此次调查的内容主要是从农业信息资源协同的机制入手，调查农业信息资源协同的影响因素、用户态度、协同现状和实施成效等四个方面。

（二）问卷设计

一般来说，在构建某种信息协同的指标体系时，都会从某个方面选取能够反映该体系的具有代表性的指标进行分析。在设计此次问卷调查时，充分考虑到西北地区信息协同的多样性和复杂性，将用户在农业信息协同过程中所表现出的态度以及影响因素、实施成效等情况都包括在内进行了统计分析。

课题组从本次调查研究的具体目的出发，通过翻阅信息协同已有的研究成果，同时结合当前西北农业用户的具体协同情况，尽可能具体地将西北农业用户的信息协同状况全面客观地反映出来，为西北农业信息协同机制的构建提供基础。本问卷设计有4个一级选项、51个二级选项和240个三级选项（见表6-1）

表6-1　用户农业信息资源协同调查问卷选题数目统计

一级选项题目	二级选项个数	三级选项个数
影响用户农业信息资源协同的因素	4	23
用户对信息资源协同的态度	10	40
用户单位目前的信息资源协同状况	16	72
用户单位信息资源协同实施成效的评价	21	105

（三）问卷发放与回收

为了尽可能使问卷反映的西北农业信息资源建设情况真实全面，在问卷样本发放方面考虑到了三个问题：①由于农业生产条件差异较大，不同地区用户的农业信息资源协同需求不同。②政府农业管理部门、农业科研教育单位、农业企业、农业合作社是主要的农业信息用户，他们对信息资源协同的需求是不完全相同的，需要将他们的情况进行综合。③问卷调查中会遇到调查单位不配合的情况，因此，问卷调查采取了邮局邮寄、关系委托、现场调查、电话调查、电子邮件等多种形式。

（四）问卷设计与现实问题的误差

问卷作为调查研究最主要的手段之一，在一定程度上能够全面客观地反映所调查的问题，但问卷设计与现实问题之间存在一定的误差，主要是：①课题组在设计调查问卷时带有一定的主观性。②用户对问卷问题的回答受到问题设计的局限，从而导致问题测量得不准。③问卷相对于社会实践仍有较大差距。尽管问卷设计尽量真实、系统和有代表性，但相对于用户的社会实践仍有较大差距。虽然问卷作为测量工具获得的只是拟态数据，但关于西北地区农业用户的信息资源协同需求可见一斑，对农业信息资源协同及趋势发展有着积极的理论研究意义。

二、问卷发放

（一）调查样本结构

由于地理环境等各方面的因素，西北农业经济的发展相对滞后，而且发展很不平衡。本问卷在西北五省（区）选取市、县农业局的信息中心（信息科）进行问卷调查，共发放问卷300份；选择省、市农业科研、农业教育单位进行问卷调查，共发放问卷200份；选择省、市农业企业进行问卷调查，共发放问卷200份；按照农业生产值在本省（区）的高、中、低排序来选择选择3个县，然后再根据调查的方便程度在每个县选择农业企业或农业合作社，每县发放问卷50份，共计13个县，问卷650份。综上，共发放问卷1350份，回收问卷983份，回收率为72.81%，剔除11份废卷，最终有效问卷为972份，有效问卷率为72%。关于农业企业和农业合作社的样本调查，考虑到西北农业产业结构的情况，问卷样本尽可能保持各行各业用户分布的平衡性。

（二）问卷的信度与统计

本问卷采用了SPSS软件，通过软件分析，得出问卷的Cronbach's α系数为0.671（Cronbach's α系数小于0.5为不理想，大于0.6可用），说明问卷的信度在可以接受的范围之内。在问卷数据的录入上，问卷统计使用了PASW Statistics18软件，该软件可以生成可利用的统计信息。问卷统计按百分比计算（主要为频次），单项选择较好处理，多项选择方面先进行个案统计，求得选项的个案百分比数后，再求得总百分比数；有个别问题存在漏选，但所占比例极小，可忽略不计。百分比计算公式：回答人数/总调查人数×100%；个案百分比计算公式：回答人数/有效回答问卷的人数×100%。

第二节　农业用户信息资源协同情况调查与分析

农业信息资源协同的目标模式之一，是充分实现农业信息资源的有效利用，使农业信息资源管理由纵向管理向扁平化管理转变，提高管理效率，实现管理效益。

一、用户对农业信息资源协同的看法

（一）农业信息资源协同的动力

用户进行农业信息资源协同的动力，依次为内部动力（34.4%）、技术动力（29.6%）、外部动力（29.2%）和发展动力（10.8%）（见图6-1）。

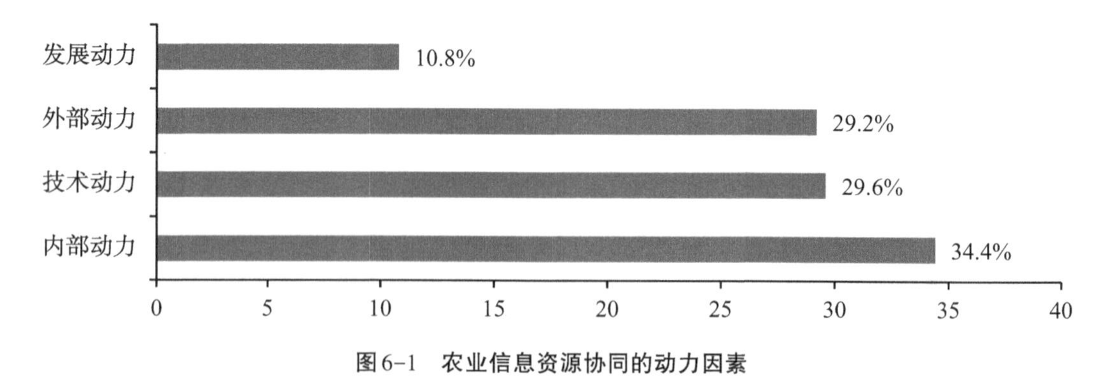

图6-1　农业信息资源协同的动力因素

图6-1数据显示，用户协同因素的内部动力占主导地位。任何事物的发展都会受到一定因素的影响，农业信息资源协同也不例外。在影响农业信息资源协同的诸多因素中，内部因素是占据主导地位的，当然也不能忽视其外部因素，尤其是能够给信息资源协同带来便利的技术动力因素，这些都是用户寻找新的机遇过程中不可缺少的。

（二）外部信息资源交流单位

在与外部信息交流单位的联系中，政府部门占30.1%，农业合作社占到了21.9%，农民占14.4%，农业企业占10.4%，业务往来单位占0.5%（图6-2）。在互联网+高速发展的今天，单位不再是独立的个体，彼此之间的交流越来越多，与政府部门的信息交流占主导地位，其次为农业合作社，说明单位信息资源交流以管理和经济为主。

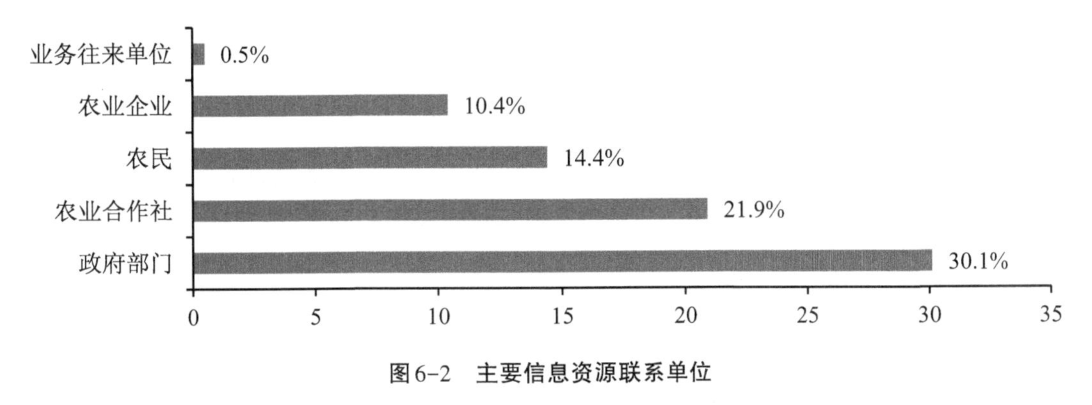

图6-2　主要信息资源联系单位

图6-2说明，随着互联网的高速发展，传统的以本单位为中心的信息已不能满足用户的信息需求，不管是政府部门，还是一些农业合作社或农民，他们之间的信息交流越来越多，都想通过信息交流来提升本单位业务。

（三）用户需要并希望协同的农业信息资源

根据调查结果来看，西北农业用户对农业信息资源协同的需求，最主要的还是农业科技方面的信息，这个占的比重相对大一些，对一些农业方面的项目信息、农产品方面的信息也有较多的需求。从调查结果中还能够发现，用户在西北农业发展信息的获取方面所占的比重是相对较高的，西北农业发展信息占比为15.7%、农业相关信息占比为10.2%，其他信息（如自定义信息、行业发展信息）的占比较低（见图6-3）。

图6-3显示，信息资源协同主要围绕生产经营活动展开，因此，健全信息资源协同评价结果与反馈制度，完善信息资源协同的评价与分析机制，绩效好的信息资源需要延续扩展，绩效不好的信息资源需要取消或调整管理方向。

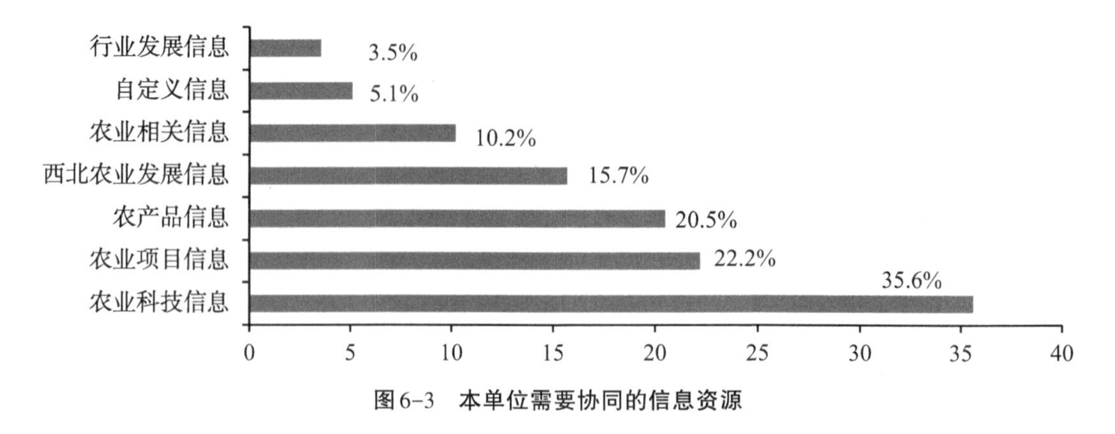

图6-3 本单位需要协同的信息资源

（四）用户与外部信息资源协同的困难

用户在与外单位信息协同方面存在的问题比较多，缺乏协同渠道是最主要的困难。虽然互联网+飞速发展，但是农业用户对信息的共享程度比较低，不能够及时有效地与外单位通过信息共享而得到有价值的信息，甚至会出现信息滞后的情况（见图6-4）。农业用户与外单位信息资源协同的困难主要还是信息渠道的问题。

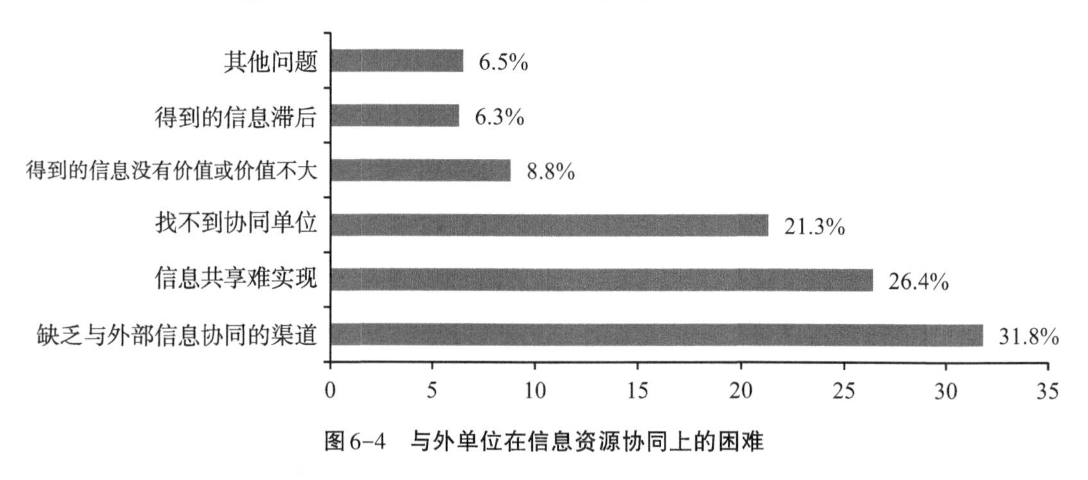

图6-4 与外单位在信息资源协同上的困难

图6-4说明，大多数西北农业信息用户还没有建立自己的农业信息资源协同渠道，同时存在信息共享难和已有信息资源协同渠道的用户所获得的信息价值低等的问题。应积极拓展农业信息资源协同渠道，加快农业信息资源协同建设步伐，提升用户的信息资源协同能力，实现农业信息资源协同建设的最终目标，早日实现脱贫致富梦。

二、用户关于信息资源协同的理解

（一）农业信息资源协同的重要性

关于农业信息资源协同的重要性，用户普遍认为农业信息资源协同重要（61.96%），认为一般（28.42%）和不重要（9.63%）的合计为38.05%，不超过50%（见图6-5）。

图6-5显示，互联网+时代，快速发展的信息技术，以及信息技术在各个方面的广泛应用，能够满足用户的信息需求，同时为农业信息资源的协同发展提供了有利的基础。农业用户的信息化建设已经较为普及，农业信息资源协同理念为西北农业信息资源建设开辟了一条新的途径。

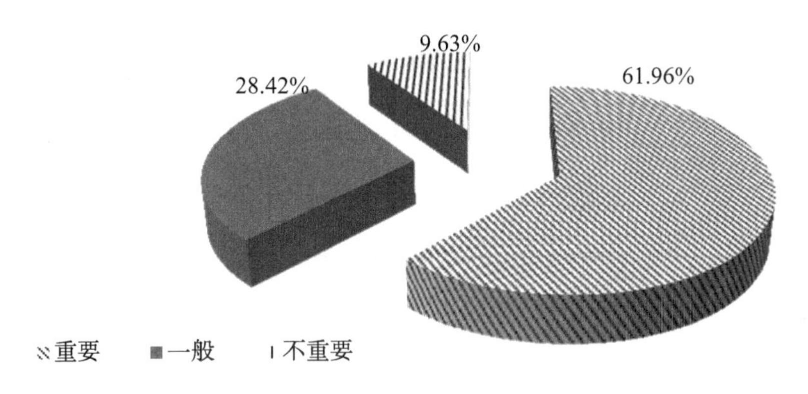

图6-5 农业信息资源协同的重要性

（二）对农业资源信息资源协同的态度

关于用户对农业信息资源协同的态度，74.69%的用户认为需要协同，认为无所谓的用户占20.19%，认为很难办到的占5.12%（图6-6）。

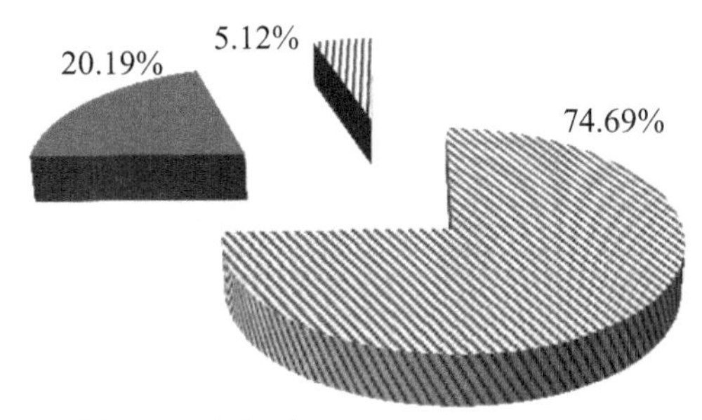

图6-6 对农业资源信息资源协同的态度

虽然信息技术覆盖的面比较广，但是城乡差异还是比较大，同为农业用户，因为经济发展水平的不同，对信息的需求程度也表现出了明显的不同。

（三）对信息资源协同作用的理解

对农业用户来说，他们最关心的其实就是与生产经营紧密相关的信息协同，通过调查，认为可以提高管理效率和打破部门或行业信息壁垒的占比分别为39.13%和29.19%，共计68.32%，认同度较高，其他如可以实现信息共享（18.17%）、实现信息的综合利用（13.51%）也不同程度受到关注（见表6-7）。

图6-7数据显示出了三个层次的信息：①农业信息资源协同可以提高农业管理效

率，信息在农业管理中的影响日益重要。②用户对打破部门和行业信息壁垒具有强烈愿望，农业信息共享对于降低用户信息获取成本及降低生产和管理成本有积极意义。③实现农业信息共享和信息综合利用也是用户关注的问题，可见用户的信息资源协同需求是多样化的。

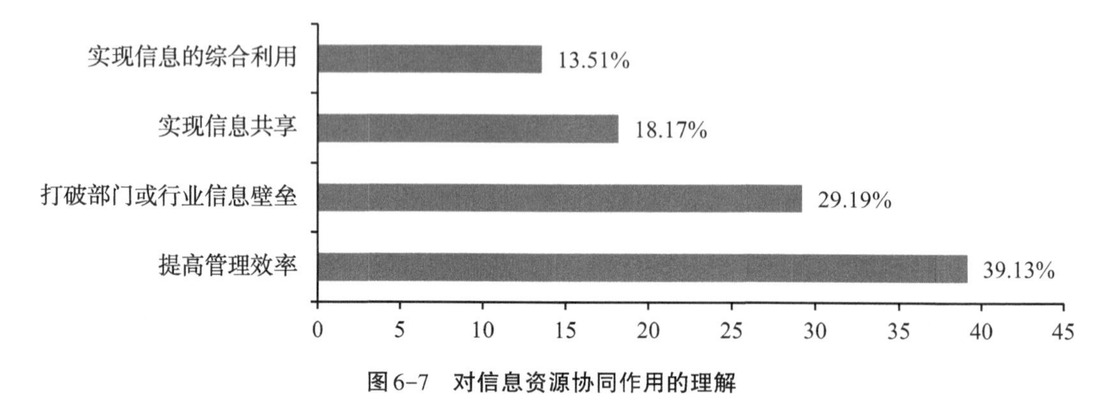

图6-7　对信息资源协同作用的理解

（四）对目前农业信息资源获取和共享的满意度

事实表明，农业用户在选择信息方面，首选的是与农业生产经营紧密联系的信息。对目前农业信息资源获取和共享的满意度，有56.68%的用户认为一般，满意的用户占33.85%，不满意的用户占9.47%（见图6-8）。

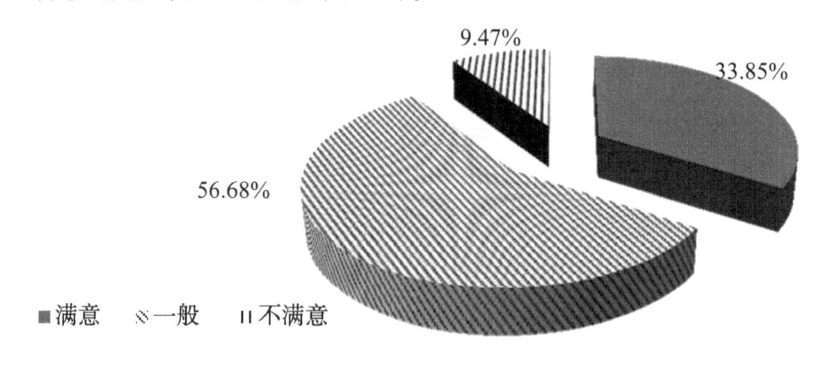

图6-8　对目前农业信息资源获取和共享的满意度

图6-8显示，现代信息传媒在农业领域广泛普及，农业信息资源获取和共享有了较大的进步，但共享程度还不高，有大多数用户认为一般化，认为满意的用户只占33.85%，还有9.47%的用户感到不满意，这也与用户对资源协同的认知和获取信息的能力有关。

（五）对信息资源协同及其价值的理解

随着现代农业的发展，信息协同的价值越来越大，但是对于相对比较落后的西北地区来说，对信息协同价值的了解就不是很理想，甚至有近10%的人对此表示根本不知道（见图6-9）。

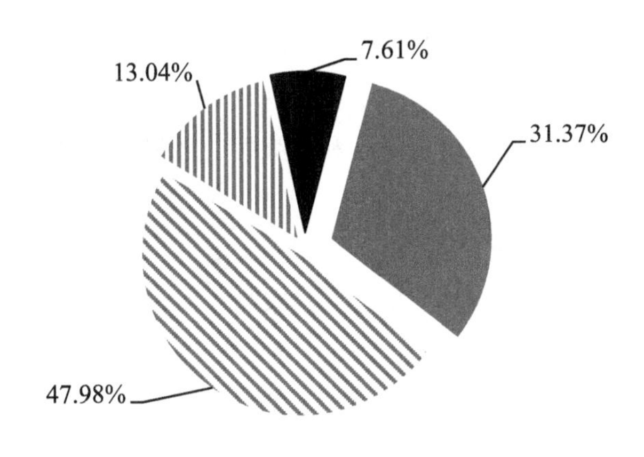

图6-9 对信息资源协同及其价值的理解

图6-9说明，农业信息资源协同的多元化态势，使西北农业用户对农业信息资源协同的价值理解不够深刻，但随着信息技术的快速发展，会对农业信息用户的信息需求、信息获取和利用能力提出越来越高的要求，不断促进人们信息文化水平的提高，会使越来越多的人认识到信息协同的价值，进而促进农业经济的快速发展。

三、用户关于信息资源协同的认知

（一）农业信息资源协同提升农业管理效率

信息时代，农业管理效率想要得到明显提升，仍然需要农业信息资源的协同，但是人们对农业信息资源协同所起的作用仍然有着不同的认识，认为信息资源协同能够起到积极作用的占56.99%，认为可有可无的占31.21%，还有近11.8%的人觉得没有作用（见图6-10）。

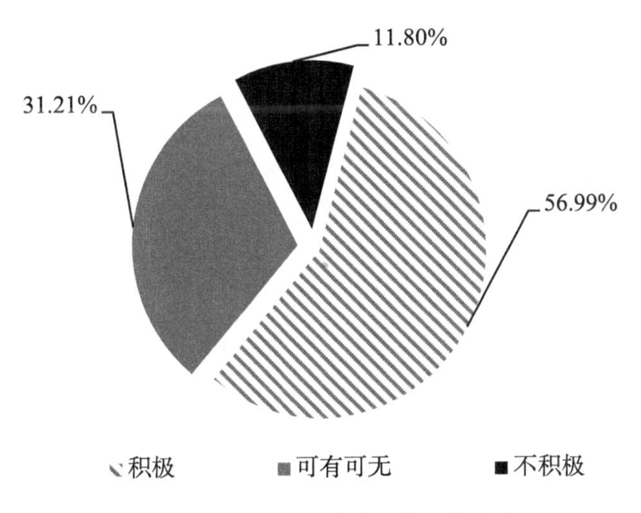

图6-10 对农业信息资源协同的态度

图6–10显示，虽然部分用户认为信息协同的作用不是很明显，但大多数人对信息协同的作用还是持肯定态度，认为在农业管理及效率提升方面很有必要。农业信息资源协同对于提高农业管理与决策的科学性和前瞻性、增强农业规划和建设、提升管理工作的规范化等方面具有重大意义。

（二）农业信息资源协同谁受益

随着信息技术的发展，信息共享程度越来越高，能够积极参与信息协同的用户，都能够满足最基本的信息需求。从调查结果来看，有将近40%的用户认为只要参与了信息协同就会受益，但本单位受益的人数要小于外单位受益的人数，农民在协同受益中占的比例相对较低（仅占12.27%）（见图6–11）。

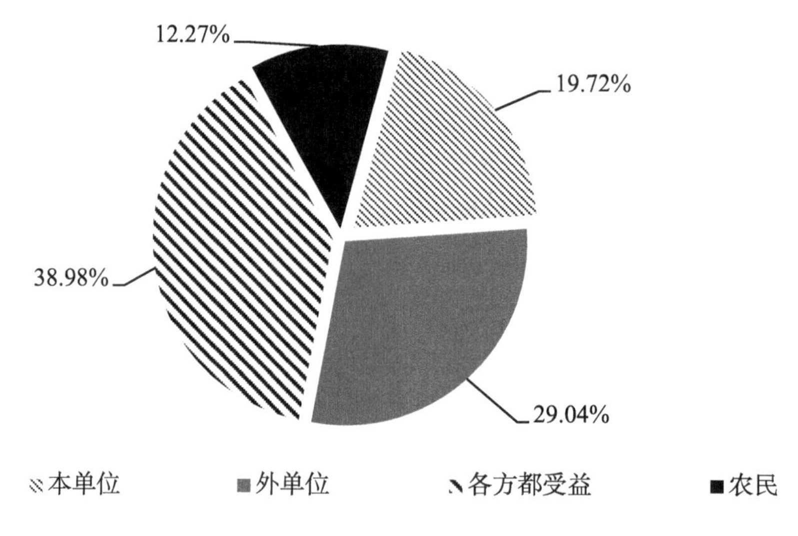

图6–11　农业信息资源协同的受益对象

图6–11显示，互联网+的发展使得人们对信息的获取越来越方便，信息普遍进入了“寻常百姓家”。从调查结果来看，不同的用户获取信息的方式、来源都不同，但通过协同得到信息共享的思路基本一样。农业管理目标模式之一是充分利用现代化信息网络，提高农业管理的效率和效益。

（三）影响农业信息资源协同的障碍因素

影响农业信息资源协同的障碍因素有很多，经调查，认为仅凭自己无法全力推动的占41.03%、认为硬件设施不足的占25.78%，认为单位信息化程度不高的占15.84%，这三项的选择占比较高，其他选项如没有成熟的协同流程占11.8%、不适应新的技术方式占5.28%、实施周期长占0.47%，没有人认为不会有实际效果和其他单位的支持程度不高，集中反映了西北农业用户的信息化程度还不是很高（见图6–12）。

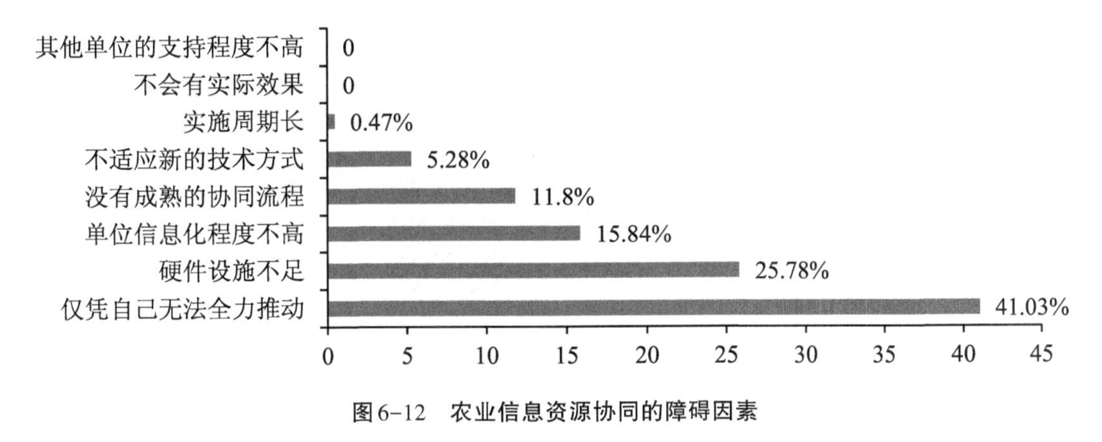

图6-12　农业信息资源协同的障碍因素

图6-12说明，对于农业信息资源协同这一涉及全局的问题，不是哪一个单位单独可以办到的，仅凭自己的力量无法全力推动。同时，目前的信息技术在农业信息传播方面发挥了很大作用，尽管近年来农业信息化建设取得了较大的成就，但在农业单位农业信息资源协同的全面开展条件仍然不成熟。

（四）农业信息资源协同体系的维度

农业信息资源协同体系的维度主要集中在两个方面：必须有固定的信息资源协同渠道（48.14%）；部门间要有固定的信息沟通渠道（31.68%）。其他选项如建立信息资源协同联盟（10.24%）、协同渠道多且方式不一（6.21%）、纵向横向沟通渠道互动良好且具有成效（3.73%）等方面占比不高，总共占20.18%（见图6-13）。

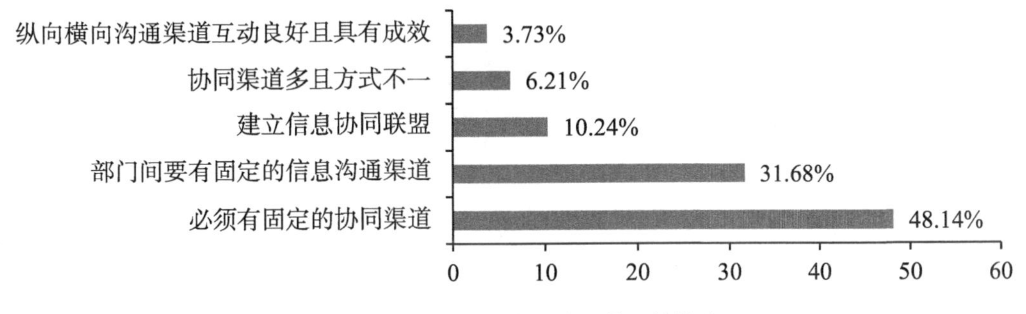

图6-13　农业信息资源协同体系的维度

图6-13说明，在农业信息资源协同维度的理解上，用户看问题较为实际，就是必须有农业信息资源协同的渠道。农业信息资源协同从开始重视农业信息资源的应用为起点，为了解决农业信息资源协同问题，通过逐步建设外部农业信息交换系统，促进农业信息匹配系统的完善。各部门越来越重视农业信息在农业中的应用，不断推出新措施来加强农业信息的充分利用。

（五）建立西北地区农业信息资源共享平台的必要性

受访者认为建立西北地区农业信息资源共享平台很有必要的占54.66%，认为不切实际的占33.39%，认为没有必要的占11.96%（见图6-14）。

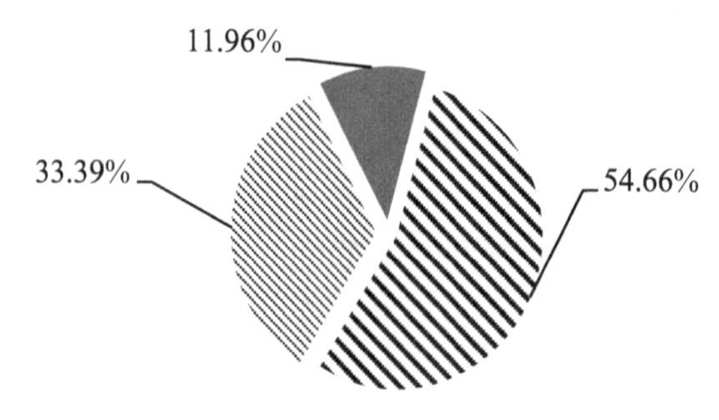

图6-14 建立西北农业信息资源共享平台的必要性

图6-14显示，现代农业生产中信息技术的广泛应用，使农业信息资源的获取和利用成为现代农村发展的基础。实现农业信息资源共享是大家普遍认可的，但究竟实现怎样的农业信息资源共享，意见分歧还是较为明显的。

四、信息资源协同对用户能力的提升

（一）信息资源协同的促进作用

关于信息资源协同的作用，在调查中，有49.22%认为作用一般，36.18%认为有很大作用，14.6%认为没有作用（见图6-15）。

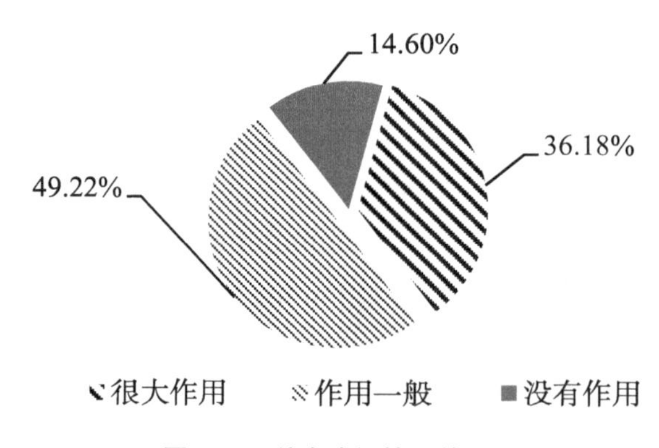

图6-15 信息资源协同的作用

图6-15说明，在市场经济条件下，农业用户对信息资源的协同也并非是用户的必要选择，由于目前农业信息资源协同体制机制并没有建立，农业信息资源协同的价值不大。因此，信息资源协同程度不高，用户需要的是能够解决自己最为迫切问题的农业信息资源。

（二）农业信息资源协同对管理水平（或竞争力）的作用

关于农业信息资源协同是否提升了管理水平（竞争力）的问题，68.17%的用户认

为有提升，31.83%的用户认为没有提升，表明大多数用户认为信息资源协同能够提升农业管理水平（竞争力）（见图6-16）。

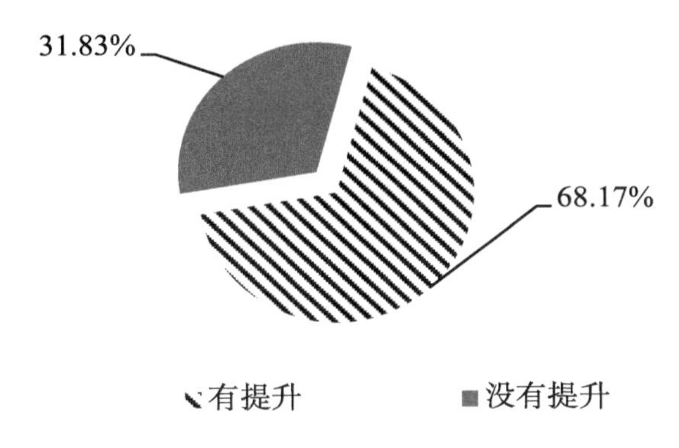

图6-16 信息资源协同提升了管理水平(竞争力)

图6-16说明，用户对农业信息资源协同问题高度关注。近年来的“广播电视村村通”“电话村村通”“农村宽带建设”等农业信息化建设，极大地推动了农业信息用户对农业信息资源利用的积极性，提高了他们的生产管理水平，用户之间的信息资源协同能够获取较好的市场效果。

（三）农业信息资源协同的方式

关于农业信息资源协同是通过什么方式来实现的这一问题，通过调查，认为主要是建立协同联盟（29.66%）、拓展业务渠道（28.73%）和加强内部信息系统（27.95%），建立其他信息交换渠道（10.09%）和建立合作关系（3.57%）（见图6-17）。

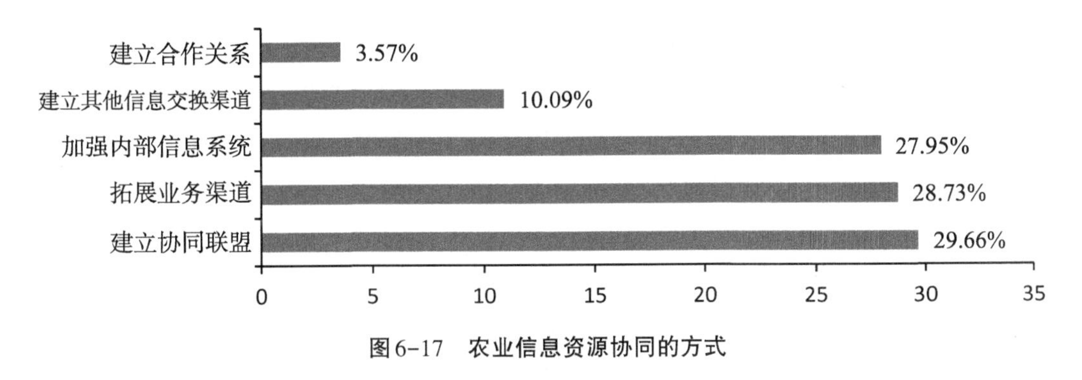

图6-17 农业信息资源协同的方式

图6-17说明，农业信息用户的信息资源协同渠道单一，最主要的方式是行业内部用户之间的信息资源协同。考虑到用户对农业信息的需求，应该建立多种形式的农业信息资源协同渠道，充分发挥政府和市场的农业信息资源协同渠道作用。因此，搭建农业信息资源平台有明显的效果。

（四）农业信息资源协同的效率

关于农业信息资源协同在哪些方面可以提升工作效率的问题，大多数农业信息用户选择农业信息资源服务（占比为42.39%），其次为农业信息资源利用（占比为17.24%）和行政管理（占比为15.68%）。其他选项，如事务处理/项目管理（占比为14.44%）、其他（占比为6.52%）、工作创新（占比为2.48%）和部门业务/专业管理（占比为1.24%）的选择率较低（见图6-18）。

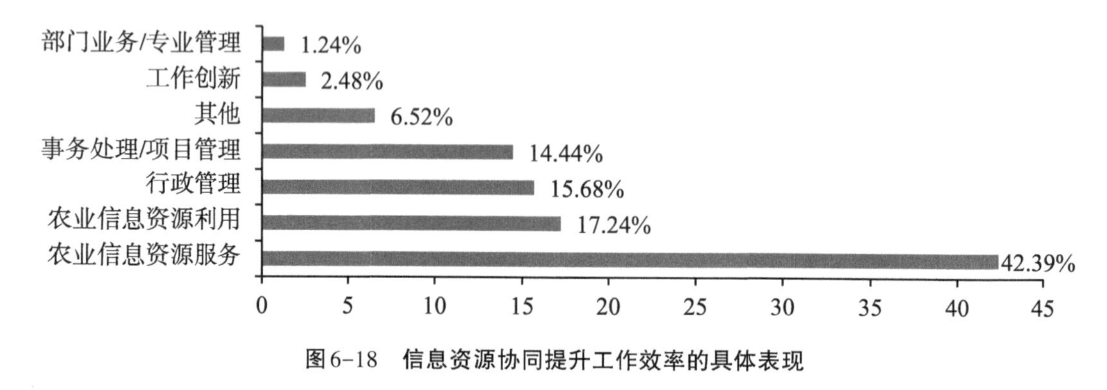

图6-18 信息资源协同提升工作效率的具体表现

图6-18说明，农业信息资源协同的软件建设仍需时日，目前用户主要需要的是有针对性的农业信息资源服务。以协同为基础的导向型的信息资源系统，其核心在于“信息资源”，这也是信息化促进农业管理现代化的必由之路，全面高效地抓住和利用相关农业信息资源是协同的关键，有利于破解市场双方信息资源不对称难题，是全面提高农业信息资源管理工作水平的必然选择。

五、农业信息资源协同机制建设

（一）农业信息资源协同中协同单位建立

由于目前农业信息资源的传播较为广泛，农业信息用户希望建立自己的信息资源协同单位，经调查，11.2%的用户有自己的协同单位，正在建立协同单位的占7.6%，二项之和为18.8%，而没有建立协同单位的占81.2%（图6-19）。

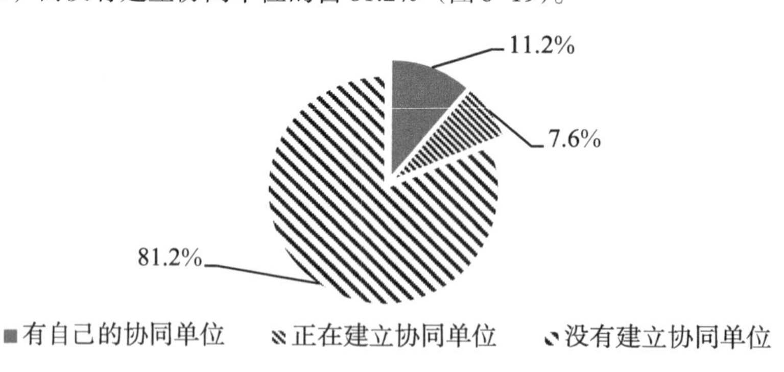

图6-19 协同单位建立情况

图6-19显示，信息资源协同已经成为农业用户获取信息的理想渠道，除行业内的

纵向协同较多外，横向之间的信息资源协同也在起步，并且会越来越多。这些不同层次的信息资源协同需求，对农业科技信息、农业生产信息的针对性较强，适合本地农业信息用户的需求。但农业信息资源协同单位的建立并非一帆风顺，大部分用户愿意建立自己的协同单位。

（二）与其他单位的农业信息资源协同状况

选择率最高的是基本顺畅（占比为10.59%），其次是非常顺畅（占比为2.95%），两项目占比之和为13.54%；不顺畅的（占比为52.95%），非常不顺畅的（占比为36.51%），两项目占比之和为89.46%（见图6-20）。

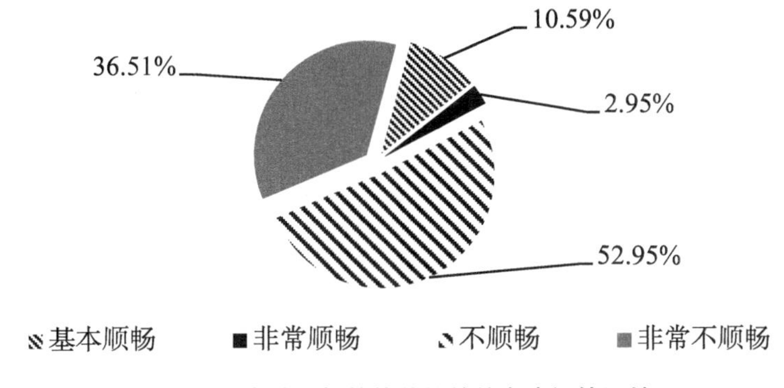

图6-20　本单位与其他单位的信息资源协同情况

图6-20反映了目前西北农业信息用户在生产管理中与其他单位的农业信息资源协同进行状况不乐观。农业信息资源不对称，尤其农产品常现“蛛网效应”（价格引导的周期性波动），用户个体很难把握未来全局走势，积极开展农业信息资源协同工作还需要政府在宏观上加以指导。

（三）农业信息资源协同纳入未来工作计划

关于本单位是否将农业信息资源协同纳入未来的工作计划，调查发现，选择率最高的是没有纳入工作计划（占47.83%），无法确定的占41.85%，已纳入未来工作计划的占比仅为10.32%（见图6-21）。

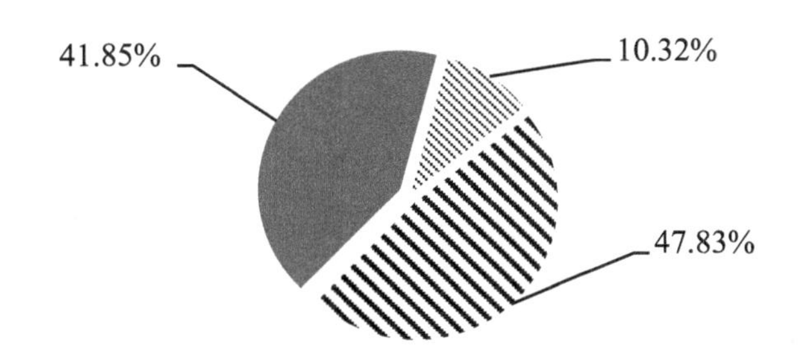

图6-21　将信息资源协同纳入未来的工作计划情况

图6-21显示，大多数用户还没有选择将信息资源协同纳入本单位未来的工作计划中。说明用户在农业生产管理过程中，更希望多的接收到其他用户的信息，农业信息资源的地域性较为明显，用户选择农业信息资源协同仍然有待于市场的进一步开拓。

（四）农业信息资源协同（共享）渠道

关于本单位是否有农业信息资源协同（或共享）渠道的问题，回答已有农业信息资源协同（或共享）渠道的仅有13.51%，占比最低；其次是正在考虑建立农业信息资源协同（或共享）渠道的占32.76%；还没有信息资源协同（或共享）渠道的占比高达53.73%（见图6-22）。

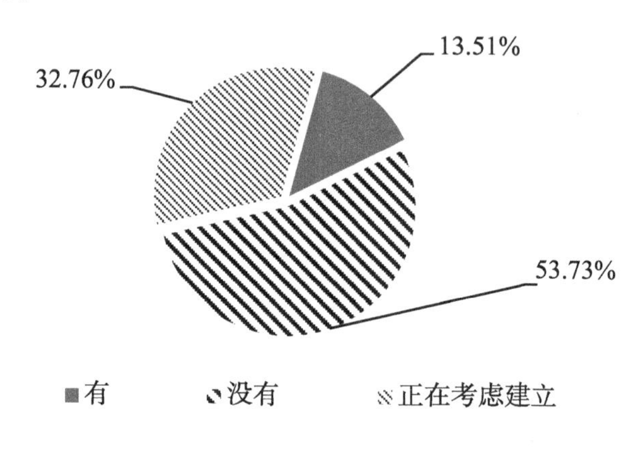

图6-22　信息资源协同(或共享)渠道情况

图6-22显示，农业信息资源主体机制尚未健全。动态调整机制、完善机制、改革效果综合评价机制、信息管理机制等亟待建立。农业信息系统管理上还存在“重项目争取、轻使用管理”的现象，政府部门各管一块，缺少总牵头部门综合协调。

（五）目前已有的农业信息资源协同（共享）渠道

农业信息资源协同渠道较多，主要分为四个层面：①会议交流（占29.19%）、资料互换（占14.13%）；②行业网站（占27.17%）；③专业信息交流（占22.36%）；④电话交流（占4.51%）、微信/BBBS讨论/微博/电子邮件等（占2.17%）、协作交流（占0.47%）（见图6-23）。

图6-23显示，主要协同渠道集中在会议交流、行业网站和专业信息交流方面，其他农业信息资源协同需求如电话、微信、BBBS讨论、微博、电子邮件、专门的协作交流占比较低。把农业信息资源的协同制度作为一个重要的工作内容，正在向自己管、自己议、自己定、自己做的方向逐步完善和发展，创新社会管理体制，也是一种农业信息资源建设的发展方向，值得大力提倡和跟踪关注。

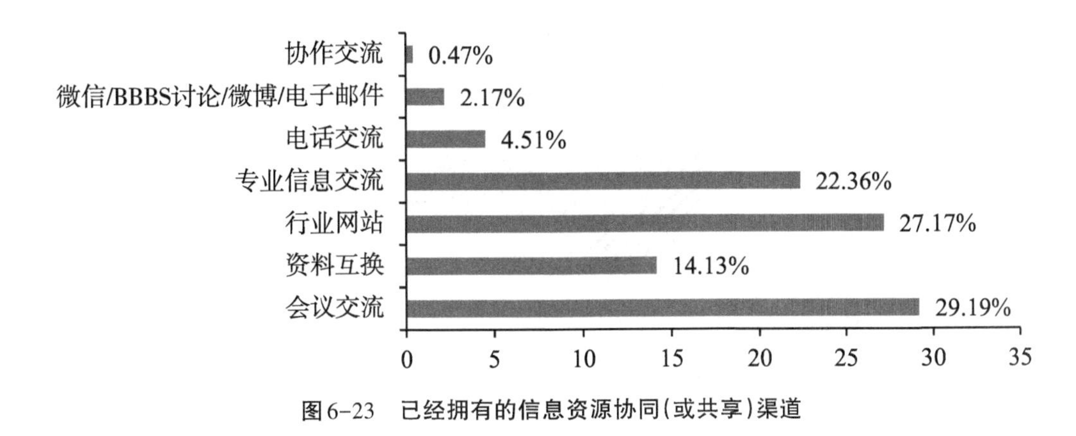

图6-23 已经拥有的信息资源协同(或共享)渠道

(六) 农业信息资源协同管理流程的建立

关于是否建立了农业信息资源协同管理流程，以便对农业信息资源协同进行规范管理问题，主要的选择为已经建立了农业信息资源协同管理流程（占12.20%），还未建立但已经开始考虑的占20.46%，还没有考虑的占67.34%（见图6-24）。

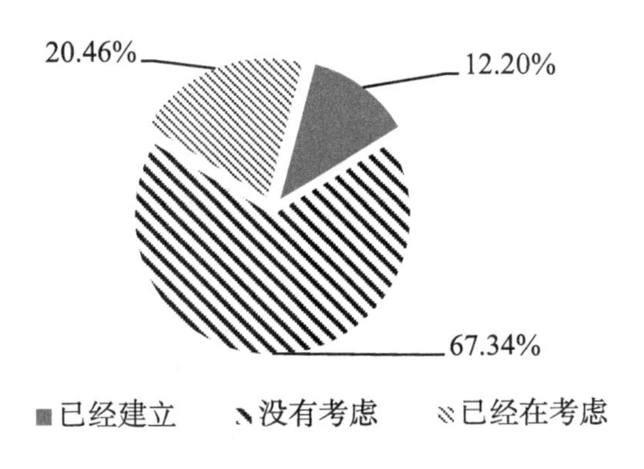

图6-24 信息资源协同管理流程建立情况

图6-24说明，农业信息用户对农业信息资源协同工作还没有完全展开。但随着现代农业信息服务硬件设备投入加大，已有20.46%的单位开始考虑建立农业信息资源协同的管理流程，农业信息资源协同管理流程就会逐步建立，农业信息资源协同将会实行规范管理。

六、面临的问题

(一) 跨部门农业信息资源协同情况

对跨部门农业信息资源协同，调查问卷设了3个选项。经过调查，结果显示：有配合意识的占13.04%，需要督促才能配合的占25.71%，而配合欠缺的竟占61.25%（见图6-25）。

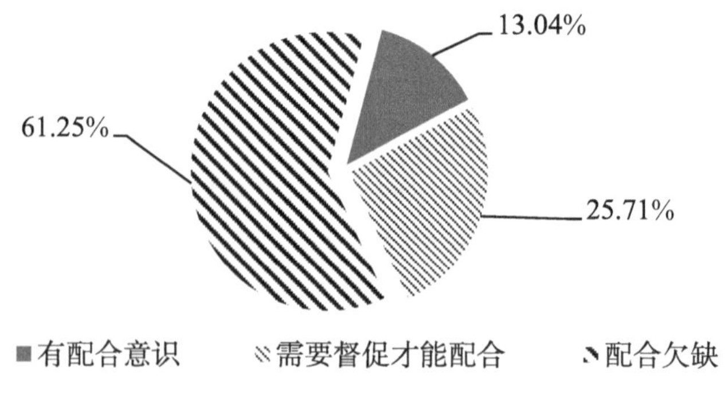

图6-25 跨部门信息资源协同情况

图6-25显示，大部分农业信息用户不愿意或欠缺配合农业信息资源协同工作。说明农业用户配合农业信息资源协同的积极性不高。农业信息资源协同的各部门认识不同，协管理制度存在一定问题，跨部门农业信息资源协同基础薄弱。

（二）对其他单位农业信息资源协同需求的响应度

在农业生产和管理过程中，对其他单位信息资源协同需求的响应如何？调查发现：17.38%的用户有回应，44.72%无响应，37.89%的用户从来没有发生过（见图6-26）。

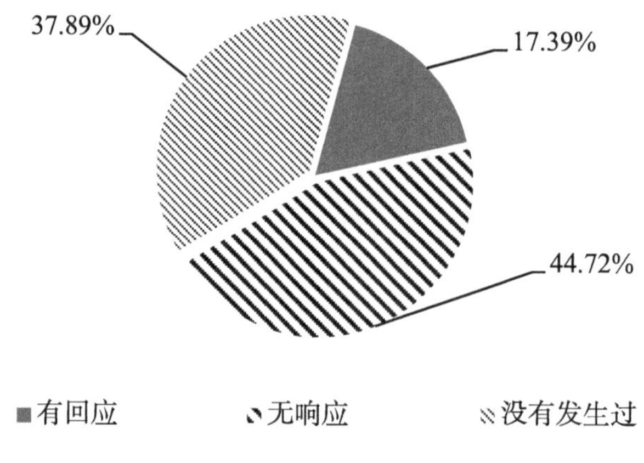

图6-26 对其他单位信息资源协同的响应度

图6-26显示，农业信息资源协同没有得到大多数农业信息用户的响应。实际情况是还没有得到实惠，各个部门的协调还没有涉及农业信息资源服务，目前的信息资源协同仍然是阶段性和局部性的。

（三）加强与相关单位的农业信息资源协同

在本单位是否考虑进一步加强同相关单位的农业信息资源协同问题中，选择进一步加强的占18.32%，选择不加强的占26.09%，选择无法确定的占55.59%（见图6-27）。

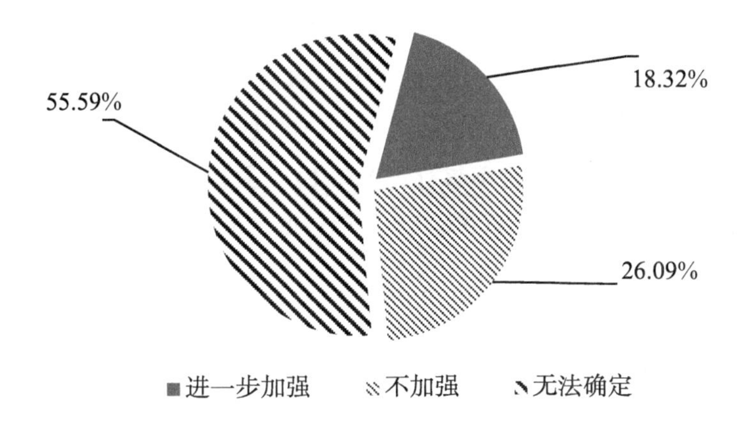

图6-27　同相关单位的农业信息资源协同加强情况

图6-27显示，大多数农业信息用户无法进一步确定同相关单位的农业信息资源协同工作。农业信息资源的利用仍然还是传统的传播模式，新的农业信息资源利用模式还没有确立。由于市场信息的不对称、不全面，用户自己很难把握未来农产品市场的走势，通过农业信息资源协同提供用户需要的农业信息资源显得十分必要。

（四）跨部门农业信息资源协同中效率较低的原因

最主要的原因是信息共享程度低（39.59%），其次为信息不对称（26.09%）和缺乏相关部门的协调监督（21.27%），其他原因为缺乏信息需求（7.61%）、缺少效益（3.42%）、其他（2.02%）（见图6-28）。

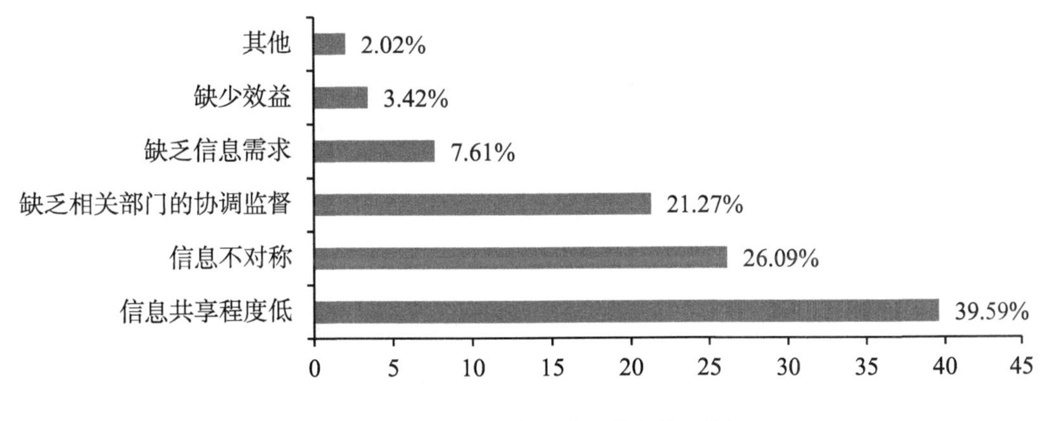

图6-28　跨部门信息资源协同效率低下的原因

图6-28说明，由于目前农业信息资源共享程度较低，而且农业信息用户能力有限，是造成跨部门农业信息资源协同中效率较低的主要原因。所调查的用户信息共享程度低，这是第一选择，信息不对称是第二选择。

（五）影响农业信息资源协同的主要原因

关于影响农业信息资源协同的主要原因的问题，由于涉及问题较多也较为复杂，占比较高的前三项为："虽有工作程序，但是执行不到位"（占27.34%）；"协同程序烦琐"（占20.96%）；"部门之间职责不清，扯皮现象严重"（占18.63%）。其他选项，如部门壁垒本位主义阻碍（占12.58%）、责权不对等（占10.71%）、员工没有得到有效的技能培训（占6.83%）、信息化手段支持不够（占1.86%）、没有有效的激励措施（占1.09%）、没有具体需求（0.00%）、其他（0.00%）等占比较低（见图6-29）。

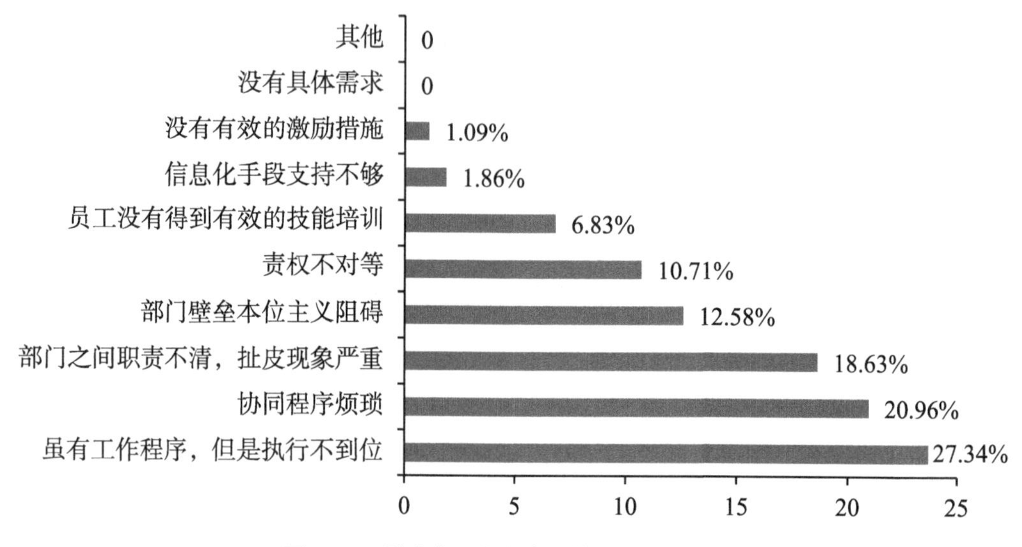

图6-29　影响农业信息资源协同的主要原因

图6-29显示，影响农业信息资源协同的主要原因是用户自身信息管理方面的问题，但如果大多数用户都存在这样的问题，那就是一个较为实际的问题了，若大家都存在执行不到位、协同程序烦琐、部门之间职责不清和互相扯皮的情况，那用户就很难从农业信息资源协同方面得到较好的农业信息资源服务。实际上，农业信息资源协同的体制和激励机制应该在制度化建设方面下功夫，政府应逐步加大对农业信息站的扶持力度，提高对农业信息资源协同的鼓励政策。

（六）农业信息资源协同中面临的问题

调查显示，在农业信息资源协同过程面临的问题中，缺乏协同渠道（占36.34%）选项占比最高；其次是缺乏互信（占29.5%）、需求度低（占18.79%）、缺乏有效的协同机制（占9.47%）、缺乏政策和相关制度（占9.47%）、其他（占4.19%）、缺乏协同联盟（占1.24%），这些选项占比不高（见图6-30）。

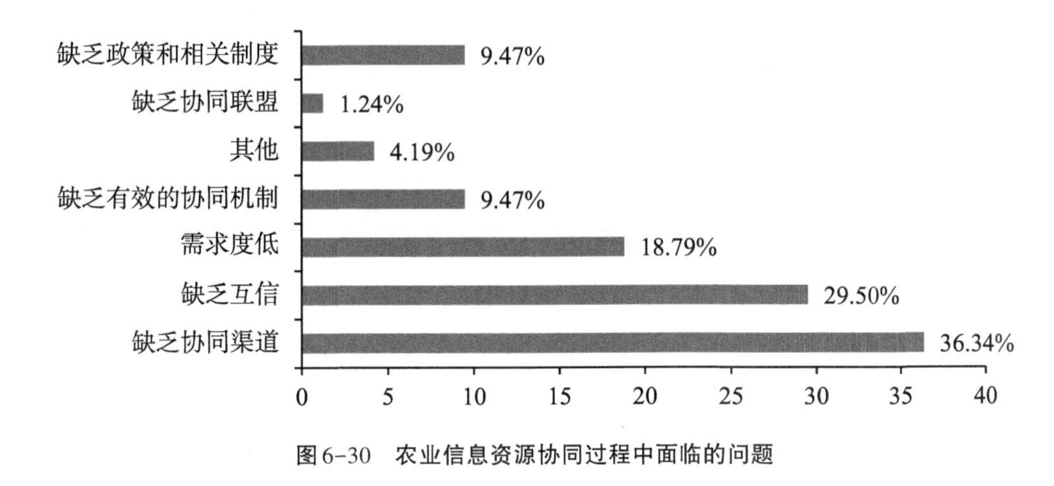

图6-30　农业信息资源协同过程中面临的问题

从图6-30可以看出，近年来在用户的农业信息资源协同中面临的主要问题是缺乏协同渠道，各级政府应大力推进农业信息资源协同机制及制度建设。以上数据显示，用户的信息资源协同渠道主要是行业内部的信息交流。

七、用户信息资源协同实施成效的自我评价

该调查是用户根据自身单位的实际情况，对所进行的农业信息资源协同实际体验情况进行打分，是用户单位关于农业信息资源协同实施成效的体验性描述。该调查问卷内容的衡量标准采用Likert五分量表，分1～5分五个等级进行统计，可以更直观地描述用户对农业信息资源协同的具体感受。

（一）关于农业信息资源协同价值的感知

通过对问卷结果的分析，从表6-2中可以看出，大多数用户能从农业信息资源协同中获得较多有价值的农业信息资源，能从农业信息资源协同中获得较多的农业信息资源或机会得分为2.23（平均分2.23，下同），可以从农业信息资源协同中获得需要的农业信息资源的得分为2.53（平均分为2.53），两者分值接近，反映了用户需要农业信息资源并非仅仅提供一般的农业信息资源就可以解决问题。因此，要让农村农业信息资源协同取得效果，需要农业信息用户对农业信息资源协同价值的认可。通过多种方式来解决农业信息资源协同难的问题，需要对现有的农业信息资源的服务方式进行创新，如通过选择农业信息站、农业信息共享工程联络点等为农业信息用户提供必要的农业信息资源服务。

表6-2　农业信息资源协同的价值

农业信息资源协同的感知	平均数	标准差
1.能从农业信息资源协同中获得较多的信息资源或机会	2.23	1.006
2.可以从农业信息资源协同中获得需要的农业信息资源	2.53	1.008

（二）与协同单位的合作程度

通过对问卷结果的分析，从表6-3中可以看出，用户与协同单位的合作情况不佳。可以经常使用“协同单位”的设施或实验室得分为0.73；可以经常使用“协同单位”的信息数据得分为1.91；通过农业信息资源协同与“协同单位”开展业务联系得分为2.62，前两个选项的平均分数较低。

表6-3　信息资源协同中的合作程度

信息资源协同的感知	平均数	标准差
1.可以经常使用“协同单位”的设施或实验室	0.73	1.002
2.可以经常使用“协同单位”的信息数据	1.91	1.006
3.通过信息资源协同与“协同单位”开展业务联系	2.62	1.025

表6-3表明，信息资源协同合作程度不高，主要存在两个方面的问题：一是农业信息资源协同一般为战略合作关系，协同内容仅为农业信息服务机构所存储的农业信息资源。二是许多协同的农业信息是宏观经济信息，宏观层面的多，具体可操作的少。市场化的发展，用户更关心自己的信息收益，这往往会成为农业信息资源协同的障碍。通过信息资源协同与“协同单位”开展业务联系，被用户所接受和欢迎。但信息不对称是市场规律，由此产生并加强了农业信息资源协同的需求。

（三）农业信息资源协同的制度建设

通过对问卷结果的分析，从表6-4中可以看出，单位之间农业信息资源协同机制建设成效得分为2.79、本单位农业信息资源建设经费投入力度得分为2.84、本单位农业信息资源协同的制度建设力度得分为2.57。反映了农业信息资源协同机制建设成效任重道远，目前的建设离用户的要求还相差很远。

表6-4　农业信息资源协同中的制度建设

农业信息资源协同的感知	平均数	标准差
1.单位之间信息资源协同机制建设成效	2.79	1.147
2.本单位信息资源建设经费投入力度	2.84	1.083
3.本单位信息资源协同的制度建设力度	2.57	1.079

农业信息资源建设经费投入是农业信息化建设最为关键的问题，当然这并不是一个简单的问题，其中包含着多种复杂的因素。对用户来说，经济效益、成本核算、信息需求、发展目标等是最为重要的事情，可以通过农业信息资源建设经费投入来获得及时准确的信息，对用户的帮助很大。

（四）农业信息资源协同需求与农业信息资源建设

通过对问卷结果的分析，从表6-5可以看出，本单位对农业信息资源协同的需求度得分为3.77、本单位农业信息资源的丰富改善程度得分为3.80、本单位农业信息资源贡献程度得分为0.67。这三个问题的平均值差距较大，说明用户单位对信息普遍重视，信息需求度和信息资源改善程度较高，但同时本单位信息贡献程度较低，表现出用户单位需要信息但自身却难以贡献信息，即拿出信息供大家共享，这是一个比较难解决的问题。在西北地区建立信息资源协同制度，信息支撑等方面投入效果明显。

表6-5　信息资源协同的需求与信息资源建设

信息资源协同的感知	平均数	标准差
1.本单位对信息资源协同的需求度	3.77	0.911
2.本单位信息资源的丰富改善程度	3.80	0.854
3.本单位农业信息资源贡献程度	0.67	1.004

关于本单位对信息资源协同的需求度调查结果表明，大部分用户不明确自己所需的信息资源是否需要进行资源协同，信息供给机构尤其是政府农业信息服务机构对农业信息资源的协同需求程度还是比较高的，如农技110、三农热线12316等。目前，用户需要建立自己的农业信息资源库，使其真正为农业生产经营活动提供信息资源保障。

（五）信息资源协同的技术支撑和对管理能力的影响

通过对问卷结果的分析，从表6-6可以看出，本单位农业信息资源协同的技术支撑度得分为3.95、本单位的农业信息资源协同管理能力的提升情况得分为3.67，反映了用户农业信息信息资源协同的技术支撑普遍进步。

表6-6　农业信息资源协同的技术支撑及管理能力

农业信息资源协同的感知	平均数	标准差
1.本单位农业信息资源协同的技术支撑度	3.95	0.742
2本单位的农业信息资源协同管理能力的提升情况	3.67	0.955

近年来，整个社会的信息化快速发展，政府在农业信息化建设方面力度空前，农业用户对农业信息资源建设方面的投入仍然较低，用户信息技术支撑比以前普遍增强。信

息管理组织已经趋于扁平化发展，事实上每位用户都有自己的信息终端，如手机、电脑等，农业信息资源协同不断改变着传统的生产方式。

（六）农业信息资源协同对工作能力的影响

通过对问卷结果的分析，从表6-7中看出，农业信息资源协同对本单位的创新能力提升情况得分为2.62、与其他单位的协作能力提升情况得分为2.34、与其他单位的业务工作得到了互认得分为1.78，说明用户能力提升需要增加农业信息资源建设的投入，农业信息资源协同服务，除了政府的投入外，用户也要进行必要的投入。

表6-7　农业信息资源协同对用户能力的影响

农业信息资源协同的感知	平均数	标准差
1.农业信息资源协同对本单位的创新能力提升情况	2.62	1.025
2.与其他单位的协作能力提升情况	2.34	1.207
3.与其他单位的业务工作得到了互认	1.78	1.006

农业信息资源协同能力主要来自两个方面：一是用户的信息需求；二是用户的信息资源获取能力。前者反映了用户农业信息资源协同的动力，后者反映了用户农业信息资源协同能力的建设状况。市场变化、环境改变、生产经营能力的提升等因素是用户农业信息资源协同需求的动因，而进一步加强用户自身信息资源建设是用户实现农业信息资源协同能力的关键。

（七）农业信息资源协同对用户能力提升情况

通过对问卷结果的分析，从表6-8中看出，本单位的竞争力提升情况得分为2.57、本单位的科研能力提升情况得分为2.11，反映了受农业用户信息环境限制及信息需求影响，农业信息资源建设主要在行业内部、单位内部等，对外信息交流利用率较低。表明用户信息需求动力来自身竞争能力，用户对于具体的农业科技信息内容需求也较多，这符合近年来农业经济发展较快。

表6-8　农业信息资源协同对用户能力的提升情况

农业信息资源协同的感知	平均数	标准差
1.本单位的竞争力提升情况	2.57	1.079
2.本单位的科研能力提升情况	2.11	1.003

农业信息资源协同能够提升用户的竞争能力和科研能力，省、市级农业管理部门及县级农业部门仅仅传递信息，合作社一类的信息用户主要通过信息获取提升竞争力，而

农业科研部门通过信息搜集更利于科研能力的提升。

（八）农业信息资源协同对业务拓展的影响

通过对问卷结果的分析，从表6–9中看出，了解到的区域农业发展状况得分为4.03、有机会参与其他单位项目情况得分为1.89、有机会参与其他地区项目情况得分为1.16，说明农业信息资源的协同作用在农业用户中起到一定作用，但农业信息资源协同仍然有待于机制建设来提高。同时有机会参与其他单位项目情况和有机会参与其他地区项目情况得分较低，这两个问题仍是深层次的合作问题，是农业信息资源协同的外延收益。

表6–9　农业信息资源协同对业务拓展的影响

农业信息资源协同的感知	平均数	标准差
1.了解到的区域农业发展状况	4.03	0.725
2.有机会参与其他单位项目情况	1.89	1.085
3.有机会参与其他地区项目情况	1.65	1.161

用户对农业信息资源协同有很强的依赖性和针对性，农业信息资源协同也需要全程性的服务，在协同机制运行过程中，每发现一个问题都认真记录，并负责信息收集、整理和分析，这是农业信息资源协同的重要组成部分，通过这种机制，在许多问题还未出现时就已经掌握了情况并做出相应的对策，大大提高了农业管理的精细化水平。

第三节　主要调查结论

农业信息资源协同是农业信息资源建设的主要内容，农业信息资源协同作为农业经济管理和社会信息化的重要组成部分，利用先进的信息网技术改变着农业经济运行机制以及农业各类要素、资源的配置。

一、用户农业信息资源协同需求的多重性、动态化和差异化特征明显

协同的引导必须引起高度重视，由于信息需求不同、条件不一，不同状态的农业信息资源协同需求并存。而农业信息行业网站、业务联系、培训观摩是用户单位进行农业信息资源协同的主要渠道，但是通过有组织、有规定的方式（如战略合作、协同联盟等）获得农业信息资源协同的比例很低。这与农业信息基础设施的建设密切相关。这些问题大致可归纳为以下三个方面：一是农业信息资源协同缺乏统筹规划，仍以用户的被动接受为主，而不是按用户的需求供给。二是用户缺乏明确的农业信息资源协同需求。

因为农业信息资源协同渠道不畅通，没有建立完整、可行的“纵向协同，横向联合”的服务机制，用户所需的信息不能够得到满足，对此必须进一步完善农业信息资源的协同方式和体系，最大化满足用户的农业信息资源需求。三是社会信息资源体现在多个方面。如“政府→中间方→用户”模式，政府方可能是一方，也可能是多方，中间方包括电信、广播、电视等媒体，各级农业管理部门都建有网站，在网站上有综合信息服务栏目。同时，网站链接了整个农业归口单位，农业信息资源的查询较为容易。

二、农业信息资源协同需要分层次进行推进

碎片化、非连续性造成农业信息资源协同难，动态化和差异化特征表现明显，农业信息资源协同的相关性不够，准确性不高。

一是内部应用环境不完善，信息资源管理的业务素质有待提高。首先，农业信息资源的充分、有效利用对于农业信息资源的采集、整理、传递及应用等过程有较高的要求，这极大地挑战了农业信息管理工作者的业务能力、对农业信息资源的敏感程度和处理农业信息资源的能力；其次，农业信息资源数量大、涉及内容广，但数量并不代表质量，在农业信息资源的应用中真正有用的信息，需要工作人员在海量的信息中将其分辨出来，这对农业信息资源的管理提出了新要求；再次，信息技术应用的局限性限制了农业信息资源的共享。虽然金农工程对农业信息化起到了非常大的推动作用，使信息技术在农业部门得到了较为全面的应用，但是，信息技术仍面临一些技术难点，并不能够解决所有问题，一些信息技术应用盲点的局限性制约了信息在不同部门之间的共享和应用。

二是外部支撑环境不完善，有关法律规定不明确。以《农业技术推广法》为例，第七条规定：各有关部门和单位应当支持、协助推广部门开展工作。但这种对于协助义务的原则性规定，未能明确第三方拥有的权利和承担的义务。因此，类似机构便向农业部门提供信息流程，在信息资源传递过程中产生的费用、信息传递的责任等，导致许多规定并没有落实到位，使得部门间信息并没有在农业管理中产生应有的作用。

三是缺乏有效的激励、保障机制，第三方信息的提供缺乏积极性。一方面，第三方通常独立于农业管理部门，也很难意识到自己所提供的农业信息资源在农业管理中的意义。既然没有利益作为驱动，在提供农业信息资源时还会产生相关费用，国家法律并没规定自己具有提供信息资源的义务，那么第三方不愿提供农业信息资源也是合法的。另一方面，没有有效的法律可以解决第三方在提供农业信息资源后可能面临的社会认可问题，农业信息资源的相应保障，也影响了其提供农业信息资源的积极性。

四是社会诚信意识缺失，第三方农业信息资源的质量得不到保障。第三方农业信息资源的真实性和可靠性受第三方机构信用状况影响。一些第三方机构诚信意识不足，提

供不完整的农业信息资源，甚至提供错误、虚假的农业信息资源，使得农业机构掌握的农业信息资源质量不高，这些情况都可能导致第三方机构提供的农业信息资源失真。

本章小结

在新的历史条件下，农业管理信息化与信息资源协同成为发展趋势，构建协同机制是必须考虑的内容。本章通过问卷调查了解了用户关于西北农业信息资源协同与农业管理、农业发展之间的互动关系，探讨了用户单位内部与用户之间的关系、单位内部与用户信息资源协同的相关性，旨在从多个角度对西北农业信息资源协同所产生的影响以及其赖以发展的各种条件进行全面分析，试图探寻西北农业信息资源协同的发展规律。农业信息资源协同较为复杂，对如何把握西北农业用户信息资源协同需求、状况如何、存在什么问题等进行了问卷调查。通过问卷分析，可以看出西北用户的农业信息资源协同呈现以下几个特点：

1.农业信息资源协同已经成为农业信息资源建设的新阶段

随着信息网络化的发展，用户面临着知识化、数字化、虚拟化、网络化、智能化变革，农业的竞争力与农业信息相关日益密切。信息技术、信息系统和信息资源作为一种资源已是农业发展战略不可缺少的一部分。优先级竞争优势，使农业信息资源协同越来越显示出优势所在，并且成为必然趋势。在一个农业单位中，农业信息资源的协同实质上是从传统农业信息资源生产方式向现代农业信息资源生产方式根本性转变的过程，是提高农业生产经营主体经济活力、提高效益和提升竞争力的“催化剂”。农业信息资源协同使农业信息资源的建设方式朝共享方式方向发展。

2.农业信息资源协同有利于农业管理水平的提升和经济效益的提高

农业信息资源协同以应用最先进的信息技术、行政沟通、战略联盟等为手段，符合现代经济发展方向，必将推动产业结构的优化和升级，也将极大地促进农业信息用户自身发展。如兰州鑫源农业科技公司发出需要种羊信息需求→甘肃畜牧产业管理局根据信息需求内容要求→甘肃省农科院畜草与绿色农业研究所给出具体条件→2016年从澳大利亚引进种羊1500只，该批白绵羊和杜泊绵羊与甘肃现有湖羊进行杂交后，产出的羊，肉质好且产肉率高。农业信息资源协同不仅进一步创新，新信息要素的不断介入，促进了农业产业链的延长、拓展了农业经济范围、减少了农产品价格波动的幅度。同时，远程信息处理系统通过网络系统使在瞬间完成，促进农业信息资源的收集、获取、利用节约成本，提高时效，使农业信息资源建设朝着减少重复建设方向发展。

3.农业信息资源协同使农业信息用户间的联系空间得到扩展

农业信息资源协同改变了农业信息用户的物理空间结构，赋予了网络数字化信息资源新的内涵，并为数字网络渗透、链接到整个农业社会结构提供了物质基础和技术依托。作为一种发展趋势，农业信息资源协同的各种主要功能在发展过程不断地以数字网络方式（如经济活动、生产方式、沟通方式以及农业信息资源的建设方式和共享方式等）组织起来，农业信息资源协同甚至成为区域间甚至国内国际“两个市场”间物质、能量、信息、资源、技术、人才交流的数字平台枢纽和汇集地。由此可见，随着农业信息化的发展，整个农业产业结构的知识和技术的含量都在显著提高，尤其在农业信息资源协同理念的支持下，农业信息资源与农业产业越来越密切地融合在一起，农业信息资源的需求结构发生了根本变化，并逐步形成农业信息经济的产业构架基础，农业信息资源协同使农业信息用户间的联系空间得到更进一步的拓展。

|第七章|

西北农业信息资源协同机制构建

第一节　政府、市场与社会三方协同机制建设

通过分析农业信息资源协同机制中各种机制的构成及成因，可以清楚认识各种机制之间的工作关系及其相互作用，进而分析各种机制间的互动关系。通过协同机制构建，鼓励农业信息资源利用和农业信息资源传播。建立以政府为引导的农业信息资源协同服务机构，以此为桥梁，构成一套包括政府部门、研究机构、大学、农业企业、中介机构等多层次的农业信息资源建设与传播的协同体系，支撑农业经济快速发展。

一、农业信息资源协同机制的内涵

（一）协同机制的概念

机制（mechanism）一词，来源于古希腊文mechane，原指机器的构造和原理，是工程学概念，后被运用到许多学科。本课题从农业信息资源协同机制的视角来审视协同机制研究，提炼出农业信息资源协同机制所研究的定义、范畴和理论视角。

从政治社会学的角度看，对信息资源的建设、传播和管理，一直是社会管理最重要、最基础的内容之一[①]。构建有益、开放的农业信息资源协同生态系统是西北农业信息资源协同发展的重大命题。近年来，西北农业经济有了较大的发展，但农业信息服务供给不足、劳动力成本上升、农产品市场竞争加剧、农业产业结构不合理等问题困扰着西北农业经济的进一步发展。从协同理论视角出发，不同学者在各种问题的研究、探讨中就协同机制进行了自己的表述，也进一步对协同机制进行了梳理和研究。

郁建兴、张利萍（2013）认为，协同机制是充分发挥各个层面的主动性，进而参与

①赵姗：《传统媒体与新媒体如何有效融合》，载《中国经济时报》，2014年9月24日第10版。

的程序方法[①]。马永坤（2013）认为，协同机制就是实现对不同主体的目标任务、资源等进行有效的协调[②]。吕丽辉、马香媛（2014）认为，协同机制是相互协调与合作的系统组合，实现资源的优化配置[③]。韩晓莉（2014）认为，协同机制强调科学分工的运行体系[④]。汪锦军（2012）认为，协同机制的产生需要一定的环境，不同的环境会产生不同的协同机制[⑤]。佘晓钟、辜穗（2013）认为，协同形成于信息沟通机制、资源协作机制、技术共享机制、制度协同机制等方面[⑥]。舒辉、卫春丽（2013）认为，协同机制多种多样[⑦]。张新红（2015）认为，协同机制是通过关联与互动、协调与保障、合作与协作、共享与共建、业务行为与特定资源等方式形成的[⑧]。刘云艳、程绍仁（2015）认为，协同机制包括个体协同、社会协同和制度协同多个方面，有助于整个系统的稳定和有序发展[⑨]。方婷（2015）认为，协同机制包括制度协同、决策协同、信息资源协同和舆论协同四个方面[⑩]。

协同理论的学术研究在我国刚刚起步，相关研究侧重于我国特定的经济、社会、政策等领域协同实践分析，从已有的研究文献看，协同学在社会各个领域都有一定的研究应用，但农业信息资源协同机制的问题在于研究者缺乏对农业信息系统现状的系统把握和领悟，而信息管理制度和机制的缺乏，使这一研究的基础不足。根据赫尔曼·哈肯（H. Haken）创立的协同学，即“协同合作之学”思想，课题组认为，农业信息资源协同机制，就是在市场发育程度较低的形势下，政府在农业信息资源建设中发挥主导作用，推动落实农业信息系统这一复杂巨系统的各项相应制度建设和政策措施，从而充分

①郁建兴，张利萍：《地方治理体系中的协同机制及其整合》，载《思想战线》，2013年第6期第95页。

②马永坤：《协同创新理论模式及区域经济协同机制的建构》，载《华东经济管理》，2013年第2期第52页。

③吕丽辉，马香媛：《非物质文化遗产信息资源档案式管理的协同机制研究》，载《社会科学战线》，2014年第12期第272页。

④韩晓莉：《生态管理社会协同机制构建》，载《社会科学家》，2014年第7期第73页。

⑤汪锦军：《构建公共服务的协同机制：一个界定性框架》，载《中国行政管理》，2012年第1期第18页。

⑥佘晓钟，辜穗：《跨区域低碳经济发展管理协同机制研究》，载《科技进步与对策》，2013年第21期第41页。

⑦舒辉，卫春丽：《自主创新与技术标准融合协同机制研究》，载《科技进步与对策》，2013年第15期第19页。

⑧张新红：《全媒体时代电子政务和图书馆的协同发展机制研究》，载《新世纪图书馆》，2015年第6期第9页。

⑨刘云艳，程绍仁：《公共治理逻辑：弱势儿童教育发展的社会协同机制建构》，载《西南大学学报（社会科学版）》，2015年第3期第82页。

⑩方婷：《区域高校学生安全稳定协同机制创新研究》，载《闽南师范大学学报（哲学社会科学版）》，2015年第2期第174页。

发挥农业信息系统在农业发展中作用的机制。

农业信息资源协同机制不是自然之物，而是农业信息资源管理的理性“构建”。农业信息资源协同机制必须对现实信息管理制度的缺陷有深刻认识，必须从协同制度对现实制度的影响和制度改造做系统探究。

（二）协同机制的构成

根据协同理论，结合西北农业信息资源建设现状，课题组认为，西北农业信息资源协同机制就是指西北农业信息系统间农业信息资源的协同，其关系构成可划分为五个子系统和一个序参量（如图7-1所示）。

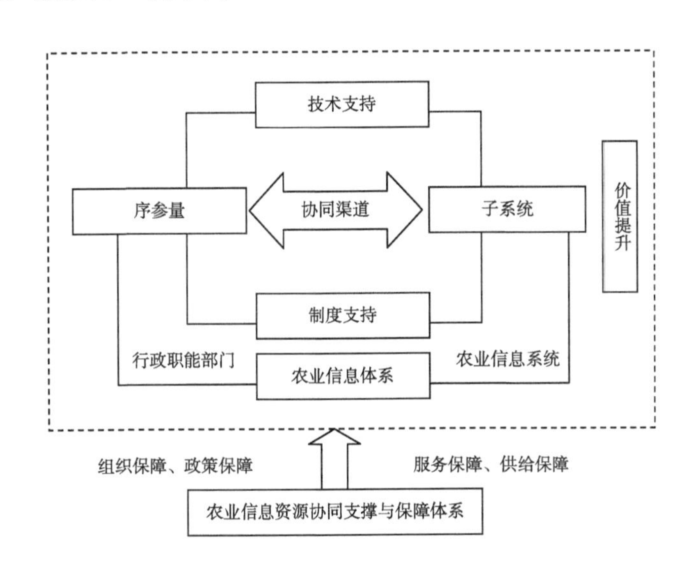

图7-1　农业信息资源协同模式内在运作关系构成

1.子系统

（1）主体系统：包括西北五省（区）的农业企业、农业教育科研机构、农业协会、农业合作社、农业信息中介机构和各级政府等。

（2）客体系统：包括不同层次、不同类型及不同区域的农业信息用户。

（3）信息资源管理系统：主要包括农业管理部门信息的采集、信息发布、信息整合、信息存储及信息共享平台等。

（4）信息服务方式系统：包括信息咨询、热线电话、信息检索、市场信息发布和农业技能培训等服务方式。

（5）环境系统：包括区域农业经济环境、地理环境、科技环境等。

2.序参量

序参量特指政府行政职能部门，主要为农业管理部门。序参量游离于系统内外，起着调节、引导、刺激和保障整个农业信息体系运行稳定并不断创新的作用。社会系统具有典型的复杂性特征，系统内部各组织间并非简单的线性关系，而是相互影响、相互制约的非线性关系。系统的演化方向也多种多样，在某一条件下系统可能产生多种格局[①]。从协同学角度看，农业信息资源协同需要考虑多系统的协同，一个完善的整体协同结构一旦形成，它就应该具备自组织能力，即自稳性、自调节，甚至自修复、自完备、自复制。

（三）农业信息资源协同是有效农业信息资源建设的保障

农业信息资源协同机制保障整个农业信息体系运行稳定并不断创新。1998年开启（1998—2020年）的世界上最大的村村通工程（广播、电视、电话、宽带、公路、电力、自来水等），农村信息基础设施建设面貌焕然一新，2015年开启的农业电商平台建设，农产品销售全面融入网络化进程，在深度上层层递进，所折射出的农业信息资源建设发展进程，基本上摆脱了贫穷和落后这两个特点，农业信息资源从封闭闭塞切入到“互联网+”领域更为宽泛的视野。

二、农业信息资源建设碎片化是农业信息资源协同的切入点

（一）农业信息资源碎片化的产生原因

1.农业信息资源建设之初多头并进

从计划经济到市场经济的体制转变，从没有农业信息基础设施到农业信息基础设施基本搭建，面对头绪繁多、情况复杂、点多、面广、问题多的农业信息资源建设困境，农业信息资源管理经历了一哄而上到有序发展的转型，从这一角度看，农业信息系统碎片化产生有历史原因。

2.行政体制机制的阻隔

政府是由多个部门组成的大行政系统，农业信息资源建设不仅由农业管理部门负责建设，政府相关部门如发改委、工信委、商务厅等多个部门，甚至也包括党委部门如农委、扶贫办、组织部等，每个部门都在积极参与建设，必然形成了多头并进、各系统独立发展的局面。

3.农业信息项目建设的快速增长

农业信息系统建设中各种农业信息项目快速增加，项目建设比起系统建设，在审批、投资、管理等方面都较为容易，如各种农业数据库、信息库、信息平台等不断涌现，各个部门都想办法为农业信息资源建设添砖加瓦，一方面是多做事、做勤政的表现，另一方面也反映了市场需求旺盛。

（二）农业信息资源碎片化的负面影响

从系统学角度看，农业信息供给的碎片化是信息系统的无序化，是一个非理想状

---

①曾健，张一方：《社会协同学》，科学出版社，2000年版，第77页。

态，从现代农业发展的趋势看，呈现三个方面的负面特征：

1.信息系统分散

在农业信息资源建设的顶层设计中，由于没有建立起有效的农业信息资源供给的共同目标和行动，农业信息资源供给主体的多元化已是不争的事实，虽然目前农业信息资源供给是碎片化的状态，但在目前的实践中仍然是行之有效的供给方式，同时它也不是造成农业信息资源供给碎片的根源。农业信息资源供给从没有到有，再从有到有效，进而实现协同发展，即：建设→分散→整合→有效→有序，这是一个复杂过程，也是一项系统工程。

2.各个农业信息系统沟通不畅

信息不对称是市场发展的规律，各个农业信息资源供给主体之间缺乏有效信息沟通，缺乏信息资源共享渠道，导致农业信息资源供给的结构性矛盾突出，也造成农业信息资源协同困难重重。

3.农业信息资源协同机制的建立难度较大

目前，农业信息资源供给的碎片化有目共睹，农业信息用户希望尽快实现农业信息资源协同，信息资源供给的主体也期望借用互联网技术来改变目前信息资源供给不协同的状况。但建立这一机制存在较大困难：一是信息资源协同虽然是大家普遍希望的，但各个信息资源供给主体及信息用户都希望别人提供信息资源，自己能够得到需要的信息资源，大家都不想拿出自己的信息资源供别人分享，这严重阻碍了信息资源协同的构建。二是怎么协同的问题仍是一个较为复杂和难解的问题，实质上是信息资源供给主体缺乏协同责任，大家都只想提供成本低且容易获得的信息资源，希望通过协同得到回报较高的信息资源，对于协同责任相互推诿，使得信息资源协同各方利益失去均衡。

（三）农业信息资源碎片化的解决路径

1.整合政府各个部门的涉农信息资源

不同的信息资源供给主体利益偏好不同，如党政部门更多地关注社会利益和农民的诉求及公众的认可程度；农业管理部门关注农业经济发展管理的具体信息资源供给；社会组织则更多地关注用户具体的、特定的和某一状态下的信息需求。因此，应通过整合不同信息资源供给主体之间的信息资源供给、信息资源服务的价值取向、信息系统的功能定位、系统发展目标等，使呈现多样化、多元化、不一样状态的农业信息资源协同有序发展。

2.改变现行行政体制下的条块分割状况

现行行政体制的原则是层级制管理和辖区管理，因此，条块分割和辖区管理原则是行政区划的刚性要求，容易造成上下级之间、平级之间、部门之间、跨地区之间、跨部门之间的农业信息资源供给的碎片化困境，对农业信息资源协同造成障碍，改变行政权力分配则能够促进这一状况的改变。宏观层面的协同是合作者在微观层面诸多要素的立体式协调的综合反映，即大量微观要素协调最终产生宏观协同①。

3.改进农业信息碎片化供给

从农业信息服务的规律看，一个部门是无法完成所有的农业信息资源供给的，农业信息的服务链通常都需要两个及两个以上的信息机构共同提供，事实上造成了信息资源供给的碎片化，也就形成了信息供给力量的分散，无法完成信息资源协同统一的目标要求，导致信息资源协同困难。农业管理部门需要从管理体制机制入手，保障信息供给全面性。

4.促进西北农业信息紧密合作

农业信息资源供给的碎片化是西北农业信息管理的现状，西北农业生产效率较低，农业发展正处于转型阶段，不同的农业信息供给主体都有自己的供给渠道和供给方式，农业信息系统之间相互沟通渠道不畅，信息资源整合不足，容易造成实践中农业信息资源重复供给、信息资源浪费和散乱无序的状态，使农业信息资源的协同任务艰巨。实现西北区域农业发展方面更紧密的联系合作，是促进西北农业信息合作发展的基础所在。

三、建立多层次协同机制是实现农业信息资源协同的前提

（一）政府机制的构成与作用

1.政府机制

（1）主体因素

一是信息素质。政府是农业信息资源的主要管理者，政府工作人员的信息素质并没有得到同步提升，还不能完全适应传统农业公共信息管理与迥异的现代农业信息管理的需要。

二是信息服务。近年来，农产品价格波动幅度较大，直接影响到农民的收入，农民对政府公共信息的资源配置及信息服务需求在不断增加，政府的农业信息服务意识有所增强。政府对基层进行农业信息服务，一般采取与相关部门合作，组织农民技能培训的形式，或以网络、手机、电视等信息终端为载体进行农业信息的发布和传播。

三是政策措施。在现有行政体制下制定的政策措施覆盖范围越来越广泛，行政效率越来越高，因此，地方政府制定的农业信息政策措施是与其所处层级及农业产业结构关系密切，即行政层级的高低、农产品生产种类决定政府农业信息政策措施发布频率，政府层级与财税权限、信息设施规划和公共信息服务配置的权限紧密相关。总的来看，以政策措施引导农业信息资源的优化已是普遍趋势。

---

①邱栋，吴秋明：《产学研协同创新机理分析及其启示——基于福建部分高校产学研协同创新调查》，载《福建论坛（人文社会科学版）》，2013年第4期第152页。

（2）管理因素

定期审视哪些信息事项该上报，哪些信息事项该下放，并按程序确认公布。农业公共信息资源配置必须依托一定的资源，主要指政府财政投资的信息服务设施。

一是地方公共信息服务资源配置水平一般与当地的财政收入水平关联密切。从实际情况看，农业信息服务设施建设的好坏，直接关系农业产业发展水平的高低，又进一步影响了地方公共信息服务资源均衡配置的意愿和能力。

二是政府提供信息资源的数量和种类。如信息服务项目、图书馆、文化馆、农业信息服务中心等的配置。

（3）行为因素

一是建设规划。由于农业信息资源建设属于公益性事业，政府财力有限，企业不愿意进入。因此，农业信息资源建设规划滞后或缺乏长远规划，往往是造成农业信息资源供给不足的重要原因。

二是政府决策。政府决策程序是自上而下，对具体管理部门和农民的意见重视不够，不同层级政府和部门出于各自的利益考量和不同的关注点，缺乏相互沟通与协调，决策不科学、不透明、不合理是严重影响农业信息资源配置的主要问题之一。

三是体制机制。在目前的城乡二元管理体制下，城市公共信息资源建设都由财政买单，而农村公共信息资源建设主要由农民承担，信息建设制度投入差别较大，大多数的农村公共信息服务由农村基层组织供给，而上级政府并没有一个责任清单，建设责任不清晰，造成不同层级政府和部门责任相互推诿，也是导致农业公共信息资源供给不足的原因。

2.政府机制的作用

政府机制的作用主要包括以下四个方面：

（1）重视预期管理和引导管理

政府机制以预期管理和引导管理作为农业信息资源配置调控的主要手段，推出“预期管理”措施主要依据社会状况做出理性选择，强调政策、协调和交流的原则逐步增加的方法，以观察市场机制和社会机制的反应。对于进一步稳定市场机制和社会机制的主体预期，政府机制主要以两种方法进行引导管理：一是突出稳定预期作用。不断明确农业信息用户对农业信息发展的需求有向好的信心和立场。二是及时、透明的政府信息和有针对性的信息政策，促使政府关于农业信息资源建设方面的政策、规划和目标有可预知性。

（2）树立“全局化、系统化”视野

政府机制最大的特征是宏观性，一是解决促进农业信息要素集聚，实现农业快速发展。二是更加注重农业信息资源供给。近年来农业经济发展中政府偏好投资供给，造成大规模资源消耗、生态环境退化、产业结构失衡等问题。注重农业信息资源供给就是坚持更多地依靠市场化手段调控经济①。

（3）信息资源管理成为政府提高执行力的抓手

知识经济时代，信息资源管理的重要性已经成为共识。目前在政府的信息管理中，各个部门有自己的分工，更为重要的是各个部门特别是跨部门之间的信息资源协同，使分布广泛、种类繁多的各种信息资源得到合理有效的配置（见表7-1）。

表7-1　农业信息资源管理权责配置

部门	权责配置	范围
发改委	决策、规划、执行、管理、监督	重点是信息系统布局
农业部	决策、规划、执行、管理、监督	重点是信息资源建设、信息系统构建
工信部	决策、执行、管理、监督	重点是技术支撑、平台建设
商务部	管理、监督、协调	重点是农产品流通
地方政府	决策、执行、管理	重点是衔接(配合上级部门)
通信企业	执行、管理	重点是合作

在农业现代化建设中，经济管理对农业现代化的贡献率约为18.6%，这说明，经济管理对农业现代化的实施具有重要的引导与整合作用。目前，美国农业经济管理信息化水平最高，约为76.5%；日本次之，约为68.4%，而目前我国农业经济管理信息化水平仅为23.5%，远远低于其他国家②。降低建设成本，提高农业经济发展与信息服务的协调性，实现农业经济社会发展与信息环境的良性循环。按照总体要求，顺势而为，从源头入手，划定信息生态空间，完善政策法规，强化标准引导，探索跨部门信息的有效衔接。

（4）公共治理减少政策法规的阻力

公共治理是公共权力部门整合全社会力量，管理公共事务、解决公共问题、提供公共服务、实现公共利益的过程③。政府农业信息资源协同分为三个层面：①宏观层面。涉及国家或跨省级区域间的农业信息资源协同，通常由国家牵头或区域协商。②中观层面。省级区划范围内的部门之间、行业之间、行政区划之间等的农业信息资源协同。③微观层面。基层农业信息资源协同，主要是部门内部、行业内部、单位内部的农业信息

①刘满平：《新常态下中国宏观调控思路呈现五大改变》，载《中国经济时报》，2016年2月17日第5版。

②崔玉蕾：《农业现代化建设中的经济管理问题与对策思考》，载《农业经济》，2016年第7期第6页。

③张丹福，李丹婷：《公共利益与公共治理》，载《中国人民大学学报》，2012年第2期第95页。

资源协同。由于利益分配机制不完善，跨部门信息管理遇到较多问题，其中中观层面的信息资源协同障碍最大，因为中观层面的信息资源协同需要“横向”为主，“纵向”为辅，横向意味着各个部门要一起合作，纵向则需要技术手段上的互通互联，横向协同对协同机制、协同基础、组织架构、技术设施等要求较高。为减少公共政策的执行阻力，在政府农业信息资源碎片化状态下，通过公共治理来进行农业信息资源的协同，整合各部门的信息资源和连通农业信息链，最终使得信息资源发挥最大化的作用。

（二）市场机制的构成与作用

发达国家农业公共信息资源服务与市场化资源配置的经验和做法，为我们提供了新的想法和思路。以市场为主体，从市场资源和市场行为两个角度进行分析：一是市场机制的主体因素。市场主体数量越多，就越有可能提供相应多的农业信息资源，用户满意度也会越大，市场的成熟特征就越明显。二是市场机制的资源因素。新兴信息服务业代替传统信息服务业、新的信息资源传播方式替代旧的信息资源传播方式等，资源因素变化一般和政府政策、市场利益和技术应用有密切关系。一种公共服务资源，它的可替代性越高，市场成熟度就越高，有能力提供该公共服务的主体越多，政府越有可能通过市场来供应该服务[①]，该公共信息资源通过市场得到均衡配置的可能性就越大。

农业信息资源的市场配置是在市场主体因素、资源因素和行为因素综合作用下形成的。目前，在农业产前、产中、产后的三种信息资源配置中，产前和产中都不具备市场机制作用的发挥条件，产后有了一定的基础。一是产前农业信息资源的配置主要由政府、农业企业以及农业生产者生产经验决定，替代程度较低。二是产中农业信息资源配置受到市场限制，由技能培训、技术服务、信息服务等进行配置，一般由政府、农业企业、合作社、社会中介组织进行配置，有些也可以由市场进行配置，如专业公司、专题信息服务等，但竞争不足，价格较高，超出了一般用户的承受能力，选择余地不大。三是产后农业信息资源配置竞争较为充分，产后信息主要是围绕农产品的销售进行，目前由农贸市场、电商、广播电视、手机信息发布、网络信息平台等进行配置，用户有较多的选择，信息配置较为充分。

（三）社会机制的构成与作用

有效的社会协同有助于整个系统的稳定和有序，能从质和量两方面放大系统的功效，创造演绎出局部所没有的新功能，实现力量增值[②]。社会机制也包括了市场主体、市场资源和市场行为三个因素，主要有两个方面的影响：一是用户需求。用户的信息需

---

①刘波，崔鹏鹏，赵云云：《公共服务外包决策的影响因素研究》，载《公共管理学报》，2010年第2期第21页。

②何水：《协同治理及其在中国的实现——基于社会资本理论的分析》，载《西南大学学报（社会科学版）》，2008年第3期第102页。

求影响着社会机制的形成，用户信息需求的差异性越大，不同用户群体对农业信息资源的需求和认识有着明显的差异，他们对农业信息资源的需求也越复杂和多元，他们的意愿影响着农业信息资源的建设方向和建设规模。农业生产信息、农业科技信息、农产品销售信息是农业三大信息资源，管理部门、农业企业、合作社、农户等农业信息用户，基于自身条件对农业信息资源配置状况参照系的不同，对信息满意度的感知也就不同。二是自组织程度。自组织作为社会（包括信息系统）最显著的核心特征，自组织程度在农业信息资源配置中的作用应当给予重视。例如，侯琦、魏子扬（2012）认为，发挥各个系统的优势来实现资源的充分利用[①]。王国伟（2010）基于城市社区公共服务资源案例研究，发现公共服务资源的实现是一个资源动员过程[②]。西北偏远地区的各项农业信息服务配套设施很不完善，电商的发展破解了这一长期难以解决的难题，而电商发展最快的地区多为山区，原因是山区有丰富的土特产，电商的介入解决了农产品销售问题。也有一些个人或组织通过网络平台成立网店，积极推动了当地信息服务资源配置状况。由此可以得出一个简单结论：如果农产品有了优势，在农业信息资源服务上进行一定的投入，新开发的农业信息资源服务会促使社会自组织机制的形成——改善当地短缺的农业公共信息服务资源配置的现状。

四、政府机制、市场机制和社会机制三种机制的相互关系

（一）政府机制、市场机制和社会机制三种机制的内在关系

提供有效的信息资源服务，需要各组织之间相互合作、优势互补，从而形成共同治理的互动关系[③]。政府机制是基础，市场机制是目标，社会机制是环节。政府机制有着强大的动员能力，是现行行政体制最核心、最具凝聚力的机制，起着农业信息资源建设是规划、制定、投资、设计的核心作用。实质上，市场机制和社会机制的关系是内在的和不可分割的，没有市场机制，也就没有真正健康的社会机制。如果从国家层面来理解政府机制的作用，就可以得出政府机制是农业信息资源建设的核心所在，但市场经济并不是仅仅靠政府来实现。一是政府机制与市场机制和社会机制不存在此消彼长的关系，凡是市场机制和社会机制起作用的就应该尽量促进它们发挥自身的作用；二是这三种机制是内在融贯的统一体，是不可或缺的，不能认为某一个机制单独发挥作用，政府机制是建立规则，市场机制是优胜劣汰，社会机制助推发展。

---

①侯琦，魏子扬：《合作治理——中国社会管理的发展方向》，载《中共中央党校学报》，2012年第1期第27页。

②王国伟：《资源动员：城市社区公共服务资源获得机制研究》，载《学术探索》，2010年第2期第94页。

③汪锦军：《构建公共服务的协同机制：一个界定性框架》，载《中国行政管理》，2012年第1期第18页。

（二）政府机制、市场机制和社会机制的互动

农业公共信息资源配置涉及政府机制、市场机制和社会机制三个方面。以政府机制为主提供的农业信息资源是满足用户信息需求最主要、最基本的方面；市场机制是信息资源市场化配置的核心动力，即在政府的宏观规划和供给下让市场主体参与农业信息资源的供给与服务；社会机制是农业信息用户获取农业信息资源的补充。农业信息资源和配置仍然应以政府为主导，在政府与社会互动的基础上加快市场机制建设和社会机制的互动影响。也就是说，农业信息资源的配置在根本上取决于政府与社会的互动。具体而言，农业信息资源配置状况受政府机制、市场机制和社会机制三种机制的影响，农业信息资源配置的制度建设和政策措施，以政策为杠杆进行引导，以不同层次作用和互补，体现出一种保障其持续性的正式制度性安排，从而进一步推进农业信息资源配置的优化。

由于市场化和社会自组织程度低，尽管政府层面进行了大量的动员，但缺乏市场和社会层面的互动，农业信息资源配置缺乏可持续性的发展。这种状况会导致政府提供的农业信息资源与市场需求和社会表达的农业信息资源配置相互之间缺乏适应与配合的契合关系，凸显了农业信息资源配置的“双重洼地”，即农业信息资源配置效果低不仅体现在具体农业生产经营中，也体现在政府的农业管理中。其原因有两个：一是政府机制在农业信息资源配置中的作用较强，市场机制和社会机制参与程度低；二是政府机制与市场和社会机制契合不足，缺乏实质性的沟通渠道。这也就是为什么农业信息用户对农业信息资源配置的“迫切需要”以及政府实施的“大量农业信息资源配置”并没有带来农业信息资源均衡配置。农业信息资源配置不仅受政府机制、市场机制和社会机制自身的影响，而且受机制之间互动关系的制约①。政府机制与市场机制这两种机制的相互作用及契合则对政府机制具有进一步的优化作用（见图7–2）。

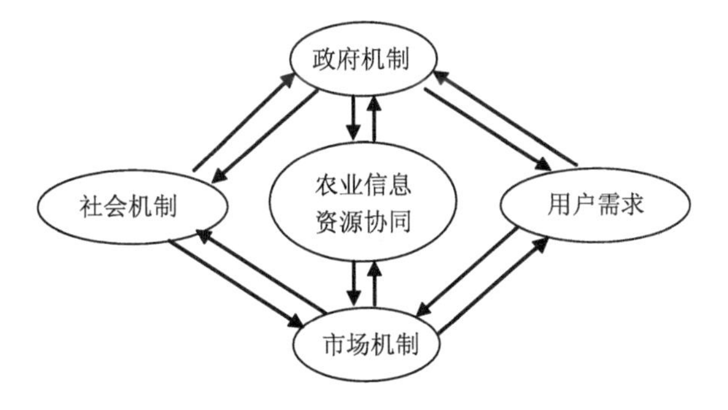

图7–2 农业信息资源协同机制

①易承志：《大城市城乡接合部公共服务资源是如何配置的——以上海市J镇为例》，载《中国农村观察》，2015年第6期第70页。

（三）政府机制、市场机制和社会机制三种机制对农业信息资源配置的影响因素

在构建社会服务多元主体协同的进程中，政府的主导性是由政府权力特征决定的，其作用范围是以行政区域为界的，市场的作用是以经济作用范围为界的，社会组织的影响力是以其社会关系范围为界的，这三种力量的作用范围是交叉重叠的，建立起“政府-市场-社会”三位一体的协同机制①。显而易见，在农业信息资源配置中，政府机制是最为重要的。由于农业产业是弱势产业，投资长见效慢，尤其农业信息资源建设这一块基本为公共性和公益性，因此必须由政府来承担主要的建设责任。但多年来实践证明，仅凭政府的力量难于全面覆盖农业信息资源配置这一巨大市场，还必须有市场机制和社会机制的参与才能够实现。政府机制与社会机制分别通过影响农业信息资源的提供和接受发挥着主要作用，而市场机制通过影响农业信息资源的提供与服务发挥着有益的补充作用。近年来，随着国企改革启动及农业信息资源建设市场化的推进，在农业信息资源提供中，仅靠政府机制的作用难以使农业信息资源实现均衡配置。政府机制的单向提供农业信息资源在宏观配置中的作用比较明显，在中观配置和微观配置中，市场机制和社会机制的补充性、适用性、灵活性的作用较为突出。因此，政府机制必须与市场机制和社会机制之间形成互动关系，在此基础上实现上述三种机制的契合。

（四）政府应利用市场机制和社会机制

在政府机制与市场机制和社会机制缺乏互动的情况下，政府的作用不能下降，而应该进一步加强，在政府作用占据主要地位的情况下，逐步实现政府机制与市场机制和社会机制契合，这就需要政府加大投入，并且形成一个长期不断磨合的状态，在此基础上实现农业信息资源合理配置的最优状态。

发挥农业信息资源配置中市场机制和社会机制的作用，以导向作用来促进市场机制和社会机制发展：一是营造公平市场环境。市场是重要的创新要素，只有在市场上获得成功的创新才是有效的创新②。市场动力来自市场的选择，即在公平竞争的市场环境中获得利益，而不是政府直接挑选某个企业或项目，即使是政府的投资和补贴，也应该是普惠性，让市场引导要素配置。二是保持政策的稳定性。农业信息资源的建设是一个长期性过程，稳定的、可预期的政策才能使市场机制产生效果，使农业信息资源的建设可持续发展。目前，我国正处于社会转型期，政府政策往往都以短期效果为主，加上行政领导的更替，其政策的支持与限制也互为交替，搞得市场无所适从。因此，形成长期稳定的政策预期至关重要。三是重视社会机制的培育。社会机制是农业信息资源配置的重要环节，农业信息资源的建设与社会机制被忽视、政府自上而下政策制定路径有较大关

①张勤：《后危机时期实现我国社会公共服务协同机制探究》，载《国家行政学院学报》，2010年第5期第22页。

②吕微：《政府如何利用市场机制促进技术创新》，载《中国经济时报》，2014年10月28日。

系，事实上，社会机制在政府政策反馈方面有积极作用，也起着重要的补充作用。

第二节　西北农业信息资源协同机制建设内容

当前，社会处于转型期、机遇期和发展期的三期叠加时期，协同各个部门之间的农业信息资源，使其更好地发挥信息系统支撑作用和农业发展的保障作用，是很关键的。把以前的系统推倒，重构一个崭新的农业信息大系统是不现实的，也是不可能实现的。因此，应以现有的农业信息系统为基础，进一步优化系统结构，明确各个不同系统的概念，形成信息服务与信息用户需求的融合发展格局，满足农业信息多元化需求。

一、基于西北区域的农业信息资源协同顶层设计思考

（一）西北农业信息资源的协同基础

西北作为一个区域经济整体，农业信息资源是一个多层次、多元化、相互支持、互相联动的巨大体系，只有各区域协同建设才能克服信息碎片化，铲除信息孤岛，实现信息资源效益最大化。但目前五省（区）区域农业信息资源建设分工尚未形成。

——陕西，以杨凌农业基地为基础，重点提升农业科技信息服务。

——甘肃，重点提高信息技术应用中农业节水中的研究，农业信息服务发展要向更高层次的信息资源协同水平迈进，向创新要效益、要活力、要动力。

——新疆，重点强化农业科技创新成果应用和示范推广能力，建设重点农业产业技术研发基地、农业信息支撑农业产业结构调整和转型升级试验区。

——宁夏，完成农业信息资源一站式服务，在政府的大力倡导下，实现全区农业信息资源协同发展，以信息保障促进农业经济发展。

——青海，重点实现农业信息资源服务的农牧区覆盖，实现农业信息资源服务的信息化和均等化，进一步推进各个农业信息系统资源的整合，使农业信息资源得到充分利用。

政府运用行政权力，调动行政资源和财政资金，对信息资源协同产生更大的作用，政府扮演着“掌舵人”而非“划桨人”的角色。运用好政府与市场这两个资源配置系统，就能够容易实现协同的目标。在协同过程中政府的优势比较明显：①政策资源优势。具有稳定的和可持续性。②代表国家利益和社会利益。国家实力是基础，也是基本保障。③最大限度地避免风险。企业和社会承担风险能力不足，政府弥补了这一不足。④可以扩大影响力。政府的公益性和公益事业性质，既可以打破垄断，还可以克服其他弊端。

（二）西北农业信息资源协同的主要视角

由上至下的主导模式，通过制度安排来实现行政区划内的管理，促使各个省区的农业信息进行协调发展困难较大，只能是渐进过程。在现行体制下，应该把传统区域主义和公共选择理论相结合，前者以政府为主导，后者以市场为主导，比较适应目前的西北农业发展状况。

1.对传统“府际关系”的整合

农业信息资源的跨区域协同，不能由传统的自上而下的行政管理方式来处理和解决，而应该寻找一个新的解决方式。既要考虑西北各省（区）政府主导下的农业发展模式，也不可能完全脱离行政力量，可以发挥行业积极性，鼓励农业生产、管理、科研、教育等行业达成行业间的信任关系和沟通渠道，保障农业信息资源协同工作顺利开展。

2.建立相关机构

西北地区农业信息资源协同应该强调通过西北区域内部的信息需求，建立事权统一的农业信息资源协调规划机构、形成有利于农业信息资源协同的区域规划方案、重视西北农业生产布局的协调与组织的信息价值链拓展。

3.强调多元化主体的信息资源共建共享作用

必须重视政府部门以外的组织在农业信息资源协同中的作用，甚至民间组织的作用，在政府部门的主导下进行参与与合作，充分利用政府行政资源、社会资源等推动农业信息资源协同工作的开展。通过建立跨区域的农业信息资源协同机制，形成让农业生产、经营、销售和管理各方面充分参与的平台，以此来弥补政府和市场的“失灵”。

4.提高信息网络基础设施建设保障水平

“互联网+”农业其背后支撑的是信息基础设施，云计算各项政策和技术标准也在逐步落实，用户对云服务的信心不断增强，云计算产业正呈现快速发展态势。如何加强云计算服务农业管理，提升农业信息资源协同水平，逐步建立云计算协同体系仍然是今后一项紧迫而又意义重大的信息资源建设工作，而这一问题解决得好坏将很大程度影响“互联网+”的进程。

目前，西北各省（区）的移动、电信、联通、广电网络公司等电信运营企业有线宽带已覆盖各县所有乡镇及行政村，光纤宽带已覆盖乡镇，4G高速无线网络已覆盖40%的行政村；广电网络实现了对县城的基本覆盖，乡镇广电网络建设正积极推进，并酌情给予费用优惠。同时，电信运营企业在开展通信基础设施建设过程中，存在用地、用电、环评等问题，希望得到各级政府及相关部门的政策支持，加快推进通信基础设施建设。

（三）西北农业信息资源协同的顶层设计

“协同”是信息资源建设阶段价值取向的一次重要转变，它要求每个信息系统在管理、服务、功能上寻求新的目标定位。要注意保护已有的农业信息系统特色和已经取得的发展共识及发展方向，因为这些已有的信息系统毕竟是多年来政府、市场和用户共同努力的结果，需要尊重各系统的发展规律，通过农业信息资源协同实现差异互补，达到稳定性和动态性的契合，鼓励各类信息系统特色发展，实现“宏观有序，微观搞活”的目的。

1. 以国家农业信息系统为核心

国家农业信息资源建设的总体布局和统筹规划是西北区域农业信息资源协同顶层设计的核心。根据区域主义理论，西北农业信息资源协同的顶层设计和制度创新可以做一个新的战略构想：成立高级别的西北区域农业信息资源协同机构是协调西北与中央、西北各省（区）之间以及包括涉农企业、农业科研机构、农业教育机构、农业合作社和农户在内的各种利益相关者，打破行政层级和部门利益各自为政的本位主义，破解农业信息资源碎片化、信息资源建设部门化、信息服务条块化分割的困境，充分调动各方面的积极性，实现合作共赢的新局面。因此，需要先进行架构设计，以能力建设、组织建设和制度建设为基础来合理、科学地整合西北农业信息资源（见图7-3）。

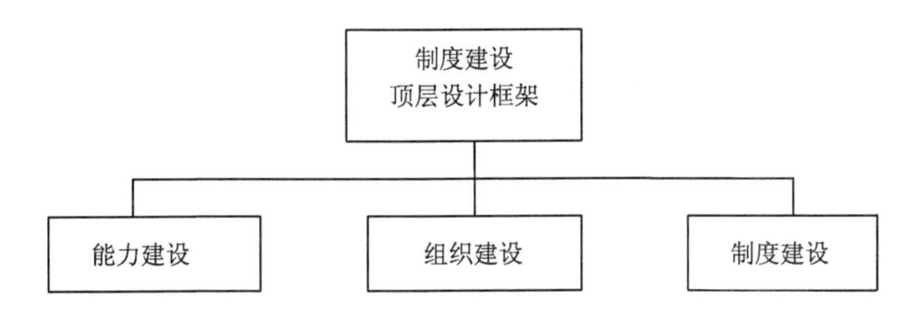

图7-3　农业信息资源协同的顶层设计

协同理论中出现的社会化特征，集中呈现为国家系统、政府系统、社会系统一体建设的交集与融合，预示了信息资源建设的路径。无论从历史角度还是现实角度，农业信息资源协同都是极具价值的实现路径。在西北区域信息资源协同机制形成过程中，国家农业信息资源建设的影响体现在以下五个方面：①建立跨区域农业信息资源共享机制；②鼓励性、示范性规划（制定相关政策，编制发展规划，改善协同环境）；③建立信息资源协同合作联盟，建立区域合作组织；④赋权协调机构，设置协调专门机构，发挥政府行政导向作用；⑤提供信息资源保障和资源专项资金，实现区域农业信息资源共享。

2. 以制度建设为保障

顶层设计是一种自上向下的规划设计方案，制度建设要依据信息管理原则来进行，以制度建设保证多主体参与下的区域农业信息资源协同机制的正常有效运转，这样才能形成资源集合、信息共享、业务协同的局面。多主体参与信息资源协同，一方面，农业信息管理部门要在法律许可的范围内行使公共管理权力，如协调、监督、沟通、联系等，促成各方建立信息资源协同渠道、协同规划和协同信任，从而实现对农业信息资源协同的运行掌控能力；另一方面，对于社会组织、农业企业、合作社、农户而言，由于缺乏公共权力和公共资源的掌控能力，需要政府进行政策引导和产值支持，降低协同门槛，最大限度地让他们参与其中，保障农业信息资源协同的活跃度和利用率。

3.借鉴和学习发达国家及其他省市的农业信息资源协同经验

从发达国家的经历看，农业信息资源协同基本经历了由自组织发展到有组织发展再到专业化协同的演变过程，而这一发展过程必然伴随着相应的区域行政机构的沟通与协调、国家法律法规的出台以及农业信息资源的不断整合。从我国的农业信息资源协同经验来看，更倾向于组织机构（联盟）间的协同方案，而非政府主导下的活动，其原因有二：一是我国的行政区划层级制度明显，除非是自上而下的行业组织，一般难于打破行政界线；二是市场发育仍不成熟，农业信息需求度不高。从我国农业信息资源建设情况来看，形成全面的各方力量共同推动，是目前农业信息资源协同能力的主要工具之一。

（四）积极构建跨部门信息资源协同机制

协同可以实现各个信息系统的整体关联，不同部门信息资源协同应明确发展方向、协同对象和协同途径。一是按照“农业部门整合归并”的原则，突破行政管辖范畴，按照行政、市场和社会的划分标准，认真研究提出需要取消转移下放职责的意见。二是多方征求意见，建立会商机制。省级农业部门信息资源协同方案需要征求市和县（市、区）相关部门的意见。从纵向上说，以整体政府为实例，逐层实施跨部门协同实践中的结构配置、运行程序和阶段要素。按照剥洋葱的方式从外到里，系统梳理跨部门协同结构、过程和辅助工具等领域。这种纵横结合的分析方式，不仅能够实现协同的组织架构、功能和效用，还可以从不同的角度展现其动态的生长阶段和发展过程，有助于全面、系统地实现跨部门协同。宏观决策协同层在内容上更加强调政府的核心作用，强调部门之间的横向协调以及与市场之间的纵向整合。设计原则刚性严格，在跨部门结构性机制中发挥着日益重要的作用。

二、构建西北农业信息资源协同区域一体化机制构想

从信息基础设施看，随着农业信息化的快速发展，西北农业信息基础设施建设架构基本完成；从区域经济一体化看，历史上西北各省（区）地缘联系紧密，目前的西北经济一体化发展正在酝酿之中，如“关中—天水经济区（国务院批准）”“兰州—西宁—银川经济区”“西安—兰州—乌鲁木齐丝绸之路西北黄金段”等。以信息作为农业发展助推要素，开创西北农业信息资源协同新体系的时机已经成熟，也是西北区域农业发展现实及未来的客观需求。

（一）西北农业信息资源协同空间的分层分区系统

西北农业信息资源协同空间的分层分区系统是未来西北区域农业信息资源协同的布局，该系统由四个层次构成。

第一层次：跨行政区域协同。其任务是揭示西北地区宏观农业经济格局（发展水平、发展速度与生产总量）的动态及发展变化趋势，构建西北农业一体化体系，确保西北区域农业发展保持联动、互动和互补局面，各地区发展差距能控制在一定的范围之内。在此基础上，融入全国农业一体化体系之中。

第二层次：农业综合经济信息资源协同。方案较多，这里提出的方案主要是硬件建设的信息资源协同，即主要目的是协同农业管理方面的跨区域大型农业发展规划、跨区域大型农业基础设施项目，依托这类相关农业的基础设施建设，可构建若干个农业产业经济带。

第三层次，省-市-县三级农业信息资源协同（实体区）。省级农业管理部门是农业信息的主要管理者和政策的执行者，为了发挥好各个行政层级农业信息服务积极性，更好地发挥行政组织作用，需要实现省-市-县三级农业信息的协同，扩大信息资源协同的内容和范围，并与未来农业信息体系有机结合。

第四层次：农业产业园区信息资源协同。任务在于建立农业生产与农业科技扩散一体化的基地，扩大农业产业园区经济空间，实现西北农业跨越式发展目的，并可构建由国家级园区、省级园区、市县级园区组成的西北地区内部农业产业园区空间结构体系。

需要指出的是，这四个层次只是西北农业信息资源协同空间体系的基本架构，各类具体的信息要素和经济因素可以在这一架构下进行补充或删减，以此来构成科学的、具体的、细化的和可行的总体框架，最终反映西北农业经济布局的不同层次下以信息促进不同区域农业发展的客观要求。

（二）构建西北农业信息资源协同的政策框架

在确定西北农业经营战略方向与粮食安全要求的基础上，西北农业信息资源协同的政策框架内容是构建用户信息安全网，提供农业生产经营信息，支持农业信息化，保障农业快速发展。从农业生产经营产前、产中、产后的全过程中，培育核心信息用户，并在政策工具方面创新。现在传统农业信息系统在信息内容、传播方式、服务方式等方面都出现诸多的不适应，而国家层面还未形成农业信息资源协同的政策体系，西北农业信息资源协同可先从大的政策框架下进行考虑（见图7-4）。

2015年4月，国务院《关于推动传统媒体和新兴媒体融合发展的指导意见》对于促进西北农业信息资源协同具有一定意义，我们应该认识到两个问题：一是互联网已经从根本上颠覆了传统信息的传播方式，无论是政府部门还是个人业务，互联网技术影响深刻，各个领域互联网的广泛应用是大趋势。二是传统信息功能只是互补关系，所以在原有基础上的叠加无法真正实现信息资源协同，在这种状况下，西北农业信息资源协同的机制更为复杂，协同任务也更艰巨，应主要以政策工具来改进农业信息资源协同（见表7-2）。

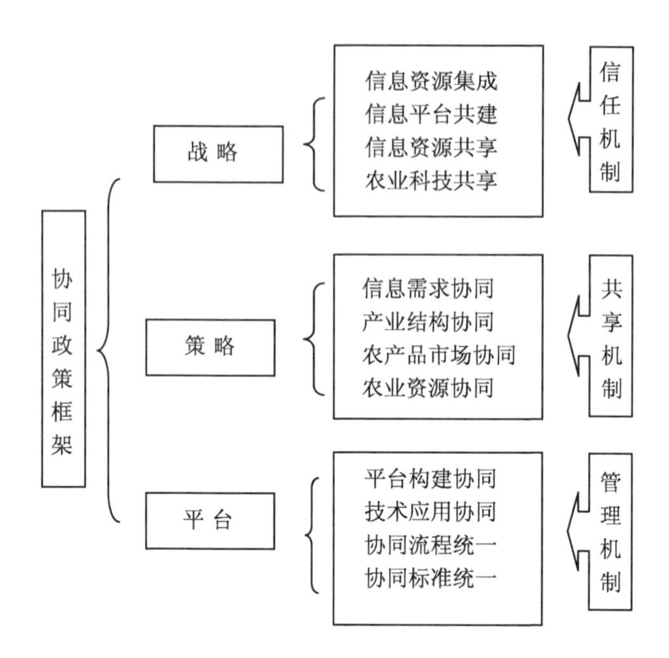

图7-4 西北农业信息资源协同流程示意

表7-2 西北农业信息资源协同的政策工具、改进方向及具体建议

领域	政策工具	改进方向	具体建议
农业生产	农产品流通	增加信息供给	探索西北区域协同
宏观管理	信息公开	加大部门信息沟通	提高约束力
生产管理	技术政策	加快信息平台建设	构建公共信息服务机制
市场管理	市场机制	加大扶持力度	使用市场机制
社会管理	社会机制	培育社会组织	扩大协同范围
政府支持	财政支持	投资、补贴	行业规划与地方发展规划衔接
其他	理论支持	第三方评估	建立评估标准和协同制度

西北农业信息资源协同必须面对的是，寻求有效供给，进而满足用户的信息需求。"十三五"时期是传统农业向现代农业转变的关键时期，对于西北农业信息资源协同，有三个着力点。

1.致力于西北农业信息资源协同目标设计

要在农业现代化方面取得进步，农业信息资源协同至关重要。农业信息资源协同能够实现农业在产前、产中和产后每个环节中，与工业化、城镇化、信息化发展相协调、相匹配。农业信息资源协同是农业信息管理追求的目标，是提升农业竞争力的基础。要设计一个农业信息资源协同的宏观发展目标，有了目标就有了路径，下一步的协同工作就可以逐步展开。历史经验表明，在一个产业或一个新生事物发展之初就应该采取措施（主要是计划和投入）提升其基础能力，使之产生后期具备的发展优势；在发展过程中给予高度重视，根据发展进程适时调整政策和措施，推动其快速发展并占领产业或行业的制高点，达到统领和引领的效果。因此，应适时制定西北农业信息资源协同的发展规划、计划、法规、政策，引领西北信息资源协同发展，为西北农业信息资源协同的发展保驾护航。

2.选择西北农业信息资源协同的路径

如何实现西北农业信息资源协同？协同学理论是协同路径的理论基础，走资源节约型、环境友好型、效率高效型的信息资源协同模式。同时，要根据农业发展需求进行具体设计。2015年10月中央十八届五中全会提出了"通过转变农业发展方式，实现农业产业的结构调整，走粮经饲统筹、农林牧渔结合、产供销一体、一二三产业融合发展的道路"①，这为具体的农业信息资源协同发展指出了方向。通过信息资源的协同，满足农业发展对农业信息资源的需求，农业的可持续发展必须高度重视农业信息的协同作用。

3.加强部门协调合作

农业信息资源协同要进入农业信息管理的深水区，要在农业信息资源整合、跨部门、跨区域方面有所突破，通过信息资源协同实现完整的信息链，真正实现信息要素的平等交换、友好对接，化解行政体制壁垒矛盾，为建设现代农业打牢基础。应按照明确权力、激发活力、鼓励创新、推动发展的逻辑重构政府职能体系。

（三）优化农业信息资源的协同流程

将农业信息管理的职能部门与相关的信息系统业务价值链有机地结合起来，打破信息资源的部门所有、部门限制，提高信息利用效率和效果。优化流程建设有助于信息资源协同中明确权责，加强部门间协作，提升信息价值。以"核心业务"为导向，建立部门信息资源协同机制，明确用户信息需求，制订目标执行计划。围绕西北农业战略定

①《中国共产党第十八届中央委员会第五次全体会议公报》，载《新华日报》，2015年10月29日。

位、未来的农业信息资源协同服务职能，进一步提高信息利用效率，可避免信息资源重复建设，产生较好的社会效益。

三、西北农业信息资源协同方向

西北农业信息资源协同已经成为农业管理工作中的重要组成部分，经过不断的探索和创新，市场化培育过程中逐步形成了现有的基本管理模式，主要有以下几种类型。

1.政府委托型

农业管理部门除了在大的发展方向、国家和地方政策外，主要农业信息服务权都由政府委托于信息机构、服务中介行使，有些政府有关部门的相关事务管理也进行委托。受委托的机构或组织主要起以信息服务支持和保障农业发展的作用。这种类型的特点是放权发展，灵活高效，有利于信息服务体制的改革与创新，农业信息管理与信息系统机构行使信息服务的市场职能。

2.政府管理型

目前，大多农业信息资源管理体制属于政府管理（包括委托管理)，这种类型主要是农业管理部门的信息中心比较典型，农业信息资源建设的主要决策权可以直接行使，同时，也协调具体农业信息的管理。这种类型的特点是受农业部门的直接领导，需要管理和协调的问题较多。授权组建农业信息开发中心，进行区域农业信息数据的开发和建设。农业信息中心是上级农业部门的下属机构，组织权力、信息发布、信息整合等的信息供给管理职能，具有机制灵活高效、设备齐全、服务多样等特点，实施政府的规划制定，下设直属机构和分支机构，实行责权配套、高效运转的管理体制。

第三节　西北农业信息资源协同联盟机制建设

近年来，通过政府搭建平台，长三角产学研协同联盟发展迅速，打通了高校、科研机构的科研通道。战略联盟作为一种全新的组织合作形式，其本身是一个动态的、开放的体系，其方式和结果不是对瞬息变化所做出的应急反应，而是对优化企业未来竞争环境或提高核心能力而做出的长远谋划。

一、合作联盟的概念及价值

市场主体通过紧密或松散联合，实现资源共享、风险共担的关系。对于合作联盟优势的界定一般有几个原则：①联盟应该由相关利益单位共同发起成立。②联盟作用的发挥以各联盟内部充分利用各自的特色和优质信息资源为前提，以此开展互补性合作，通过信息资源协同降低联盟成员信息获取成本。③联盟应该是一个非营利性的、非法人的联合体。④联盟可以由农业管理部门、地方政府发起，也可以由企业、社会组织发起。自从合作联盟被提出来以后，至今仍尚无统一的定义。基于协同理论，本课题将合作联盟定义为：以联盟成员的信息需求、信息资源和协同能力为重要互补特征，进行互利、互惠和友好支持，以此实现农业信息资源开发与利用的最大化。联盟的信息资源、协同能力、组织架构提供了联盟间创造价值的某种可能性，是实现联盟自组织演化的潜在优势，而由可能性到现实性之间还存在较为明显的距离。合作联盟只有借助自组织演化机制，才能将优势信息资源变为动态的可带来价值的信息增值。

（一）系统理论视角下的联盟构建

整体的功能并不等于组成部分的简单相加，因此，系统的功能是“非加合性”的。联盟机制的构建不只是简单的信息系统数量的变化，而可能是一个由量变上升到质变的飞跃过程，所谓“可能”就在于系统结构是否科学合理，即结构决定功能。科学、合理的结构能够促进和优化系统，否则会消耗系统功能，当前西北农业信息资源结构分散、不协调，通过构建协同联盟转变信息供给方式、做强农业信息服务、培育信息资源协同新机制，从而提高西北农业信息资源的价值效力和竞争力。

（二）西北农业信息资源协同合作联盟建立的原则

1.系统性原则

从合作联盟性质来看，复杂、开放是其信息系统的基本特性，根据“信息只有流动起来，其价值才得以最大限度地发挥出来”①的思路，正确界定“合作联盟”的建立原则，整合各方的信息资源，描述出一个能供各方达成共识的愿景。这一步走好了，合作联盟就可以把多个信息系统组合成为一个大的社会信息系统。系统性原则是合作联盟的建设基础。如果忽视各个系统的内在需求而进行整合，合作联盟就极有可能变成“花瓶”式的摆设。

2.动态性原则

合作联盟的建立本身就是适应经济和社会环境变化的产物，在某一个时间阶段的优势，可能在另外一个时间阶段会成为劣势，进而也导致联盟系统从优势转向劣势，这种动态特征要求联盟不断进行自我调整，以适应环境变化发挥最佳优势。事实上，农业信息资源建设本身就是一个动态过程。在合作联盟内进行信息协同，实现地区之间、部门之间、单位之间的农业信息处理和业务流程的进一步优化，给用户提供丰富、便利、有效的信息资源服务，实现不同信息系统之间的农业信息互通互连，确保数据可靠、信息安全，满足用户实时可用的信息需求，是可持续性原则的基本内容。

---

①阿里巴巴研究院：《“互联网+”重新定义信息化——关于“互联网+”的研究报告（上篇）》，载《光明日报》，2015年10月16日。

3. 多元化原则

联盟是一个多元利益主体参与的共同体，包括政府部门、各种信息系统、农业科研机构、农业教育机构、大专院校、农业企业、合作社、农业用户等，在联盟发展中每个参与者都有自己不同的参与角色、功能定位和职能要求，这就需要用联盟机制来推动联盟的发展。长期以来信息共享呼声很大，但往往显得力不从心，实现信息资源的市场化配置需要一个科学、有效的路径。联盟之间相互独立的信息系统对各种信息资源、信息的输入输出，起到“蝴蝶效应”式的相互作用传递，从而获取发展优势，最终可通过协同水平的高低来反映。

二、西北农业信息资源协同联盟结构

（一）联盟的构成

联盟类型大致可以分为团结型、分散型、分裂型三种。以各省（区）的农业信息中心为联系单位，加快组建西北农业信息资源协同联盟，通过创办期刊、简报、数据库、网站等形式的信息传播平台，使其成为西北农业信息资源在协同、交流、发布、分析、挖掘、展示、开发、利用、转化等方面的重要平台。各省（区）农业信息中心以此为基地，争取立项建设省级农业信息资源协同中心，作为西北农业信息资源建设与科研主要基地和省级农业信息资源协同服务中心，兼有信息交流、成果转化、数据提取等职能；大专院校、社会和政府等多方投入的模式，鼓励社会资金以公益、分红、参股等方式进行投入。

（二）联盟建设内容

跨区域协同治理主体间的关系应该是协同性的伙伴关系，是跨区域多元治理主体为处理公共事务、实现共同利益而建立的一种正式、长期和稳定的合作关系[①]。其发展优势的内涵应该是合作联盟竞争优势的构建目标，所以联盟优势的强弱也体现了联盟对环境的适应能力（表7-3）。

——西北农业信息资源联盟要围绕农业信息，农业产业技术，农机装备，农业技术，农业的产、学、研、用、服的长效合作机制，推动西北农业产业快速健康发展。

——应该确定由哪一个省（区）来牵头组建西北农业信息资源协同联盟，进一步完善联盟内涵，为西北农业产业发展发挥应有作用。

——在实际工作中，要严格遵守国家和各省（区）相关法律法规，建立健全相关制度，加强内部管理，按照职能和业务范围规范开展工作。

——应该对农业信息资源协同联盟实行动态管理，每年进行考核评价，对不符合要

①丁煌，叶汉雄：《论跨域治理多元主体间伙伴关系的构建》，载《南京社会科学》，2013年第1期第23页。

求的将取消资格并摘牌。每年年底前要有工作总结，有关重点工作情况、存在的困难和问题、工作意见建议等要及时反馈给有关各方。

——各地方农业信息中心均重视信息化平台建设工作，绝大多数已启动或开展了如数字图书馆、自建数据库、专业文献库、信息综合管理系统等的建设。

——在地方农业信息化建设过程中，均存在独立建设运营项目经费较少、技术骨干力量欠缺、数字资源购买能力较弱等问题，自建中小型数据库成本高、竞争力弱，资源的有限性制约了项目的有序向前推进。

——建立西北地方农业信息资源协同联盟平台，有助于减少地方平台建设的资源重复投入现象，突破现有建设所面临的人力物力局限瓶颈。同时，以众筹方式共建共享，可以有效地将有限资源整合提质，符合平台建设的发展方向与趋势。

表7-3　西北农业信息资源协同联盟建设内容

	主系统	子系统
1	农业信息系统	农业管理信息系统、气象信息系统、种子信息系统、农产品销售信息系统、农产品加工信息系统、农机信息系统、生产资料信息系统、动植物信息系统、农业水利信息系统、农产品市场交易信息系统
2	用户信息系统	农业企业信息系统、农业信息服务系统、农业合作社信息系统、乡镇村农业信息系统、农户家庭网络系统
3	农业服务系统	农业银行信息系统、农业保险信息系统、质量监督检验信息系统、工商行政管理信息系统、食品药品监督管理信息系统、文化信息资源共享系统、农村党员干部远程教育信息系统、农村中小学远程教育信息系统、消费者网络系统
4	社会信息系统	农村党员干部远程教育系统、文化信息资源共享系统、农村中小学远程教育系统、农家书屋
5	企业信息系统	农业订单、农产品收购、农产品加工、农业电子商务平台、农业技术服务、农业管理
6	农村公共服务系统	农业水利、乡村交通、农电保障、生态环境、电子商务、农村医疗、农村文化、社会保障、农村金融、农村教育、劳动力培训、基础设施建设、农民能力素质提升、农村公共服务

（三）联盟的信息资源协同能力

联盟建设中的信息资源协同能力至关重要，每个参与者都应该具备一定的信息能力，主要包括：预案（准备预案、发展规划、规章制度、联盟章程等）、经费（政府财政、自筹资金、众筹资金、募集资金等）、装备（通信设施、办公设备、办公场地等）、宣传（形象塑造、媒体公关、社会舆论等）、基础条件（技术能力、信息用户、信息供给、信息需求等）等（见表7-4）。

表7-4 联盟信息资源协同能力构成

规划	感知	管理	协同	执行
制定预案、发展规划、具体计划、规章制度、联盟章程等，具备联盟架构、组织框架、法律法规。	风险评估、风险管理、情景感知、发展趋势、发展方向预测。	信息的收集、分析、挖掘、传播、共享、沟通。	信息资源协同、业务协调、知识共享、系统安全、技术支撑、政策支持、保障措施。	信息管理、信息供给、信息服务、教育培训、学习力提升。

每一个参与者都需要完成好这一任务，才能为联盟建立做好基本的信息准备，使联盟建立在稳固的基础之上，信息准备能力是联盟能力的基础，包括：制定战略规划、方针政策、发展措施的能力，健全的组织架构体系、任务的执行和学习能力，信息的支撑、管理和沟通能力，有效的技术支撑、用户群体和多边合作能力等。

（四）建立联盟信息资源平台机制

大数据意味着要从IT时代进入DT时代，即互联网（骨骼）+大数据（血液）共同构成信息系统的底层架构和用户操作系统，其核心是大数据，大数据具有海量、在线、高频、实时等特点。在西北的农业信息系统中，资源数据、用户数据、管理数据、政府数据等还不足，虽然管理部门有完备的档案资料，但缺乏整理，也难以形成数据，自身的数据资源量是极其有限的。另外，受西北农业信息系统的平台、用户、内容、投入等的影响，西北农业信息数据使用频率较低，动态和互动数据很少，数据基本为静态数据。一个信息系统要完成从传统信息服务转型到现代信息服务系统，无论资金投入，还是人力和物力资源的投入都是巨大的，也是一个单一系统在短时间内难以实现的。因此，加快信息资源协同建设就是最好的发展策略，联盟之间必须实现信息沟通、信息互动和信息共享，才能够实现信息资源协同。

建立联盟信息资源协同机制，首先需要建立一个虚拟的联盟信息资源协同机制，其平台上的数据应该面向各个联盟成员，并将信息资源上传到联盟信息中心，通过汇集、分析和整合，实现农业信息、农业数据库、政府政策、农产品供求信息、农业科技信息以及各类广告等信息的统一播放。这样不仅能够有效促进各个联盟成员单位或机构信息资源库的构建，同时也可以通过发布供求信息资源协同联盟成员之间的信息管理（如信息资源协同委员会、战略合作联盟等）。机构下设专家工作组、合作协调组、政策工作组、项目管理组等。统一的信息资源协同平台，是现代市场监管最基本的基础设施，是信息资源协同的硬件建设，依据要解决问题的性质，在经济效益、社会效益上进一步促进联盟成员的可持续性发展。围绕西北农业信息资源建设开展合作性、协同性和互利性的协同，增进西北各省（区）之间农业信息资源的交流和沟通。

（五）建立西北农业信息资源协同联盟的意向性调查

2015年9月—10月间，课题组调研了陕西农业厅农业信息中心、甘肃农业厅农业信息中心、新疆农业厅农业信息中心、宁夏农业厅农业信息中心和青海农业厅农业信息中心，以小型座谈会的形式围绕“西北农业信息资源协同联盟平台”进行了建设性讨论，了解了各地农业信息资源建设情况，分享了成功的建设经验，并就西北农业信息资源协同联盟平台建设达成若干共识：一是各地农业信息中心均重视信息化平台建设工作。绝大多数信息中心已启动或开展了农业信息网站、农业信息管理平台和数字资源库的规划建设，如自建数据库、专家数据库、信息综合管理系统等。二是在地方农业信息化建设过程中，均存在独立建设、项目运营经费较少、技术骨干力量欠缺、数字资源购买能力较弱等问题，自建中小型数据库成本高、竞争力弱，资源的有限性制约着项目的有序向前推进。三是建立西北地方农业信息资源协同联盟平台，减少了地方数据平台建设的资源重复投入现象，突破现有建设所面临的人力物力局限瓶颈。四是以众筹方式开始共建共享，有效地将有限资源整合提质，符合数据平台建设的发展方向与趋势。

各省（区）对联盟平台建设提出了意见与建议：陕西认为，各地联盟平台建设除依托农业信息中心外，还应积极联系其他涉农单位或寻求相关部门的支持。甘肃认为，联盟平台建设应分为“网络层”和“实际沟通层”两个层面。新疆认为，联盟平台建设过程中，应着力攻克数据采集（从哪里采集、如何采集、如何公开、如何判定真实性）、运作经费、效果评估与验收、特色化协同对接等难题。宁夏认为，联盟平台应进一步对接用户的实际需求，让用户获取的信息能“用得上”。青海认为，建立联盟平台，有助于西北地方农业整体实力的提升。

本课题组的基本设想是，建立共同农业信息资源联盟协同机构，确立联盟原则和共享原则，划分政府信息供给、支持协作和后台保障，防止信息资源碎片化，把西北农业信息资源真正有效地利用起来。这一构想的核心内容，是在确立西北共同农业信息共享后，多方共同设立一个联合协同机构，确定协同原则，联署办公的机构可以设立在各个省（区）的农业信息中心。

三、联盟机制构建的对策与建议

（一）发挥政府推动作用，改善联盟外部环境

联盟协同的主要目标在于通过控制和利用联盟成员的技术、资源与能力，增加联盟成员整体竞争能力，以提高适应环境的能力[①]。目前，联盟建设在农业行业中仍处于较低水平，仅靠自身发展是难于达到发展目标的。探讨适合西北农业信息资源协同合作联

①孟琦，韩斌：《企业战略联盟技术创新协同机制构建研究》，载《商业研究》，2009年第7期第36页。

盟管理体制，政府部门应为联盟单位与农业企业、科研机构、科技机构、教育机构等的合作创造宽松的条件与氛围，加强对合作联盟发展的扶持，制定促进信息资源协同的政策，鼓励这些机构与其他组织或企业组建战略联盟，共同进行西北农业信息资源的开发，推进信息资源协同进程，提升西北农业竞争力，并带动其他相关产业的发展。政府要打破部门和地区间的条块分割状况，促使西北地方农业技术开发、产业布局、市场行情和国内外农业信息的关系和谐发展。

（二）加强联盟信息系统建设，提升信息资源协同质量

选择战略合作联盟形式，依靠相互利益纽带增强信息资源协同的可信度，加强农业信息资源的共建共享，是加快农业信息领域发展的一条捷径。通过同一地区或不同地区间的高校、科研院所和农业企业缔结产学研联盟，缩小各地区的农业技术差距，增强结成合作联盟的匹配能力。这就要强化知识吸收能力，建立人才培育与学习机制。由于联盟的知识溢出效应明显，使得联盟各成员获取新知识较为容易，为联盟获取竞争优势开拓道路。此外要加强构建知识产权管理机制，维护信息资源协同能力。

1.调整好相互之间的利益

联盟建设的关键内容是利益调整，既涉及政府和信息架构之间的利益调整，也涉及信息机构内部的利益调整。要处理好“整体”与“部分”的关系，不能为“整体”的目标而牺牲“部分”的内在需求，在联盟格局中政府的主要作用就是政策引导，以此提高社会参与农业信息资源协同的热情。在联盟内部利益分配方面，应根据福利经济学第二定理（任何资源都能在完全竞争条件下通过交换生产达到帕累托最优的状态），把实现真正的信息资源共享和信息资源协同融为一体，保证联盟内的各种信息资源要素在不同成员之间合理公平共享，防止因要素分配不均带来的两极分化、发展失衡等问题。联盟资源要素主要包括信息资源、技术储备、研发力量、基础设施、人力资源等方面。使边远山区的农业生产得到其他区域的关注或合作，使专家远程诊断系统为偏僻地区农业发展把脉，大大提高信息资源分配的公平度。

2.加大政府的公共投入（或公共购买）力度

在联盟建设初期，由于经费预算较少，信任度较低，往往会使联盟的建立难度加大，甚至“胎死腹中”，这就意味着必须依靠政府制度来“扶上马，送一程”，对部分用户的精准化信息需求进行分析，解决个性化、精准化投放农业公共信息服务，从而有效提高农业生产效率。

3.设立区域农业信息资源协同机构

由于西北各省（区）在地缘、经济、文化上关联度较高，许多问题经常在一起进行协商，如西北图书馆联合会、西北旅游联合会、西北海关通关一体化、西北林业信息共享、西北社科院联席会议以及天水—关中经济区、兰西银（兰州、西宁、银川）经济圈等已成形多年，西北地区的各种合作基础是存在的，也有较大的可操作性。由于我国农业信息系统建设正进入一个整合阶段，先区域推进，后全国铺开，不失为一个好的工作方法，因此，有可行之处。区域农业信息资源协同机构的职责主要是通过定期召开联席会议，为信息资源协同提供有力的组织保障。

（三）实施开放式管理，促进各要素有效流动

“开放式管理”有助于加快信息资源协同进程、缩短信息获取与利用周期、提高管理水平、促进技术转化应用、降低管理风险、提高管理效率。实施“开放式管理”有两类风险：一是丧失对内部信息资源或信息技术的控制；二是过多地放弃内部信息资源集成，导致自身信息资源建设能力下降，信息吸收能力也会因此而下降。“开放式管理”研究限于宏观层面，针对新信息资源开展“开放式管理”，需要有效的知识产权保护、成熟的农业市场以及能够提供支撑服务的服务体系和吸引市场参与的相关政策，还要保持一定力度的信息基础建设投入，来加强对引进新信息技术的吸收与再创新。“开放式管理”强调利用外部信息资源，无论是互相交换农业信息资源、充分应用信息资源在跨行业的溢出效应，还是自己的信息资源在外部转化，若没有足够的吸引力或者用户没有一定的收益都难以保证效果。相比“封闭式管理”而言，“开放式管理”对知识产权保护的要求更高，需要选择适合的方式，借助外界来获取更多的信息，存在难度大、周期长、沟通相对困难等问题。同时，对管理人才的要求也更高，需要懂技术、懂管理、熟悉市场，又精通农业的人才。开展“开放式管理”，内部管理不能因为可以借助外部力量而放弃自身的创新能力建设。在协同层面，主要是加强农业科技信息和适用技术信息的协同，自己必须有开发信息的能力，才能取长补短。

本章小结

信息资源协同是指不同信息系统之间的协同，必然涉及不同业务流程的整合，因此，从整个系统层面出发，要对各种流程之间的业务对象关系进行分析，并且要针对协同机制进行分析。这两者有明显的区别，机制是以“是否满足具体协同目标”为设计前提，而协同是以“是否能满足用户需求”为设计前提。从实施难度上来看，推进农业信息系统间的协同相对容易，因为不涉及系统之间的权责和利益冲突，而跨部门的信息系统协同管理则注定会遇到各种实施障碍。

1.信息要素跨部门跨流动存在制度性壁垒

实现农业信息资源协同，前提条件是各种农业信息要素能够在部门之间自由流动，但由于体制、政策等方面的影响，部门之间仍存在着各种形式的信息要素流动壁垒。第一类是由于部门之间的政策不兼容而形成的。如农业管理部门与其他部门的政策不一致，适用范围局限于行政层面内，无法跨部门延伸至其他部门。第二类是由于现行政策与要素跨部门流动的需求不一致而形成的。如农业、金融、保险的跨部门等相关政策不一，难以协同发展。第三类是当前利益机制下形成的隐性壁垒。如对不同部门或属地的信息公开程度、获取政策信息的渠道、不同地区对信息系统建设力度不一致等都会在信息要素跨部门流动过程中形成隐性壁垒，制约部门之间的信息资源协同。

2.提升信息资源协同基础建设中的采集和应用能力

这是一种真正的同步应对市场的业务架构，在这种业务架构中，政府主导者的概念会被强化，流程设计者、执行者、改造者的角色会被淡化，农业信息系统的各个单元之间的先天协作壁垒有所消除，政府作为主体参与其中，使农业信息资源建设不断得到提升。农业信息资源的协同，要求政府的协同管理机制（组织、流程、作业规则）灵活、高效，政府根据农业产业增长规模等情况适当调整农业信息资源的层级和规模，使农业信息服务适应地方农业经济发展的实际。同时，为了不断提升农业的核心竞争力，必须加强对信息数据的交换共享、智能抓取、智能推送和逻辑相关分析。一方面要不断提高农业信息资源的采集能力。拓宽农业信息资源的采集渠道，全面获取各方各类农业信息资源，以行政沟通获取第三方信息和各类社会信息；以行政管理获取各个农业生产经营主体基本信息；以信息交换获取各种农业情报交换信息。另一方面要深化对农业信息资源的处理和应用。加强对各方信息资源内在关系的梳理，绘制农业数据基因图谱，为有效实施农业管理确定靶子和方向，切实保障农业发展目标的实现。

|第八章|

西北农业信息资源协同要素配置

第一节　农业信息资源协同相关因素分析

西北农业信息系统自身是一个系统，同时又是社会信息系统中的一个子系统。西北农业信息资源协同就是在信息资源管理理论和协同理论的指导下，西北的政府、企业与社会互通农业信息，使西北农业系统有序运行，进而提高农业管理效果和农业经济效益。随着西北农业进入加快转变方式和调整结构的阶段，西北农业信息资源协同的作用越来越显得突出。

一、协同理论下的西北农业信息资源协同审视

（一）西北农业信息资源系统中的协同现象

Haken认为，系统运行可以分为两种状态：如果该系统主要依靠外部作用运行，那就是他组织；如果系统是按照某种规律有序运行，就是自组织，并且一个系统的自组织能力越强，其产生的新功能也就越强[①]。系统理论把系统运行分为三种：孤立系统，不受外部影响或受外部影响很少；封闭系统，与外界隔离，但与外部有着一定的信息和能量的交换；开放系统，与外部保持着信息、能量与物质的交换[②]。目前，西北农业信息系统是一个开放系统，它是整个社会信息系统的一个部分或一个子系统，西北农业信息的竞争与协同构成西北农业信息系统的矛盾统一体，西北农业信息系统在市场的作用下，不断地进行改革和完善，使系统组织的形成、演变走向正常有序。从西北农业信息资源协同的角度来看，西北农业信息资源协同不能简单理解为西北政府信息公开，更重

①曾晓洋：《协同经济与企业运营战略研究》，载《华中师范大学学报（人文社会科学版）》，1999年第4期第138页。

②Haken H. Information and Self-Organization[M]. New York: Springer - Verlag，1998.

要的是通过西北信息资源协同机制的建立，将西北各个部门的各类涉农信息进行全面汇总与梳理，正确处理政府与市场、信息资源供给与用户信息需求之间的关系，科学划分政府各部门的信息权力，实现西北信息资源建设的有序化发展。

（二）西北农业信息系统自组织协同特征

耗散结构理论创始人Prigogine认为，一个系统的运行从无序到有序，关键是该系统与外界有信息、能量和物质的交换。大系统中各子系统的相互作用就是系统的自组织作用，钱学森认为“系统自己走向有序结构就可以称为系统自组织”[①]。自组织理论的基本思想也适用于西北农业信息系统，因为，西北农业信息系统本身是一个既受市场信息供给的影响（外部影响）同时又受西北政府农业管理的影响（内部作用）的开放系统。根据上述系统自组织协同原理，协同最本质的含义就是发展（见表8-1）。

表8-1　西北农业信息资源协同发展阶段及特征

阶段	主要影响因素	特征
萌芽阶段	区域环境、偶然因素、政府支持	农业产值较小、销售收入较少，信息需求较少
成长阶段	信息关联、经济关联、外部需求	农业产值、销售收入增长快，信息需求较多
成熟阶段	信息协作网络结构形成	生产增长快速稳定，信息资源协同效应显现
衰退阶段	运行机制失效、市场失灵	农产品结构调整，信息供给无序
升级阶段	系统重组、创新系统、政策引导	产业结构优化，信息供给与服务相适应

二、西北农业信息资源协同的路径选择

（一）农业信息资源协同的概念界定

农业信息资源协同是随着农业现代化的发展及信息技术广泛应用而出现的一个全新的信息资源配置机制，这个机制是覆盖整个农业系统的信息资源共享，用户之间链接交互形成联盟或共同体，体现了信息要素的作用，是战略、服务、市场、发展等要素竞争、交换和协调的结果。信息要素作为协同过程的序参量，支配着各非序参量要素的作用，主宰着整个农业信息系统的演化进程，最终实现农业信息的协同效应。从协同结构上看，我们可以用系统的方法论把农业信息资源协同视为一个总的信息系统，之下又可以分为几个大的系统，大系统按不同的性质、作用、功能又分为各个不同的农业信息子系统，它们相互协作、相互促进。

①钱学森：《论系统工程》，湖南科学技术出版社，1982年版。

应该强调的是，农业信息资源建设与农业信息资源协同是两个不同的概念。从技术范式看，农业信息资源建设与农业信息资源协同是两种有区别的信息生产方式。从这一意义上讲，两者之间客观上既有某种联系性，又有一定的自身特殊性。农业信息资源协同是理念，是在农业信息资源建设基础上实现信息价值更高、更为充分的信息获取与利用的机制（见表8-2）。

表8-2　农业信息资源建设与农业信息资源协同特征比较

	农业信息资源建设	农业信息资源协同
技术方面	各个系统相互独立 以信息资源为中心 以单一技术为中心 单方向、逐次信息系统 管理系统集中 条块分割，各自为政	新方式（方法的多样化） 双方向、同时并行信息处理系统 以信息获取、利用和挖掘为中心 电子信息与行政沟通结合 以软件、智能技术为中心 分散型局域网络管理系统
管理方面	物质财富经济 以政府集权型为中心 信息资源的部门垄断 以生产为中心 以产业资金流动为中心	信息经济 以信息分散自立型为中心 信息资源社会化 以现代农业为中心（整个产业） 以智能控制为方向

（二）西北农业信息资源协同的发展目标

自改革开放以来，西北农业信息资源有了快速发展。从现有的西北农业信息体系来看，目前已经形成了稳定的信息系统架构，但总体上这一信息系统还处于混沌状态。依据哈肯协同学理论，混沌状态的初始阶段的组织结构，也是一个混乱无序的组织结构。但西北农业信息系统又不是完全混乱的，只是表现出信息资源条块分割状态，所以，可以判断西北农业信息系统正处于一个从混沌到有序的过渡阶段，即从割裂状态到有序发展的状态过程。西北农业信息系统的各个子系统受政策影响，相对变化较大，尤其是大数据使西北农业信息资源建设发生了结构性的变化，旧的建设范式不再有效，应该建构一个更为有效的信息获取与利用的机制，一些系统与系统之间开始融合，逐步形成了西北农业信息的协同机制。

从西北农业管理与发展的关联关系上说，西北农业信息系统可以分为区域空间系统、跨区域空间系统、行业空间系统、跨行业空间系统以及纵向系统、横向系统等等；从系统运行的角度看，各个系统空间是各个系统交叉、融合、渗透、竞争的空间（见图8-1）。

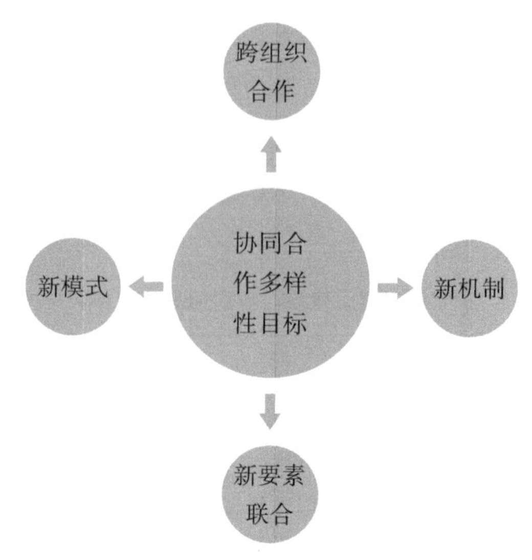

图8-1　农业信息资源协同合作多样性目标

课题组认为，西北农业信息资源协同可以从虚拟网络空间和现实物理空间两个方面展开，信息资源协同的新定义有以下几个特点：①系统性。充分发挥信息的价值是协同的本质和目标。②边界性。西北农业信息资源协同不可能包括一切，范围有大有小，区域为西北地区。③全面性。协同的信息涵盖所有的农业信息资源，包含信息的传播、目标、集成、扩散等信息要素。因此，为实现协同目标，不仅要有政府力量，而且还要综合社会力量和企业力量，才能为协同奠定有效基础。④长远性。西北农业信息资源协同不能仅看眼前和当下的效果，还必须着眼长远，需要通过长期的积累，才能够实现这一目标。⑤实践性。西北农业信息资源协同是信息科学的规划体系，由诸多复杂环境通过具体的政策和规划来推进。

1.农业发展面临的约束与挑战日益凸显

农业发展的全面提速，有效应对了农产品市场的波动，粮食生产实现了“十二连增”（2003—2015）的高目标。目前，支持农业发展的各种资源要素和生态环境已经到了极限，制约农业现代化发展的农业科技的推广、储备及扩散能力不强，农业生产效益偏低，国际竞争压力大，农业劳动力结构性短缺日益严重，新型农业经济体系尚不健全。20多年前，世界著名的信息科学家曼纽尔·卡斯泰尔在他的著作《网络社会》一书中用了一个词“流动空间（flor space）”，认为今后的生产和管理都将以互联网为空间，这一“新流动空间”将会改变人类几千年的生产生活方式。农业信息研究的关注点转移到国家宏观经济形势、大宗农产品价格走势、农业发展趋势上。西北农业信息系统是一个相对独立而又开放的复杂巨系统，在信息技术快速发展、区域经济一体化以及外部环境不可预测变化的情况下，西北农业信息系统必须建立起良好的系统内部和外部的协同运行机制，以信息资源共享、信息资源开发、信息能力建设来促进西北农业经济发展，应对环境变化所做出的适应性变化并做出主动性的调整，以此促进西北信息系统整体的竞争优势和可持续发展。

2.西北农业信息资源建设已经得到全面发展

进行西北农业信息资源建设必须找准位置，推动西北信息资源建设与西北信息资源协同密切融合，抓好典型示范。找到西北农业信息资源协同的突破口，为西北农业信息资源协同提供体制保障。近十几年来，西北农业信息资源建设喜忧参半，喜的是西北农业信息网络迅速普及、农业电子商务飞速发展、信息技术在农业生产经营中不断应用。同时也出现过种种争议，如烧钱、信息鸿沟、行政化等，但政府通过信息工程、信息技术、顶层设计、管理标准、加大投入、制度建设等措施，类似问题已经被或正在被一一化解。当前，西北农业信息资源需求正倒逼着西北农业信息资源管理的大变革，西北农业信息用户期望提高农业信息资源的服务质量和信息管理水平的呼声越来越强烈，加强西北信息产品创新，提高西北信息资源协同能力成为明显趋势。与传统的农业信息管理相比，农业信息资源协同理念起步较晚，只有进行差异化发展，才能立足市场，有力保障西北农业产业转型升级。

（三）西北农业信息资源协同的路径选择

目前，国内的农业信息资源协同路径大致可分为四种类型：一是由中央制定的国家农业信息资源协同路径。二是由农业管理部门按照农业信息资源建设需求进行的农业信息资源协同路径。三是由地方政府或农业管理部门针对农业发展制定的区域农业信息资源协同路线。四是由各个信息系统之间进行的农业信息资源协同。不论何种方式，其目的是打破各个子信息系统运行中彼此间的封闭，通过各个子系统间的相互作用推进与系统外能量、物质的交换，在各个系统协同运动的过程中，由于子系统间诸要素非线性竞争与协同，进一步推动系统的自组织运动来寻找到更适应它发展的环境，最终产生整个系统新的演进，进而实现系统目标的新发展。

西北农业信息资源建设在考虑市场定位时，首先要对西北农业信息用户进行细分，根据用户的信息需求特点和信息系统的功能选择合适的用户群。西北农业信息资源协同要立足西北，一是西北农业企业。西北农业企业在西北农业经济发展中具有重要地位，积极拓展西北区域内农业企业的合作，将经营规模大、经营状况良好、信息需求程度较高的企业纳入重点服务群体，提高西北农业信息资源协同效率和信息服务质量。二是西北农业管理生产经营主体。西北农村市场化改革正在如火如荼地进行，以农业管理与生产经营为主的现代农业信息资源协同已经成为西北农业发展的趋势。西北农业信息资源协同要积极探索农业主体之间的有效信息资源协同方式，深入了解腹地内农业合作社经营情况，建立针对西北农业发展的信息资源协同体系，优化信息资源协同流程，满足农业合作社的信息需求，抢占未来农业信息资源协同领域的制高点。三是西北农业信息用户。目前，西北农业生产经营正在进入由种养大户主导转向农业企业主导的农村经济转型的新时代，农业信息需求总量不断扩大，信息结构升级加快。现有的农业信息服务水平较低，用户满意度不高。通过细分市场，确定目标用户群，积极拓展协同业务，打造优势信息资源协同链。西北信息资源协同要改革传统管理的弊端，提升信息服务理念，加强西北新信息产品的开发，满足种养大户日益变化的信息服务需求，利用个性化服务努力打造不一样的西北农业信息生态。

三、西北农业信息资源协同中政府管理体制改革的内容分析

（一）西北农业信息资源协同在农业信息体系建设中缺位

西北农业信息资源协同机制是随着信息社会的发展必须建立的一个新机制。目前，在政府层面还没有为信息资源协同做好政策准备，因此，西北农业信息资源协同对西北农业产业来说只是一个信息价值的提升。不同于地方自下而上的信息服务演进，信息资源协同主要源于信息技术的变化，管理体制要从政策出台、经费落实、机构设置等方面着手准备。农业信息资源要摆脱人际传播的束缚，以农业信息资源协同的理念，通过政策引导和法治监管，推动西北农业信息资源协同体制改革。对于欠发达的西北地区来说，制度创新、体制机制创新远比理论创新、科技创新重要得多。鉴于政府是制度创新、体制机制创新最重要的主体，今后要以解决制度创新严重滞后为突破口，围绕破解西北农业经济社会发展突出问题的体制机制障碍，倒逼政府转变职能，提升效能，全面深化改革，增强改革意识，提高改革行动能力。通过政府增强基本公共信息产品与公共信息服务供给保障能力，来破解西北城乡“二元经济”的困局。

（二）农业信息资源协同是农业信息管理进入高级阶段的体现

新中国成立以来，农业生产从生存困难到安身立命、精耕细作、产量第一，从计划生产到全面放开，这种生产方式适应了当时农业经济发展的需要，进一步增强了农业发展对农业信息的需求。随着时间的推移，出现了以市场要素参与为特点的经济全球化架构，促使用户产生了新的信息需要，农业发展到了需要农业信息资源协同的阶段，农业信息资源协同绝不仅仅是一个管理多少信息系统的问题，而是解决“脖子以上”的顶层设计问题，实现农业信息资源建设和用户信息需求的有机统一，让信息系统的“中枢神经”更加高效、灵敏。当然，农业信息资源协同肯定会触及部门利益，这往往比触及灵魂还难。如何进行体制机制构建，这个问题已实实在在摆在人们面前，信息资源协同的关键节点不在下层，而在上层，在农业信息资源管理部门。实践证明，以往信息资源协同困难重重，或在于标准不一，或在于政策模糊，或在于技术条件不成熟等等。如果信息资源协同建设各自为政，信息服务更像是装点门面，而非解决问题。信息资源协同的理想结果是：农业信息资源建设将形成以农业部门管理为主，通过信息资源协同与农业

生产主体两条线顺畅运行，形成一个崭新的农业信息组织形态体系，促使农业信息资源得到充分应用。现在的问题是新、旧信息系统叠加，且旧系统占主导，进一步构建起以“农业信息系统”和“涉农信息系统”为支撑的现代农业信息资源协同发展新体系，是推动西北农业协同的主攻方向，也是适应从传统信息管理转型升级成信息资源协同管理的变化，也是今后农业信息管理的一个趋势。

（三）西北农业信息资源协同难点思考

“信息资源协同”已经形成了一个新的词汇，具有新的意义，而且形成了信息协调-信息沟通-信息联络-信息资源协同等词语之间的新组合，从而形成了一种新的定义链条。当下西北农业信息资源协同呈现出了一种“弱综合模式”，是以“扩散模式”为基础，不断向“集中模式”发展。这种“弱综合模式”主要体现出了五个特征：①技术不断进步。②信息与经济的关系越来越密切。③体制改革步伐在加快。④经济一体化受到重视。⑤协同思想被普遍接受。

1.西北农业信息资源管理的转型

从一定意义上讲，西北农业信息资源管理的转型是管理思想和管理方式的转型。把西北农业信息资源的建设和利用适当分开，将行政管理和市场培育适度分离，符合西北现代农业经济发展的规律，目的是提高西北农业信息资源的利用效率。西北市场的快速发展，使各种农业信息资源协同主体相互分离，致使信息管理机构摆脱庞杂的信息管理工作，专门负责对农业信息资源进行协同管理，保证农业信息资源充分有效地利用。目前世界各主要发达国家，都在积极进行类似的农业信息管理体制改革，从国内农业信息归口管理，特别是将跨部门、跨行业的信息资源建设与利用全局的重大事务有效统一起来。

2.西北农业信息资源协同体制机制的构建

近年来，西北农业信息资源的管理职责还不完善，服务层面的协同联合体制还没有建立，遇事靠临时建机构、搭班子，比如临时成立的“领导小组”“协调小组”即是如此。协同为一种新型的信息资源管理模式，各信息系统协同联合体制是让农业信息服务下沉、服务范围扩大，农业信息资源协同机制体制的建设是实现“纵向为主，横向协调”的格局，实现从最高决策层到农业管理部门、农业企业和农场、农产品市场三层面的信息资源协同。

3.新旧信息系统在叠加中不断优化

由于信息不畅或滞后等因素，农业信息资源始终无法以一个独立的身份进入社会管理体制，一些信息资源协同职能庞杂，各信息系统既要担负行政管理建设等职能，又要担负服务职能。社会力量的农业信息资源协同能力与农业部门信息系统是信息资源协同体制无法取得长足进步的根本原因。而在新旧信息系统叠加的过程中不断进行优化比较，使其符合现实情况，也符合温和、逐步、渐进信息资源协同的目标要求。西北农业信息资源建设正处于重要发展机遇期，农业信息服务的内涵、条件正在发生新的变化，农业信息资源协同越来越接近用户目标，但也面临着诸多挑战。

四、西北农业信息资源协同中政府角色定位

（一）国内农业信息资源管理体制与国外比较

虽然信息资源管理在一定程度上能够满足农业生产需求，但在信息资源建设的重复建设和资源浪费上存在诸多问题，亟待从信息资源协同上做出改进。

1.管理体制总体分散，不适应信息资源协同原则

管理体制上的“条块分割”沿袭了行政管理的层级体制，在农业信息资源管理的权责安排上具有分散性，打破了信息流的完整性，不适应现代农业信息资源协同发展趋势。我国农业信息资源管理体制和权责与发达国家广泛采用的由高层专门机构进行统一管理的体制不尽相同（见表8-3）。

表8-3　国内农业信息资源管理体制与国外比较

	项目	国内	国外
体制	概述	按性质横向分置、按环节纵向分置	高层级、统一、权威、有效
	机构	1.条块分割 2.管理分散（按部门）	集中、专门、覆盖各个环节
	层级	自上而下(多头管理)	高层级
	权责	1.决策、规划、执行、管理、监督职能分散，规划职能强 2.市场化程度低	1.决策、规划、执行、管理、监督多合一 2.市场化程度较高
机制	制度	缺乏专门法律，权责不清	法律确定相关主体权利
	体系	1.框架体系基本完成 2.缺乏协同机制	较为完善

资料来源：课题组整理。

从机构设置上看，我国的机构设置主要依据部门权责，“条块分割”现象突出，缺乏高层、统一、独立的管理机构。信息链理论认为，在信息传递中要把各个节点成员看作一个整体来进行集成化分析，而不是将其看作一个孤立的点，从一定程度上减少信息传递过程中易出现的信息失真、信息延误、信息孤岛等问题，使信息利用和传递价值效

率更加优化[①]。信息资源协同涉及多个部门、多个环节，信息管理权责分散于各个部门，没有体现现代信息管理的协同要求，目前尚未形成国际通行的高层级、统一管理的农业信息资源管理体制。

2.信息资源协同不足，各系统协同能力差

由于体制所限，信息资源的协同性明显不足，尽管农业信息化程度有了较大发展，农业信息系统也相对完整，但各个系统之间缺乏有效衔接，也缺乏相对完整的管理体系。目前，尚无统一的农业信息公开制度，信息分散管理、缺乏部门间的协调与沟通、信息资源整合进展缓慢等都是影响信息资源协同的重要原因。同时，人才不足与经费保障较弱的问题也比较突出，专业管理人才短缺，经费投入明显滞后于信息需求。信息管理的思路仍然集中于规模供给，而忽视结构供给，尤其在管理机制上的改革鲜有人问津。

（二）中央与地方的信息资源管理权力比较

1.政府的公共信息管理与市场管理边界模糊

虽然宏观政策理论能够提供一些评价评估标准，如公共管理理论、公共产品理论、委托理论、博弈理论等，但现实的农业信息资源管理中存在着大量的“真空地带”，而微观层面上的管理标准和技术手段往往已成为农业信息资源建设的关键环节。西方发达国家的农业信息资源建设经过近百年的探索，形成了适度集中与分权、责任法定和公共信息产品范围限定三大原则。我国农业信息资源建设领域的特殊性在于，党的十一届三中全会确立经济体制改革首先在农村改革，开启了农业信息服务公益性建设工程，反映出我国在政府责任方面划分了中央与地方公共事权责任。目前，我国农业信息管理制度基本确立，中央与地方的管理责任也分工明确（见表8-4）。

2.应建立划分政府权责的边界

农业信息资源的充分开发与利用，在具体的管理过程中存在着政府权责的局限性，即信息资源管理的一般性原则无法包容农业信息资源管理的特殊性要求。我国农业信息领域的管理在内涵上有两个特殊性：一是农业产业的弱质性，农业信息管理实行以农业管理部门为主，与其他相关部门条块管理相结合的管理方式；二是农业信息服务的政府公益性行为和大量的“准公益性”信息服务的存在，既承担了政府公共信息服务的责任，又承担了市场责任。相比发达国家农业信息管理相对清晰的责任边界，我国农业信息管理的责任边界较为复杂和多样化。因此，需要对政府责任进行梳理，制定一定的技术标准。关于农业信息管理责任的基本特征，课题组认为，可以以“信息服务范围、信息基础设施、信息资源协同难度”三个要素来建立中央与地方政府农业信息管理的原

---

①马媛，姜腾腾，钟炜：《基于信息链的高校产学研协同发展机制研究》，载《科技进步与对策》，2015年第6期第35页。

则。充分考虑农业信息服务的范围、信息资源协同的复杂性和技术设施的不对称性，将农业信息资源协同落实到政府管理责任上。按照行为管理原则，农业信息资源协同由中央来进行全国农业信息系统的顶层设计、投资管理和监督，相应地中央政府负主要责任；属于跨地区、跨行业、跨部门的信息系统管理，可以由中央政府督促，以地方政府为主进行提供、协调、协同等的管理。目前主要是由部门进行管理，其中的交叉管理最为复杂，信息资源协同难度最大。尽管在农业信息管理体制方面为同级政府，但由于信息系统的投资渠道、项目来源、价值属性不同，这些信息系统可能涉及更为广泛的服务及多部门利益，这就必须由上级政府来进行协调、重组或合并。从农业信息资源服务的对象和效率方面来考虑，中央和省级应该定位于决策者、评价者和监督者、主要农业信息系统的提供者和主要农业信息资源建设的投资者；地方政府应该定位为具体责任的分担者、执行者、管理者、提供者，以此来强化农业管理部门的农业信息资源协同责任。

3.需要建立一个跨越行政藩篱的协同机制架构

我国农业信息管理处于探索发展的转型过程中，政府、市场、个人等主体之间的各种关系没有得到厘清。一方面，政府承担了无限责任，政府过度介入市场领域，甚至包揽一切；另一方面，政府职能并没有得到充分的发挥，中央与地方政府责任交叉重叠。出现农业信息资源配置责任上的“错搭”。目前，我国的农业信息系统管理受制于体制划分，在“五级行政”架构环境下，使得中央与地方农业信息系统的同构，农业信息资源协同在客观上存在诸多困难。地方管理体制中的“上下对口，职责同构”几乎在政府各个部门中延伸，科层结构的事权模式复制，传递于各个层次的行政机构。因此，建立市场化的农业信息资源协同机制架构，形成信息资源协同的宏观管理是较为理想的信息资源协同机制。从全球化程度越来越深入和区域经济一体化的角度来看，明确中央与地方农业信息管理清单和责任，使地方政府有更大的操作空间和权限，是创新农业信息管理制度、科学合理促进农业信息资源协同的基础所在。通过确立农业信息资源协同责任清单，明确政府、市场、社会等行为主体之间各自责任。如何建立地方农业信息资源协同责任清单？课题组认为：一是从顶层设计上放权。政府对农业信息资源协同清单与政府职责是相对应的，政府为农业提供信息服务是政府提供公共服务的职能。二是让渡政府的部分权利。充分发挥信息系统和社会力量的自组织功能，让有优势的、符合条件的、具有资质的信息系统承担农业公共信息服务职能，尽量减少政府对农业信息领域的微观干预。三是强化政府的信息资源协同责任。根据信息资源管理理念，强化政府为农业信息用户提供基本的信息保障，为农业信息用户提供均等化公共信息服务，政府应对政府各个部门的信息资源持续有效整合，构建一个良好的信息资源协同环境，并将协同职能落实到协同清单具体责任中。四是明确不同层级的政府管理职能。在现有的行政体制下，建议将农业信息管理责任适当下移，通过权力划分界定地方政府的权利边界，切实解决政府权力“越位”和“缺位”的问题，是目前地方政府责任中的信息资源协同主要职责。

表8-4　中央与地方主要农业信息资源管理责任划分

类别	项目	受益范围			行政效率			技术难度			主体		责任划分
		本地	区域	全国	低	中	高	低	中	高	中央	地方	
信息管理	信息法规与发展规划			√			√			√	√		中央为主，分级负责
	政府农业信息系统	√	√	√		√				√	√	√	中央为主，分级负责
信息服务	产前（种什么）	√	√	√	√			√				√	地方为主，中央辅助
	产中（生产管理）	√	√	√			√	√				√	地方为主，中央辅助
	产后（农产品销售）	√	√	√	√			√				√	地方为主，中央辅助
信息设施	数据库	√	√	√		√				√	√	√	部分由政府购买或提供
	信息传输（网络）	√	√				√		√			√	部分由政府购买或提供
	广播电视电话	√					√		√			√	部分由政府购买或提供
	相关信息产品	√			√				√			√	部分由政府购买或提供
信息交流	农产品	√			√			√				√	地方主导
	农业技术	√			√			√				√	地方主导
	农业项目	√			√			√				√	地方主导
	农业产业	√			√			√				√	地方主导

资料来源：课题组整理。注：√表示责任范围。

（三）农业信息资源协同的空间布局

协同论为构建当代农业信息资源建设秩序提供了新的视角与路径，使其成为实现信息共享、信息充分利用和信息需求与供给密切结合的有效途径。信息资源协同的空间布局需要考虑两个方面的问题：一是行政管理层的需要；二是信息用户层的需求。最终形成一种动态性的均衡。农业信息资源协同体现出以下特征：

1.整体性

农业信息系统的复杂与多元，使农业信息资源协同最终指向农业信息系统服务本身，建立“多层次、有弹性”的农业信息资源协同方式，通过各方面密切沟通，以最可靠、最有效的方式，切实维护各方面的利益，特别是战略利益。

2. 信息链

必须有多个或多层的信息系统构成的系统群落，形成上下游的信息生成和信息服务链。以此来提高各个农业信息系统的协同度，加快农业信息管理体系的构建，建构出科学、合理、有序的农业信息资源管理体系。

3. 多中心

多中心是信息资源系统网络化、扁平化的必然，这个多中心与行政管理上的中心并不完全相同，它是以某类信息为核心，各个信息系统是共生共享关系，而不是行政层级管理关系。

4. 用户满意

用户的信息资源获取和利用不再是被动型，而是开放获取，并且能够满足用户差异化、个性化的信息需求。

信息系统不同层面的信息资源协同配置，存在许多现实的问题，只有对这些问题进行深入的分析，充分考虑它们对农业信息资源协同的影响，才能够实现信息资源协同机制的建立（见表8–5）。

表8–5 信息系统不同层面的信息资源协同配置现实问题分析

类别	内部组织层面	运作管理层面	经济效益层面
协同什么和为什么协同	集成系统中不同要素以完成共同的配置任务	通过资源合理配置安排所有决策和系统目标	改进系统运行经济效益以达到资源供求协同均衡或帕累托最优
协同配置问题的起因	◇资源依赖性；◇环境不确定性；◇目标冲突；◇组织结构复杂性；◇工作的分离；◇有限理性	◇信息不对称；◇分散化决策；◇运行环节耦合性；◇战略目标导向性；◇要素自组织性；◇系统自适应性	◇信息不对称；◇自利性或机会主义；◇市场需求多变性；◇分散化决策；◇追求规模经济；◇追求范围经济
阻碍协同配置的因素	◇信息和资源不足；◇资源利用无效率；◇关系不可协调性；◇行为延迟性；◇结构失衡	◇信息失真；◇层级计划不协调；◇局部优化；◇多目标性；◇决策失误	◇隐蔽行为；◇经济无效率；◇多重均衡；◇激励不相容；◇利益冲突；◇需求放大问题
协同配置战略和实现机制	◇提高信息处理能力；◇规则程式化；◇层级目标设置；◇松弛资源；◇独立的任务；◇横向关系；◇计划和预测	◇信息透明；◇信息共享；◇资源集成整合；◇协作计划编制；◇决策中心化；◇激励和补偿；◇分配规则	◇监测和管理；◇激励契约；◇风险担保或补偿；◇奖励或处罚；◇减少选择的自由度；◇搜寻附加信息；◇服务集成

资料来源：课题组整理。

资源协同是一个棘手的问题，国外做得相对好一些，但也并没有完全解决这一问题。从国内情况看，协同机制运行主要体现在结构性协同和程序性协同两个方面，即中央政府宏观政策的制定统筹与地方政府政策的具体落实与执行。因此，应该采取人工参与和智能信息采集结合的方式进行：一是安排专人进行工作的协调、沟通，对协同的农业信息资源进行分析和预测，从信息分析中发现热点。二是按不用业务需求在网络上发出农业信息资源协同的要求，对采集到的农业信息资源进行排重、计算、归类、初级判断等，根据协同路径、内容要素进行农业信息资源的传递。

五、农业信息资源协同需要与时俱进

任何概念都是人创造出来的，哈肯提出协同理论的目的是分析信息系统有序发展的问题。随着时代的发展、环境的变化和研究的进步，农业信息资源协同的内涵也在不断地进步、丰富和充实。就内容而言，协同涉及农业信息、农业科技等诸多领域。其空间范围既包括农业领域，也包括非农业领域，同时，层次也比较复杂。农业信息资源协同打破了狭隘的农业信息系统隔离状态，构建农业信息资源协同机制是农业信息系统整体性协同的客观要求，也具有现实基础。西北农业信息资源协同机制的构建应当满足西北农业经济融合和整合的互动。协同学不仅是一种方法论，同时也是一种理论与实践相结合的范型，探讨农业信息资源协同与农业信息资源建设的“对接”，可以增加我们对协同机制理解的理论维度。因此，协同理论既具有生发力，又具有反思性。

（一）农业信息资源协同的理论内涵及特征

1.核心内涵

协同既不是物理层面的简单合一，也不是融合各系统来相互取代，而是各系统之间的协调、协作形成的协同。农业信息资源协同是各农业信息系统之间信息业务和信息服务的相互进入、渗透、联通，其内涵包括信息共享、设备联通以及技术、管理、市场层面的协同。农业信息资源协同已经是现代农业信息管理的重要内容，其内涵、实质应当与现代信息管理理论一致。所以，其核心内涵就是农业信息系统的运行（管理）要从无序（混沌）发展到有序（协同），从而达到提升农业信息资源的使用价值、提高信息资源利用率和提高农业信息用户满意度（“三高”）目的。

2.主要特征

农业信息资源协同能够保证“三高”目标（高效率、高质量、高速度）的实现，是因为它有三方面的特征：一是可以为农业信息服务提供更为广泛和丰富的信息内容，进一步满足农业信息用户的需求；二是合理建设农业信息资源，为以后的农业信息资源建设打下基础；三是可以在网络环境下实现农业信息资源开发无缝聚合，创造出比原来“单打独斗”或“各自为政”更大的信息价值。

（二）农业信息资源协同的嬗变

事实上，任何理论随着社会的进步而不断地发展更新是必然的，协同理论也不例外。协同理论的更新，已经在各方面产生了一定的影响。

1.协同观念的更新

协同的本质是从无序到有序，协同观念是从系统学角度对系统运动做出的最高层次的抽象与概括，所以，系统与系统之间，系统内部各个子系统之间的运动必然是在“一定条件下”从“无序”到“有序”为标志的思想，即系统在自组织状态下，用户通过系统的信息资源供给，自主探究信息资源的构建，而农业信息资源协同则需要通过农业信息系统深层次的“组织运行”即“一定条件下”进行信息资源协同。而以信息资源整合为条件的协同思想指导下的协同观念，则兼取了系统的“无序→有序”和“条件（整合）→协同”之所长，强调以政府主导下的“信息资源整合”来加快信息资源的高效利用，进一步推进协同步伐。

2.协同方式的变革

信息技术的进步、信息系统结构的变迁，衍生出诸多问题，这是系统发展的必然结果。信息资源协同可以提升信息管理理念、转变政府职能、完善管理体制和积极引导社会其他利益主体共同参与，构建无缝隙覆盖的信息系统，进而降低建设费用和信息的获取利用成本，实现信息资源建设的良性运转。从实践经验看，农业信息资源协同方式主要有两种：一种是各个部门之间的协同方式；另一种方式是以技术为媒介（主要是互联网技术）的协同方式，而这种方式由于技术的变化，可进一步细分为网络服务系统、远程诊断系统、云计算、大数据等多种形式。从目前情况来看，主流是技术方式，以信息技术为媒介的信息资源协同方式日益产生重要影响，并逐步成为一种主流方式。事实上，当前的“互联网+农业”的主要方向就是后一种技术方式。西北地区自20世纪90年代以来十几年的农业信息服务实践表明，农业信息服务的自组织固然重要，但通过信息资源整合下的服务水平提升更为有效，优势也更加凸显。

（三）农业信息资源协同的新特征

自进入21世纪以来，协同一词在有关的学术会议、学术刊物以及政府工作规划中逐渐兴起。可以肯定地说，20世纪70年代哈肯提出的协同论，在今天的中国得到了发扬光大。因为近年来协同一词得到特别的关注并日益流行，是因为被赋予了一个新的内涵——整合。协同的原有的核心含义是有序，即两个以上系统在自组织状态下通过系统之间的涨落运行而实现系统运动的有序化。目前的实践过程中，协同赋予的新内涵是指把各个系统的资源进行整合，既要发挥主导系统的作用，又要充分发挥子系统的主动性、积极性和创造性，这与20世纪90年代学者们提出的信息资源“整合”不谋而合，这是建立在建构主义基础上“以需求为中心”的管理思想。从表面上看，这种协同思想的转变似乎脱离了哈肯的协同本意，而实质上是理论的螺旋式上升，也是结合了中国国情及互联网思维的认知，表明社会发展对信息资源协同的认知，是协同理论的深化和提高。总之，信息资源协同从理论到实践经历着大变革，认清以改革为核心、以信息技术为手段、以服务用户为目的的信息资源协同的意义及影响，对于推进信息资源协同发展具有积极的启发性意义。

第二节　西北农业信息资源协同的战略审视

信息资源协同的内因，即信息系统深层次的运行理论（深度融合）；而信息资源协同相关理论则涉及信息资源协同的外因，即一定环境下影响信息资源协同的客观因素，这包括了理论与实践相结合的创新探索，这种探索在以“协同促发展”的带动下引起了人们的高度关注，同时拓宽了人们的视野，引发了人们对协同理论及实践的思考。

一、西北农业信息系统建设状况与发展趋势

（一）农业信息系统建设内容

农业信息系统是一动态系统，即随着农业发展需求及信息技术的变化而不断发展变化的。目前，主要的农业信息系统包括5个方面：①农业信息发布系统。如农业网站、农业广播、农业电视频道、报刊中的农业信息专栏、手机农业信息等。②农业管理信息系统。如农业网站在线办公系统、农产品检测系统、农业监测系统、农业信息专线系统、农业信息专报系统、农业信息办公系统等。③农业信息预警系统。如天气预报系统、农情分析系统、动物疫情防控系统、农作物病虫害防控系统、农产品供需系统。④农业信息采集系统。如农业信息采集系统、农业信息统计系统、农业政策分析系统等。⑤农业生产经营系统。如农业生产资料供需系统、农产品交易信息系统、农业电子政务平台、大宗农产品期货交易信息系统等都已经建成并投入使用，在农业管理方面发挥了重要作用。从农业信息资源协同的角度看，可以把农业信息系统分为农业农村信息采集系统、农业网站系统、农业农村信息数据库系统三个系统，子系统包括生产信息系统、经营信息系统、管理信息系统、信息服务系统四个系统（见图8-2）。

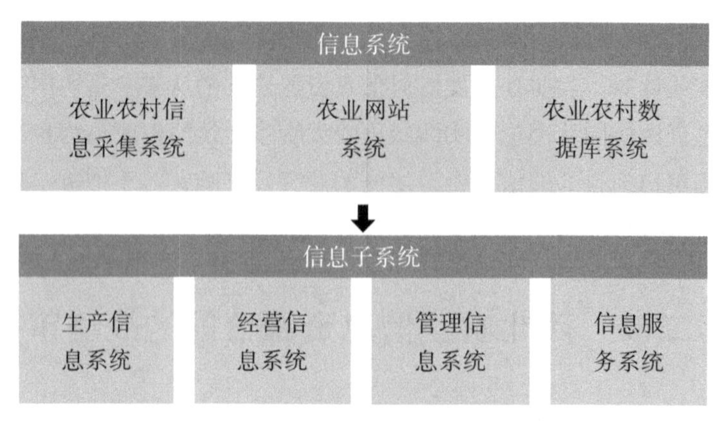

图8-2　农业信息系统架构

农业信息子系统包括生产信息系统、经营信息系统、管理信息系统、信息服务系统四个系统，主要的农业信息子系统有：职业教育系统、基本医疗保险系统、社会养老保险系统、最低生活保障系统、农业科技推广系统、动植物疫病防控系统、农产品流通系统、农业生产资料系统、农业生态保护系统、精准扶贫系统、防灾减灾系统、农村金融系统、土地流转系统、安全生产监督管理系统等。这些信息系统建设主体以政府为主，也有主体为市场和村自治组织，充分反映了农业信息系统主体的多元化态势。由于信息技术的发展，以信息技术为手段进行技术层面的信息资源协同基本得到解决。因此，建立一种技术协同实践的协同视角，着重强调以技术手段的协同性，实现以服务为主导转变为以信息服务为主导。

（二）西北农业信息系统结构

由于农业是一个大属类，从广义范围上包括农林牧副渔，从具体应用视角则农业信息包括生产、技术、市场等农业知识信息，因而应建立分类农业数据库来共同构建共享知识库①。农业信息系统结构是实现农业管理和农业信息服务协同的基础，根据农业部《全国农业农村信息化发展“十二五”规划（2011—2015）》整理，目前的农业行业的信息系统包括生产信息系统、经营信息系统、管理信息系统、服务信息系统4个子系统（见表8-6）。

子系统1：生产信息系统，即农业生产过程（产前、产中、产后）中的信息工作系统，包括大田种植信息系统；设施园艺信息系统；畜禽养殖信息系统；水产养殖信息系统等。

子系统2：经营信息系统，即农业经营活动中的信息系统，包括农产品物流信息系统；农产品电子商务信息系统；农产品批发市场信息系统；农业企业经营信息系统；农

①胡昌平，胡媛：《跨系统农业信息咨询的协同化实现》，载《图书馆论坛》，2013年第6期第14页。

民专业合作社经营信息系统等。

子系统3：管理信息系统，即农业管理中各种信息系统的应用，包括农情调度信息系统；农产品质量安全监管信息系统；农产品市场监测信息系统；动物疫病防控信息系统；渔政指挥管理信息系统；农机管理信息系统；草原监理信息系统；种子管理信息系统；农药管理信息系统；饲料管理信息系统等。

子系统4：服务信息系统，即农业信息服务活动中应用的信息系统，包括信息服务体系；信息服务平台；信息服务模式等。

表8-6　农业信息系统结构一览

生产信息系统	1.大田种植信息系统（农田信息管理系统、墒情监测系统、测土配方施肥信息化、遥感系统、精准农业）。2.设施园艺信系统（无线传感网络技术、作物生长模型、智能装备、农产品检测）。3.畜禽养殖信息系统（现代信息装备、养殖过程信息化管理平台）。4.水产养殖信息系统（现代信息技术应用）。
经营信息系统	1.农产品物流信息系统（农超对接信息化、冷链物流信息化）。2.农产品电子商务（多层次农产品电子商务网络体系、区域性大宗农产品电子交易市场）。3.农产品批发市场信息系统（农产品市场体系、管理和交易信息化）。4.农业企业经营信息系统（企业信息化、农场土地管理信息化）。5.农民专业合作社经营信息系统（合作社信息化）。
管理信息系统	1.农情调度信息系统（农情信息采集信息化和网络化）。2.农产品质量安全监管信息系统（监测预警、追溯体系）。3.农产品市场监测信息系统（建立市场信息收集发布平台、农产品市场监测预警、畜产品生产信息动态监测）。4.动物疫病防控信息系统（动物标识及疫病可追溯体系网络、兽药行业政务信息化、兽药残留监控）。5.渔政指挥管理信息系统（管理指挥系统、渔船动态监管）。6.农机管理信息系统（农机化信息网络、农机管理电子政务系统、农机购置补贴计算机管理系统）；7.草原监理信息系统（草原动态监测、草原预警）。8.种子管理信息系统（基础信息统计管理、供需及价格监测、种子信息网络）。9.农药管理信息系统（价格和供应监测、登记网上审批、进出口监管、监管网络联动系统）。10.饲料管理信息系统（质量信息检查体系、质量安全监测）。
服务信息系统	1.信息服务体系（部省地县农业信息服务体系、农村基层信息服务组织体系、基层农业信息服务站点）。2.信息服务平台（政府农业信息平台、各种惠农信息服务平台、社会化涉农信息服务平台）。3.信息服务模式（各具特色的农业信息服务模式、基于新信息技术的新型农业信息服务模式）。

资料来源：根据农业部《全国农业农村信息化发展“十二五”规划（2011–2015）》整理。

就以上四个子系统而言，可以从协同学多维度中找到以下多个静态或动态的参量：

——人的作用：系统管理者、系统维护者、信息用户、信息资源协同者。

——信息资源：电子信息资源、文献信息资源、图表音像等信息符号信息资源。

——空间布局：本系统与外系统之间、系统与系统之间、系统内部子系统之间、系统与用户之间等空间布局。

——设施联通：信息交流、信息沟通、数字资源传送、信息咨询和信息导航。

——风险控制：协同制度、交流制度、沟通制度、环境因素、人文等因素。

——技术手段：纸本馆藏、数字信息、数据库、网络布局、信息平台等。

——应用结果：信息需求、信息服务和情报支撑。

——效果反馈：需求方信息资源协同回复。

通过以上要素能量的运行，促进系统动态演化的各种参量（子系统）进一步发展，形成整个农业信息系统的不断优化。

（三）西北农业信息系统运行中的相关影响因素

现代社会的发展，进一步丰富了哈肯的协同概念。“不谋万世，不足谋一时；不谋全局者，不足谋一域”，道出了社会发展的全局性、长远性和系统性及其相互关系，透露出系统协同的理念。21世纪，西北农业农村建设的内容呈现出多样化（见表8-7），农业信息资源更加丰富多样，随着市场经济的发展、信息技术的进步和用户信息需求的增强以及信息系统的日益融合，西北农业信息资源的协同问题也空前复杂，技术、信息、经济和政策等因素对协同的影响越来越大。

随着国家“一带一路”战略的实施及农业区域一体化进程的加快，农业信息资源协同在农业局部领域积极推进，一是通过信息平台数据库中各项数据的相互比对验证；二是探索农产品宏观调控的新思路，为推进农产品结构调整提供决策依据；三是大幅提升工作效能，降低行政操作成本，为在人多地少的国情下实施针对性较强的直接补贴政策积累了难得的操作经验。其积累的经验对于下一步西北农业信息资源协同的全面推开有积极意义。

表8-7　西北农业农村建设的主要内容

类别		内容
1	文化	1.广播电视村村通。2.电话村村通。3.宽带网络建设。4.电影放映。5.报刊图书阅览。6.文化活动。7.农民体育健身。
2.	教育	1.义务教育。2.高中阶段教育。3.学前教育。4.特殊教育。5.成人教育。6.职业教育。7.技能培训。
3	医疗卫生	1.基本医疗保险。2.医疗救助。3.医疗卫生服务。4.卫生防疫。5.药品配送和监管。6.妇幼保健。7.计划生育。

续表8-7

类别		内容
4	社会保障	1.社会养老保险。2.最低生活保障。3.五保供养。4.受灾群众救助。5.优抚。6.社会福利和慈善。7.老龄服务。8.残疾服务。9.就业服务。10.就业援助。
5	基础建设	1.乡乡能上网。2.村村通电话。3.广播电视村村通。4.道路建设及维护。5.水利设施建设及维护。6.水、电、气、通信、互联网等基础设施建设。7.沼气池建设。8.垃圾和污水集中处理。9.客运。10.邮政。11.美丽乡村建设。
6	农业生产	1.农业科技推广。2.动植物疫病防控。3.农产品流通。4.农用生产资料供应。5.农业信息化建设。6.种养业良种服务。7.农业资源和生态保护。8.精准扶贫。9.防灾减灾。10.农村金融。11.土地流转。
7	社会管理	1.法律援助。2.法律服务。3.纠纷调解。4.农村警务。5.代办村民事务。6.政策宣传。7.土地和规划管理。8.食品安全防控。9.安全生产监督管理。
8	信息技术	1.在一些地方试点性应用农业物联网技术。2.现代信息技术在农业各环节中的应用逐步深入。3.农业信息技术的应用正从单项应用向综合集成应用过渡。
9	信息服务工程	1.“金农”工程。2.“三电合一”农业综合信息服务项目。3.农村劳动力转移培训阳光工程（“阳光工程”）。4.农村通信“村村通”工程。5.信息服务业“助农”工程。6.邮政“惠农”工程。7.农村信息技术推广应用工程。8.农村信息化教育培训工程。9.广播电视村村通工程（广电总局）。10.农村商务信息服务体系建设（信福工程）、万村千乡市场工程（商务部）。11.文化信息共享工程、送书下乡工程（文化部）。12.农村党员干部现代远程教育（中组部）。13.农村中小学现代远程教育工程（教育部）。14.农家书屋（新闻出版署）。15.“通畅工程”“通达工程”（交通部）。16.新型农村合作医疗试点（卫生部）。17.人口基础数据库建设（计生委）。18.金土工程（国土资源部）。19.基础地理信息数据库（国家测绘局）。20.精准扶贫大数据工程（国务院）。

资料来源：课题组整理。

二、西北农业信息资源协同的定位

（一）西北农业信息资源生成环境

西北地域广阔，“先天不足”（干旱少雨），在这样的背景下农业信息资源的建设与利用显得十分重要。西北农业信息资源开发建设主要以国家为主导“自上而下”的模式进行，如农业信息系统、金农工程（农业部）、文化资源共享工程（文化部）、农村党员干部远程教育工程（组织部）、农村中小学远程教育工程（教育部）等，而自主开发建设的信息系统较少，且主要集中于科研机构、商业企业，覆盖面广、权威性高的信息系统甚少。从发展过程来看，可分为准备阶段和发展阶段两个阶段，而准备阶段已经完成，发展阶段则到了中级阶段，也是最为艰难的阶段（见表8-8）。

表8-8 西北农业信息资源协同阶段的划分

发展过程	准备阶段		发展阶段		
	起步阶段（1994—2000）	转型阶段（2000—2005）	初级阶段（2005—2010）	中级阶段（2010—2016）	高级阶段（2016—2020）
基本特征	农业信息初步应用	信息服务效果显现	信息服务体系影响逐步建立	信息渗透农业各个领域	大数据、云计算广泛应用
基本问题	信息基础设施跟不上需求	发展不平衡	互联网与适用性问题	信息共享与协同问题	技术突破与创新应用
任务	加快设施建设	加快调整改革	改进体制机制	优化信息系统	实施普遍服务

资料来源：课题组根据西北农业信息建设历程整理。

1.信息资源建设缺乏系统性

目前开发的农业信息系统总体质量不高，其关键问题是缺乏系统性、全面性，缺乏体系架构，对农业生产与管理的支持作用有限，如西北地区水土流失、沙化、次生盐渍化问题突出，这些问题中具体的信息普遍缺失，很难对宏观形势做出准确判断。信息资源配置不协调，首先是各省（区）内信息资源配置不协调，其次是各省（区）之间也不存在协同的信息机制。

2.信息利用不理想

农业信息已经从过去的注重知识信息转移到以农产品交易信息为主，基础信息的开发，如自然资源数据、农业生产基础数据、农业管理基本数据，由于投资大、涉及面广、利用率低、效益低等原因，市场主体不主动介入，也难于得到财政支持。但这类信息的重要性不言而喻，许多情况下就某一地区的农业生产状况不清楚，影响宏观决策与管理。

（二）西北农业信息资源协同的定位

随着农业经济的快速发展，西北地区农业用户对农业信息的需求日益多样化和个性化，从而使得原本单一的信息需求变为多种诉求的叠加，主要表现为用户信息需求与农业经济问题交织、农业发展问题与环境问题及农业科技问题交互在一起，使得信息需求内容上呈现叠加的特色。大数据等对信息管理产生着更为广泛的影响，在这种情况下，协同理论受到越来越多的关注。从源头看，信息学创始人香农将信息定义为“信息就是消除不确定性”，今天我们围绕着信息不对称或是信息黑箱所提出来的解决方案越来越清晰，如信息生态、信息资源整合、信息资源协同等这些理论提供了重要的思路并成为实践管理的基础，上述理论为新环境和新条件下的信息资源建设和信息资源管理提供了一个新的路径（见表8-9）。

表8-9　信息生态、信息资源整合与信息资源协同

	信息生态	信息资源整合	信息资源协同
观点	生态链	战略管理	系统观
方法	生命周期 效率优先	博弈论 可持续发展	平台 联盟
目标	信息资源高效利用	信息利用最大化	信息价值最佳体现
行为	系统建模	跨部门上下游关系	各信息系统分工与定位
结构	循环或准循环	信息链	系统有序发展
参照理论	信息系统理论	跨部门协同理论	协同理论

协同对于信息资源建设的形成过程、发生机制、制度范围、发展态势、协同方式、协同对象、多元主体共同参与等都具有深层历史意义。协同主体主要为农业管理部门、农业企业、农业科研与教育机构、农业合作社、农户等，协同的目标就是要探讨科学合理的信息系统结构，目的是实现“多元共治”对“多头混治”的替代。

（三）农业信息资源协同的方向

农业信息资源协同实际上就是一个由相互作用的信息系统和信息用户之间构成的有机体，在社会大系统中各信息系统都有着自己的作用，通过协同形成一个有序发展的整体，它们的作用会不断强化：一是信息系统内部的信息沟通更加畅通；二是对外部环境的反应更加迅速。信息资源协同使各个信息系统形成“整体”（见图8-3）

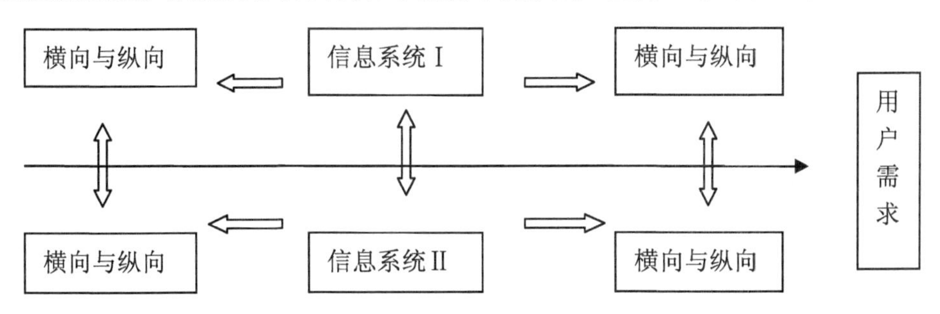

图8-3　农业信息资源协同模型

依托大数据发展环境，集中发展农业部门数据中心和信息中心，构建西北农业信息系统发展的联动机制，组建西北区域性的信息资源协同联盟，加强信息链各个环节上的合作，显得十分重要。

三、西北农业信息资源协同的顶层设计

完善西北农业信息资源协同战略的顶层设计，是提升西北农业发展战略的重要一环，也是西北农业发展的重要保障。随着“十三五”西北农业发展战略的制定，西北农业信息资源协同也需要不断完善以适应市场经济形势。随着经济全球化和区域化一体化步伐的加快，农业信息资源协同必须坚守基本的原则，借鉴国内外典型的成功经验，确保西北农业信息资源协同战略与时俱进的同时，适合西北的省情和区情。

（一）处理好现有信息系统与未来信息系统的关系

如何形成西北农业信息资源协同网络，是实施西北农业信息资源协同发展战略时必须考虑的现实问题。未来农业信息系统的安排，是通过渐进方式实现各个农业信息系统的互联互通和信息共享。在政策协同范围上可包括：各部门进行的独立决策；与其他部门进行沟通（信息交流）；与其他部门进行磋商（反馈）；避免政策趋同；寻求部门之间的协议（达成一致意见）；政策差异、分歧与调解；设置部门行动的上限；建立协同的工作重点；制定协同战略等。

（二）协调好农业信息资源协同的深度与广度

确保西北区域农业信息资源协同的最佳途径就是行政上达成农业信息资源协同的协定，或通过市场渠道建立农业信息资源协同联盟，但是农业信息资源协同的深度一体化必须是战略性和有选择地进行。目前没有任何一个适应所有情况的农业信息资源协同模型。协同战略联盟作为一种俱乐部形式，当然是成员越多越好，同时，西北各个省（区）的农业产业和农产品交易的外部性联系也随着地缘经济联系紧密而有增多的现象。因此，如何协调西北区域农业信息资源协同深度与广度，是实现西北农业信息资源协同战略必须考虑的问题。在跨部门政策协同能力的不同层级序列中，信息资源协同更多是从国家信息系统结构中来实现西北区域间农业信息系统的联系和互动。

（三）兼顾本省（区）与周边省（区）的关系

权衡本省（区）与周边省（区）的农业信息资源协同战略选择，考虑国家正在推行的全国农业信息化发展战略，处理好本省（区）与周边省（区）的农业信息资源协同关系，辐射西北，确保西北农业地位提升等因素则是西北农业信息资源协同战略必须考量的。一直以来，我国的农业信息化在提高西北农业产业发展、提升农业信息服务水平、促进西北农产品的市场化方面发挥了积极作用，而西北农业信息资源协同，能够在地缘农产品销售、农业技术提供、农业信息服务和农业项目投资等方面起到积极作用。随着西北农业生产和农产品贸易扩展至中亚，又与农业跨境投资结合，未来是否应该有更多的农业信息系统，也是西北农业信息资源协同战略需要充分考虑的。西北农业信息资源协同现已形成两种有效的模式：一种是分别协同模式。即某个信息系统与一个或几个信

息系统实现信息的交换和共享；另外一种是行政干预下的信息资源整合。有效的信息资源整合，就是行政干预下的直接重组或建立新的信息系统。

四、西北农业信息资源协同机制的构建策略

（一）建立西北农业信息资源协同发展合作机制

要落实西北农业信息资源协同的顶层设计战略，就要促进西北区域农业发展与合作中的协调、统筹、指导和服务职能。协同发展要打破行政区划界线和市场分割，建立一个新的符合西北农业市场发展的合作机制，进一步拓宽合作领域，进一步完善西北农业产业分工协作体系，畅通信息传递渠道，及时有效地传递产供销信息，减少信息的不对称。以前的农民凭经验种地，种什么、种多少、什么时候种等都是凭经验进行，没有十年八载是种不好的，现代农业发展主要靠农业企业、农业合作社、农业科研机构，他们可以借助信息资源协同，分享各方面的信息，来确定种植品种和规模，信息资源协同必将重塑农业的产业链、价值链、供应链、创新链，为现代农业的发展注入新的元素和活力。

（二）编制西北地区农业行业信息资源发展规划纲要

西北地区农业行业的发展，重点除了发挥粮食、棉花、肉类、奶类、林果、蔬菜、中药材等特色农产品优势外，还要加快发展现代的冷链物流、农产品加工配送、农产品交易市场等，完善农业产业链，西北农业信息资源协同也要围绕这一主线开展工作，为西北农业发展提供有力保障。建立西北农业信息资源协同机制，迫切需要可行的、先进的、国际化的、完善的协同规划来支持信息资源协同的发展。因此，建议西北五省（区）农业主管部门在信息政策、信息设施、技术手段、机构场地、协同经费等方面应给予支持，尽快建立起西北农业信息资源协同机构。

（三）以市场化运作方式来建设西北农业信息资源协同平台

农业信息资源的交流和服务是农业信息资源协同的基础。随着大数据技术的快速发展，传统信息资源协同模式由于受协同成本高、技术手段落后等因素的困扰，陷入信息分析比对难、信息数据失真、行政沟通难等困境，信息资源难以被信息用户充分利用并形成有效的农业参考，信息资源分散难以协同的局面很难产生整体性农业信息应用效能，要进一步开展有效深入的信息资源协同还存在很大难度，大数据的出现则解决了这一难题。一是要在充分掌握西北各省区农业信息资源建设中相关的优惠政策和好的经验、做法的同时，以“互联网+”的形式建立西北农业信息资源协同平台，将西北各省（区）的农业科技、资金、农业资源、项目需求、农产品销售等通过“互联网+”与全球沟通，运用统计分析方法建立数据模型，对各种农业信息加以集成融合，归纳出数据信息的整体关联性和内在规律性，将有用的信息引向用户的内在需求，通过大数据技术进行农业信息资源的有效传递和服务。在分析辨别信息效用时由主观判断转向科学分析，由被动传播转向主动传播，由“漫灌式”转向“精准化”。二是要建立农业信息资源协

同管理的动态机制，通过搭建信息平台、制定协同规则、共营信息生态、实现服务转型、对接市场逻辑等，将西北信息资源的协同量化为一定的参照比重纳入西北农业信息资源协同体系中，有效培育西北农业大市场，合理配置信息资源，促使西北农业产业转型升级、扩大规模和现代化经营，推进西北农业信息资源协同进一步深入协调地发展。

本章小结

新一轮信息化为促进我国农业经济转型升级提供了新动力，也促进了农业信息资源协同的快速发展。本章结合当前形势，基于西北地区农业信息资源协同的现状及特点，对“十三五”时期西北农业信息资源协同的切入点进行了分析，对西北农业信息资源协同的影响因素、协同方向、机制构建等进行了探讨。

1.信息资源统筹利用机制不完善

农业信息资源协同发展是基于一种新的发展理念而形成的发展方式。“协同”是对传统农业信息资源的建设和服务路径的优化，不仅需要对农业信息资源的配置方式、管理思维、发展方向进行全面调整，还需要对政府管理政策工具进行全面系统的优化组合，构建更适宜于“协同发展”的政策体系和激励约束机制。农业信息资源协同是基于整体层面或者更大层面的信息资源优化配置，满足信息用户的最大信息需求。从西北目前的情况来看，对于农业信息资源建设，基本上以行政区为单元，按照部门自上至下地纵向配置，在配置过程中更强调各种利益的平衡，并没有充分考虑到农业信息系统整个空间体系中的功能分工与定位，再加上部门之间和区域之间缺乏横向的协调机制，对于分散在各主体之中的农业信息资源缺乏整合利用的机制，各部门机构的协同基本上是各自单独推进，在农业信息资源的建设和利用中都存在协同难的问题。农业信息资源协同，在强调发挥政府引导作用的同时，还要加强市场竞争机制的配置作用。

2.应明确农业信息资源协同目标

农业信息资源协同的市场定位，对于农业信息资源协同自身发展和推动农业经济的发展都具有重要意义。

总体看，农业信息资源协同目标的实现包括两个维度。

一是部门与部门之间的政策协同。基于“协同”发展的统一目标，对各信息系统的发展政策、创新政策、管理政策、整合政策、支持政策进行分类专项梳理，尽快改革有碍于信息资源要素跨部门流动的障碍。

二是国家各类农业信息系统与地方信息系统的协同。目前我国多个部门都具有制定和实施农业信息系统建设和管理的权力，上级农业信息系统和基层农业信息系统之间有时还存在冲突，造成政策落实不到位，政策作用得不到有效发挥，也不利于推动农业信息资源的协同发展。

因此，要使农业信息资源协同发展：

一要明确“互联网+”在农业信息化战略中的中心地位。

二要以信息农业为重点，创新发展模式，找到一条具有中国特色的新型现代农业发展道路。

三要坚持“边发展、边治理”原则，支持融合性新兴产业稳定发展。

四要从技术、设施、制度方面入手，为新一轮信息化的健康发展提供综合保障等。

|第九章|

西北农业信息资源协同平台构建

第一节 信息技术促进农业信息资源协同

目前，社会已经进入大数据时代，协同观念正渗透在各行各业，由新一代信息技术改造传统农业产业已经成为发展趋势。随着云计算、物联网、大数据等快速发展，西北农业信息资源协同面临着新的机遇与挑战，面对协同的新形势和信息用户的新要求，需要积极采用新技术来发展农业信息资源协同，在结构设计方面，实现“信息多维平台协同”替代“单向一维监管”，实现农业信息资源最大程度上的共享。

一、新一轮信息化发展的重要特征

（一）围绕信息生命周期，新一代信息技术出现密集的链式创新

1.从历史的角度看：发展水平不断提升

工业时代的核心资源是物质能源，信息时代的核心资源是信息、数据和知识。尤其从我国信息化发展四个阶段来分析，则更为明晰。

（1）认识阶段（1978—1990）：强调计算机科学在国家发展中的先导作用，组织实施高技术产业发展规划，包括信息产业。

（2）起步阶段（1990—2006）：以科学创新思想处理科技创新和信息技术的关系，经济领域信息化（金桥、金卡、金关“三金工程”）成为中国信息化建设的开路先锋。制定发展信息产业规划，开启了中国信息化发展战略。信息技术产业得到快速发展，并进一步促进信息化的应用与发展。

（3）深化阶段（2006—2010）：信息化全面发展，并且上升为国家发展战略，制定了《2006—2020国家信息化发展战略》，提出“两化融合”观点。信息化与工业化紧密结合，信息产业高速增长。

（4）新发展阶段（2010至今）：制定《国家信息化发展战略纲要》，“互联网+”成为国家新时期发展战略，重视网络安全、打造国际互联网体系、推进网络设施互联互通建设、促进互联网与经济融合发展等，为信息强国指明了方向，打下了基础。

2.从技术角度看：融合越来越密切

计算机发展经历了3代，即20世纪70年代—90年代初的计算机起步时代（主要解决计算机硬件生产和软件开发）、1994—2010的互联网时代（主要解决信息网络化）、2010年以后的移动互联网和大数据时代（主要解决海量信息存储和信息集成分析）。大数据的特点是海量信息与各种数据之间的相关性，以及通过数据相关性来发现问题和解决问题。大数据的技术支撑主要体现在大数据的存储和分析上，通过物联网解决过去信息资源采集的难题，通过信息资源协同，解决信息共享的难题。构建一个多功能的农业信息资源协同平台，体现了各个层次农业信息系统的归类、整合，是现有信息技术手段的集成平台（实现互通互联、信息共享），预示信息资源管理进入了较高的发展阶段，在很大程度上实现了信息价值的最大化。

（二）农业信息化是社会进步的表征

信息技术发展格局，决定了农业信息化成为国家竞争力和国际竞争力的重要内容，信息化对社会的影响越来越重要（见图9-1）。

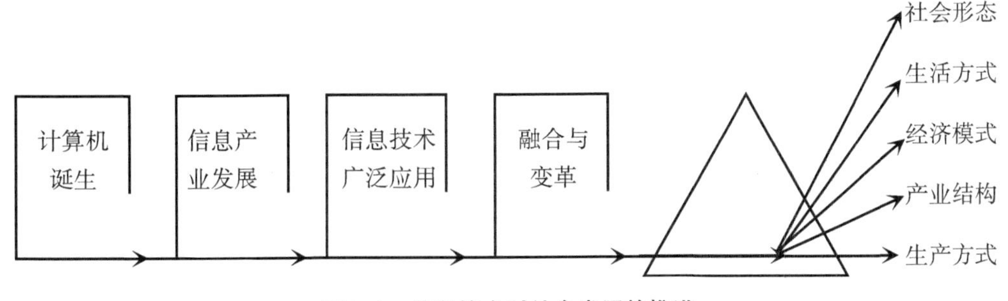

图9-1　信息技术对社会发展的推进

从学术的角度来看，学者们对一个完全不同的、新形态的信息社会从不同角度进行了阐释，使我们对信息技术推进农业信息资源建设也有了更进一步的认识。信息技术促进了社会分工，也改变了人们的信息能力，从孤立到互动，从被动到参与，市场环境正在发生重大变革①。现在以信息技术为媒介的信息资源协同能力不断增强的特征，是新一代信息技术发展的内在推动力（如图9-2所示）。

从计算应用的角度看，经历了实验归纳、理论推演、仿真模拟和数据密集模型四个阶段，后者就是大数据的信息集成方法，它是一个超长序列时空数据，是多空间、多领

①阿里巴巴研究院：《“互联网+”重新定义信息化——关于“互联网+”的研究报告（上篇）》，载《光明日报》，2015年10月16日。

域的数据，与之前的信息处理不同，一是可以进行不同数据的整合。对多领域且信息结构不同的数据，如图片、文件、文档等进行整合。二是海量数据的处理。对数据的处理能力越来越强。三是为用户提供新的信息分析方法和分析结果。如为用户提供计算空间，搭建虚拟云平台，同时加强数据的合作，把不同数据库进行横向、交叉合作。

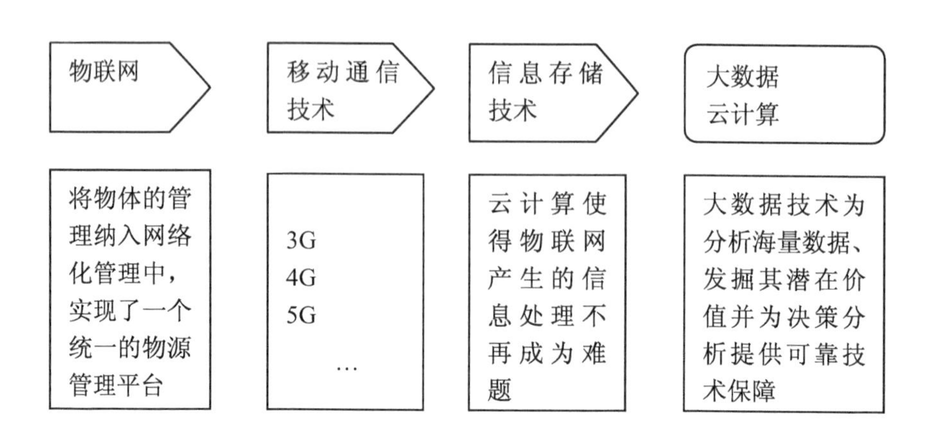

图9-2　信息技术的内在演进逻辑及规律

（三）信息化为促进农业信息资源协同提供新动能

信息资源协同可以降低信息用户获取信息的成本。我国农业信息化建设初期首先是由电子政务（金农工程）推动的，通过农业电子政务的加速发展，并向其他农业领域快速渗透、延伸。近年来，电子商务异军突起，使得“互联网+农业”成为一种全社会参与的农业信息化。通过进一步丰富和完善“互联网+农业”的系统架构，减少农业信息资源重复建设和信息系统功能定位模糊的现状，为农业用户的信息需求提供基础条件。此外，还要鼓励和支持农业用户积极参与信息建设，加强信息技术、信息网络平台、电子商务与农业产业的深度融合，把农业信息资源协同发展道路融入西北农业信息化发展道路。从历史经验看，西北一些信息资源协同模式的成功，不仅仅在于行政协调本身。农业信息资源协同技术路径的正确选择，使得西北农业信息资源协同更容易实现，促进新兴农业产业有序发展。同时，坚持发展理念，平衡各方利益，“互联网+农业”将在新业态下催生一批类似于“农业工厂”“温室大棚”“农业创客”“农业孵化器”等的融合性新兴产业，这些新兴产业与信息资源协同紧密结合，为信息化促进农业转型夯实了发展基础，打造了国际先进的信息基础设施。

农业信息资源协同是农业信息化建设的方向和生命力所在。政策和技术是信息资源协同的关键支撑，但信息资源协同不是有了政策和技术就自然而然或水到渠成的事情，它必须有信息积累、平台建设，必须有落脚点。西北农业信息资源协同建设意义重大、责任重大。建设以大数据为基础的农业信息平台，体现了以信息化带动农业管理现代化的必然要求，是破解农业管理与农业生产双方信息不对称的难题，也是全面提高农业管理工作水平的必由之路。

（四）农业信息资源建设已由信息传播转向信息资源协同

传统的农业信息服务，所提供的服务包括创意、方案、设计、媒介等，然后依靠信息不对称优势去进行信息服务。目前，大的农业信息环境发生了明显变化：一是信息技术环境发生了变化。2008年之前主要基于传统的信息化环境，技术应用相对简单，主要表现为连接范围有限、功能少、成本高等。2008年之后的物联网、云计算、大数据、移动互联网等发展迅速，极大地改变了农业信息环境，而且这些技术与信息获取和利用联系密切，反映了新一代信息技术的面貌和格局。二是社会化的应用水平显著提高。微信、微博等社交平台发展迅速，农业电子商务已成为全世界规模最大、种类最多的社交平台。三是信息化推动农业经济作用日益明显。信息化使得传统农业提质增效，在“互联网+”农业的大背景下，农业领域中的生产经营产业面貌得到了极大的改观。毋庸置疑，时代给传统农业信息传播带来了许多挑战，但同时也为农业信息资源协同发展提供了难得的机遇。

20世纪80年代，利用“价格差价”赚钱的公司或个人在农村大量兴起，传统商业逻辑其实就是如何制造差价。农村经纪人给农村市场或农户在转型发展中通过信息资源供给和信息服务搞活一方产业的故事较为普遍，而今天许多农村经纪人不再需要依托人际传播，在互联网的影响下，信息资源得到极大丰富，这一点最能反映信息社会的进步。这就决定了以往的农业信息服务到农业用户之间是一道长长的服务链，服务机构和用户之间是“弱关系”互动，这与我国农业生产者文化水平、信息装备、信息基础设施建设关系密切。而今后，随着信息供给问题的解决，“信息传播→信息需求→信息资源协同”将进一步压缩“农产品生产→中间商→市场交易”的中间环节。现在农业信息服务经历了“信息传播”，其中的信息不对称则严重影响了农业生产的积极性，下一步需要从“信息共享→信息资源协同”上进行转变，信息服务价值观需要从“信息传播”转移到“信息资源协同”上，让农业信息创造出更大价值来。

二、大数据环境下农业信息资源协同格局出现的新变化

（一）大数据国家战略的提出

党中央、国务院高度重视大数据发展，2014年中央网络安全和信息化领导小组第一次会议将“网络强国”上升为国家战略，当年的《政府工作报告》首次将“大数据”纳入新兴产业，与新能源等行业并列。2015年10月党的十八届五中全会提出“国家大数据战略”，这是继美国、日本、英国、德国、澳大利亚等发达国家之后，我国首次明确地将大数据提升到国家战略层面，并做出重点阐释。基于时代主题，大数据的地位日益

凸显，可以实现信息跨层级、跨行业、跨区域的信息链接。农业信息资源协同需要从三个方面进行融合：一是信息系统的网络融合，以“互联网+”来实现信息系统的无缝隙覆盖；二是农业信息数据的融合，以大数据、云计算等信息技术为手段，把不同行业涉农数据进行融合，实现农业信息数据大融合；三是信息终端的融合，手机、电脑、电视等信息终端有机融合，实现一个信息终端打天下的局面。从西北范围来看，大数据的发展基础不尽相同，陕西基于已有信息产业的基础，甘肃、宁夏通过整合现有的数据产业，青海重开新局，新疆则是借助自然优势，展现出了自上而下顶层设计和自下而上实践探索相结合的发展模式。

（二）大数据助推农业信息资源共享

大数据是指新一代信息技术的应用，农业信息资源协同，就是通过大数据技术来解决目前农业管理部门、农业企业、农业科研机构、农业教育教学单位、农业合作社等农业信息用户在农业信息资源的获取与利用方面的难点和痛点。如通过大数据分析运用可以提高政府农业管理效能，解决农产品卖难问题，优化农业产业结构等等，良性互动必然会使农业信息资源的共享得以全面推进。大数据战略将带动农业信息资源协同的快速发展，应用大数据管理可以挖掘并存储海量农业数据，实现农业信息价值的提升和农业信息服务的腾飞。伴随着大数据战略的制定，农业信息资源协同的重要性被再一次提高。为了推进农业信息资源协同，使其适应农业信息用户快速发展的信息需求，有些信息管理部门在信息管理的方式上复制行政管理的方式，虽然有许多的改进和创新，但是整体机制不灵活，与农业经济的结合不深入，切合不够紧密，农业信息服务机制与农业经济发展创新动力形成对冲，阻碍农业经济的发展。要解决此问题，需要改变上层动力大、中间关口多、基层灵活性弱的格局。农业信息基础建设需要快速投入使用，快速产生价值，迅速放大价值，进入主流市场。这需要农业信息系统对市场敏感信息、公共服务信息、农业用户急需的信息提供需求服务保障。但是，由于网络基础建设费用过多，成本较高，其迭代度不断加快，导致建设成为“烧钱”的领域。这需要加大信息资源建设的整合力度，形成主流信息系统引领战略和其他信息系统跟随的战略梯队，在大数据引领战略中以技术变革来促进管理变革。

（三）大数据打破部门、行业和单位间的信息资源壁垒

运用大数据提升农业信息资源协同能力就是围绕农业信息海量数据的集成，实现信息数据的开放、互联互通、信息数据共享和使用，进一步提高农业信息资源协同能力。长期以来，农业信息资源在建设、利用和开发上的条块分割以及信息资源属部门所有的现象成为信息资源共享的顽疾，为了破除这方面的“栅栏”，政府在规划、文件、政策上做了不断调整，国家制定了多部关于农业信息资源共享的政策（见表9-1）。

表9-1　20多年来国家农业信息资源建设的重要时间节点和重大事件

时间	重要事件
1994年	国家经济信息化联席会议第三次会议上提出了建立农业综合管理和服务信息系统的“金农工程”。
2005年	农业部在全国选择了具有一定基础的6个地级和50个县级农业部门，开始建设“三电合一”试点（“三电合一”是综合利用电视、电话、电脑等信息载体开展信息服务）。
2006年	《“十一五”规划纲要》首次提出，整合涉农信息资源，加强农村经济信息应用系统建设。
2008年	《中共中央关于农村改革发展若干重大问题的决定》，多处提出发挥信息支持农业发展的作用。
2013年	农业部《全国农村经营管理信息化发展规划（2013—2020年）》，布局构建全国部、省、市、县、乡镇五级纵向农业信息系统架构。
2015年	国务院《促进大数据发展行动纲要》，农业数据库建设提上日程。国务院《关于落实发展新理念加快农业现代化实现全面小康目标的若干意见》提出，“互联网+现代农业”发展理念。
2016年	农业部《关于推进农业农村大数据发展的实施意见》提出，2018年基本完成数据的共用共享，2020年实现政府数据集向社会开放，2025年建成全球农业数据调查分析系统。《国家信息化发展战略纲要》提出，着力解决信息碎片化、应用条块化、服务割裂化等问题。

数据来源：课题组根据相关文献资料整理。

（四）建立无缝覆盖的农业信息资源协同体系

在新环境下，农业信息资源呈现出多元性、共存性与共生性，信息系统也显现出它所蕴含的矛盾：条块分割，各自为政。下一步的任务是促使部门间、行业间和单位间信息资源的协同，实现信息资源的共享（见表9-2）。

表9-2　西北农业信息资源建设单位一览

农业部门	◇涉农单位：农业厅、林业厅、科技厅、水利厅、农业委员会、扶贫办、农业科学院、农业大学、农业信息中心、农业职业技术学院/学校、农业技术推广站、农业广播电视学校、农业园区管理中心、动物疫病预防控制中心、植物保护工作站、农药管理鉴定所、土壤肥料工作站、农业环境保护监测工作站、农村合作经济管理站、畜牧技术推广站、动物卫生监督所、农业规划研究院、农牧良种站、家畜改良站、农业机械管理局、饲料工业办公室、种子管理站、林业调查规划院、治沙研究所、国家级自然保护区等。 ◇主要信息资源：各种农业信息网站，各种数据库、信息库、文献资源，12316农业信息服务网，农技110服务网络、星火科技12396服务网络等。
其他系统	◇涉农单位：党委组织部、文化厅、新闻出版局、商务厅、教育厅、中国电信、中国移动、中国联通等单位和机构。 ◇主要信息资源：农村党员干部远程教育网（中组部）、文化信息资源网（文化部）、农家书屋（新闻出版署）、农业信息综合服务平台（中国电信、中国移动、中国联通）、农业电子商务服务平台（商务部）、农村远程教育网（教育部）等。

数据来源：课题组整理。

1.实现农业信息资源的聚合

目前，农业信息资源的生产方式发生了改变，过去以劳动力、资本、土地为要素，但信息、知识、大数据在农业信息系统中所占比重越来越大，信息资源由原来的附属品变成为核心资产。此外，信息生产的模式也有了新变化，传统分散的信息资源建设模式逐渐被协同发展、信息共享所代替。行业内部、不同行业之间实现信息共享已经被人们接受，数据驱动下的信息生成成为新的信息生成点。要实现信息资源的协同，就需要努力建立数据开放机制，部门间、行业间和单位间的信息资源协同不仅体现在纵向系统，更要体现在横向系统上。

2.有效协同农业信息资源

农业信息资源的整合与共享，其目的是为农业信息资源的获取、利用和开发提供基础保障。在农业信息服务方面，要让农业信息用户真正感受到大数据给他们带来的便利，通过云平台上的大数据分析进行精准决策，获得实惠，真正解决长期以来农业信息资源配置不均衡问题，必须由过去粗放型服务变为精准服务。就西北目前的情况看，还不具备制定西北区域农业信息资源协同相关法规的条件，但可在西北省（区）农业部门的管理层面、在区域内某一部门或机构间制定协同规则。协同规则的制定要建立在科学可行的基础上，明确农业信息资源协同的时间节点和基本要求、协同重点、信息采集、系统布局等，制定实施方案，分解细化目标任务，制定协同政策，初步形成信息资源协同的规则体系。

第二节　西北农业信息资源协同平台的建设

农业信息资源协同平台，在某种意义上说是一种智慧农业生态系统，这种生态系统包括众多农业行业部门在农业生产、管理、销售等过程中所产生的农业信息。与一般网络信息平台不同，农业信息资源协同平台所需技术更加复杂、范围更广、门槛更高。

一、协同平台的基本内涵

（一）农业信息资源协同基础：改变生产与管理格局

农业信息资源协同并不是在杂乱无章的基础上就能够实现的。首先，实现农业信息的整合，把各个农业信息系统的信息资源进行有效整合，使信息系统功能有序化。其次，实现农业信息“一站式”服务。这种“一站式”平台信息检索服务，将大大提高服务用户的便捷度、透明度和亲和度，是主动通过管理机制改革来适应信息环境变革的探索。农业信息平台，使传统的农业产业信息价值链发生了重大变化，使农业管理部门、农业科研教育机构以及产业链上的其他相关企业的农业生产要素和农业信息资源结合地更为紧密，实现信息资源的宏观调控和有效协同。因此，农业信息资源协同管理架构改变是基础，实现信息资源协同是目标。

（二）农业信息资源协同方向：农业与信息化融合发展

持久的西北农业信息资源协同的有效保障突出地表现为这样两个方面：一是将西北农业设施建设、农业企业、农产品生产、农业市场用户、农业管理部门、农业科研教育机构等的信息资源，借助网络效应（或网络外部性）汇集到西北农业信息资源协同平台上，加快西北农业与信息化的“两化融合”进程。可以说，无论1.0时代、2.0时代还是3.0时代（考虑到西北农业信息化总体水平落后，多数仍基本处于1.0时代），应该着手进行研究、规划，为未来西北农业发展提供更大空间。为克服西北农业信息资源建设的落后局面，要充分发挥互联网+发展方向，选择具备竞争力的优势企业（农业龙头企业、农业产业园区等），并基于产业价值链和信息生态化特征整合这些信息资源，以此作为建设西北农业信息资源协同平台的基础，通过创新机制，激发各方的发展动力。

二、西北农业信息资源协同平台架构

（一）以政府农业信息资源为核心

西北对农业数据中的“农业生产经营单位数据”“第三方数据”与“农业信息系统数据”等三类信息平台已经搭建，通过协同平台评估相关信息并进行分析、汇总，以便查找和落实问题，从而确定信息资源开发程度，并据此采取相应的管理措施，实现农业信息资源的全覆盖，但在第三方信息的获取上，是否合法有效仍然存在不确定性。目前，农业部门、政府部门都建立了信息系统，但这些信息系统基本上相对独立，各部门信息化建设程度不同，同时缺乏有效的部门信息共享平台，这对农业部门与其他部门信息交换造成了影响，降低了农业部门利用第三方信息的效率。因此，应以政府农业信息资源为核心，加快建设基于统一规范的政府信息资源共享平台。该平台包括统一建设的基础数据库和由相关部门建设的专业数据库。专业数据库各部门可根据业务需要有条件共享。平台各数据库应由专人负责，及时进行相关数据的维护与更新，并对其中不宜公开的信息适当加密，确保信息的安全性、及时性和准确性。同时应尽快制定第三方信息资源的技术标准规范体系，建立一套涵盖农业所有业务信息的指标体系和数据采集标准。

（二）持续优化和扩展农业信息资源协同平台的外延

建立可持续发展的农业信息资源协同平台，对西北农业信息资源建设起到较好的引领作用。我国农业信息资源建设各自为政，资源归部门所有，服务平台布局分散，缺乏横向交流沟通，农业信息用户很难快速、有效地获取和利用农业信息资源。面对这些问题，农业部门要及时、主动地公开信息资源，不断地传递有用信息，扩大信息采集范围，不断优化信息资源，提高信息资源质量，以加强信息资源的协同。信息采集范围包括公共网站、企业自营网站、国内及国外电子商务等交易网站，并采用垂直搜索引擎技术收集国内外农业信息网站的信息，自动采集国内外农业网站的信息并将其加入云平台管理范围，同时确定平台信息的关联，将私有云平台信息交换到公有云平台上，通过处理形成数据库，加强信息资源的协同管理。

三、农业信息资源协同平台的功能定位

（一）协同平台建设存在的问题

大数据时代的来临，使传统农业信息资源协同遇到了很多机遇，也面临很多挑战，促使协同模式升级转型，把解决市场信息不对称作为建设目标。2010年以来，地方农业信息平台建设迎来了快速发展的时期，西北的一般做法是，由地方政府及农业管理部门和机构，对各类综合信息包括网上办公、资料下载、信息发布、在线办公、知识学习、宣传介绍等进行采集、整合甚至融合，形成数据库，通过各部门数据的进一步融合、协同，建立农业信息平台。农业信息平台在农业经济建设中发挥了重要作用，并成为农业信息管理的主要渠道之一。但在农业信息平台的建设上还存在一些问题，需不断地完善。

1.自身定位与发展目标之间存在偏差

农业信息平台的建设主要目标是政务信息公开，实现在线办公，平台的定位应不同于政府内设部门，而应该是一个农业信息资源库。由于这些平台设立的前景和目标都具有特殊性，作为地方农业信息平台其实缺乏自主和独立性，很大程度上只是政府的一个对外窗口，不具备信息资源整合的能力，脱离政府支持后其信息扩散能力很弱。同时，出于政绩的考虑，地方平台往往具有强烈的宣传功能，经常会不顾平台的信息功能而推出一些政务活动，导致大量的农业信息处于滞后状态，甚至会产生一些虚假信息。

2.一些信息平台的内部管理不规范

一是人员专业不对口。信息平台具有很强的专业性，但在现实中，许多平台缺乏信息管理、信息分析、信息评估等方面的专业人才，这样的人员组成不适应现代信息资源管理模式。二是平台的信息来源复杂。自身的信息来源只是较小的一部分，大部分信息则是一些一般性信息或是转载信息、过时信息等，除此之外就是政务活动报道，用户需要的有价值的信息相对有限，平台数量越来越多，但效果并不明显。

3.系统结构不健全

地方农业信息平台的管理大多由政府职能部门负责人调任甚至兼任，虽然制定了章程和各项管理制度，但这些制度往往空有其名，为了“管理方便”，管理部门往往会抛开这些制度规定，习惯于用行政方法进行指挥，平台的主要负责人也习惯听命于“上级

领导”的行政命令，信息管理结构流于形式。

4.信息平台管理的体制和机制不完善

西北地方农业信息平台的管理一直是薄弱环节。近年来各类农业信息平台的经营管理方面陆续暴露出许多问题，相关部门制定了一些规范其发展的规定，但这些规定多是在问题出现后颁布的，更多地强调了事后监管。目前急需要从事前、事中管理入手加强对信息平台的管理，建立目标发展机制。在信息资源管理方面，也缺乏真正有效的制约机制，使平台的信息资源建设无法彻底摆脱盲目性和随意性。此外，平台服务绩效的考核评价也是管理中的薄弱环节。平台的经营者只关注政府的意志，缺乏市场思维和竞争意识，不能按照市场需求和规律改善内部机制，使农业信息资源的利用不能充分、高效。

（二）省级农业信息云平台建设设想

利用云计算，推进西北农业信息资源协同发展，实现以农业信息资源为基础的省、市、县级农业部门信息科学决策管理机制。可以构建“一站式”海量信息资源综合服务体系，也可以按需定制、开发、部署信息资源，构建便于信息资源协同的私有云和混合云。省级农业信息云平台，主要是建立一个以云计算技术为手段，以农业信息化为基础，全省统一的、纵向系统化、横向协同化、信息集成、资源共享、业务整合的综合性农业信息资源共享/协同平台。平台可集生产经营管理、信息发布、信息服务、信息资源协同为一体，即一个云平台，多个子平台，多功能信息平台，有效解决信息孤立、资源分散、管理不规范、标准不统一、多头管理、政出多门、条块分割等问题。平台应具备三个优势：一是实现降低信息资源建设成本，大大减少建设机房、硬件、软件、维护等方面的费用，这是最直接的好处。二是实现农业信息资源共享，通过设施互联互通，消除部门壁垒，在行政管理上为农业信息资源协同创造良好环境。三是体现农业信息资源协同功能，提高信息利用效率，提升农业管理水平，从而逐步实现协同的制度化、规范化、体系化。

（三）协同平台相关建设内容

基础设施的建设仍然要从硬件建设、软件开发上入手，打造适合西北农村经济发展实际需要的农业信息新平台。在这个平台上，融合各类农业资源，重点发挥信息交流、信息共享、信息服务和信息交易的四大功能，通过挖掘西北农业资源的供需信息，搭建农业信息资源协同平台。发挥政府协调、政策引导的作用，为西北农业用户的农业信息资源供需双方搭建一个信息资源协同平台。

1.组建西北农业信息资源协同联盟

作为一个行政区域，西北是特殊的，对这个特殊性进行研究是应有之意。具体的农业信息资源协同管理由专业管理运营团队运作，打通西北农业信息资源互联互通对接机制，为西北农业信息用户提供全方位、系统化的信息服务。随着功能完善后，进一步建立市场化机制，逐步提升市场要素配置能力，为西北农业经济协同可持续发展提供支撑。把协同平台打造成农业信息资源共享的重要平台，成为西北农业信息资源的重要载体，将平台建设成为辐射西北的农业信息服务枢纽，起到辐射带动和示范引领作用。

2.农业设备仪器共享

通过电话、传真、邮件、网站发布和会议推广等多种形式，挖掘用户需求，推进推广设备仪器的加盟共享工作。在设备仪器的共享方面，增加用户预约、在线咨询等功能服务，扩建专家团队，建立技术服务联盟，加强协同平台的跨区域合作，通过资源互通、异地服务等措施，更好地为西北农业用户服务。

3.农业技术信息对接

西北围绕农业技术交易链完善农业科技服务，不断聚集和完善各类农业科技资源供需信息，通过建立认证标准和奖励机制，充分调动各类中介机构的积极性，创新中介机构合作机制、交易保障机制和供需信息对接形式，改变以往信息不对称“背靠背”现象，实现农业技术供求信息的“面对面”机制。在前期调研、技术咨询、技术服务、成果评价和转化试点等方面实行全方位、分步骤地跟进落实具体的工作目标，使协同平台功能多样化，实现具备农业信息资源的信息检索、信息发布、视频直播等功能。同时，将在已有功能基础上拓展和延伸新的服务功能，如建立“创新合作社”“农业金融超市”平台，搭建“用户中心”“业务中心”“应用中心”“咨询中心”和“远程视频中心”等中心，并构建“农业资源库”“种植视频资料库”“养殖视频资料库”“农业科技咨询知识库”“农业适应技术资料库”等特色数据库。

4.广泛合作交流

合作交流是信息流动的内在要求。合作交流应坚持“搭建平台、集聚资源、服务下移”的基本理念，进一步加强与区县农业部门、农业园区、农业企业、农业合作社等的合作，构建链条式的信息服务体系和信息服务网络，辐射西北，带动跨区域发展，并组建农业信息服务联盟。建立农业科技特派员和农业信息员制度，通过微信、微博、QQ群、电子邮件、短信平台等方式推送农业金融、法律法规、农业教育、农业政策、农业培训等方面的服务，挖掘用户信息需求。

5.构建区域农产品大市场

“展示”与“交易”相结合，“平台”与“集市”相结合，建立协同平台的农产品大集市。通过定期“开集”，让农业信息更好地贴近农业经济。农产品大集市将挖掘西北特色农产品魅力，进一步扩大地理标志农产品的影响力和知名度。同时，还可以建立西北农产品大集市参展企业、农业项目数据库，为西北农业信息资源搭建便捷、畅通、高效的交流平台。通过专业对接活动，开展专业服务，使得西北农产品大市场的服务功能链条化、专业化、产业化、规模化，从而加强农业各个部门之间的沟通、协作和数据共享，促进农业产业健康有序地发展。

四、西北农业信息资源协同平台的构建

（一）西北农业信息资源协同的实现载体

2016年，陕西、甘肃、宁夏、青海和新疆根据自身省情出台了“互联网＋”现代农业方案，计划从三个阶段推进“互联网＋现代农业”的发展。

1.第一阶段（2016—2017年）：农业管理、生产与服务的网络化

主要包括8个部分：①农村网络基础设施建设。②建立农业生产经营管理、农业生产调度、农业信息服务、农业信息资源利用等管理的大数据平台。③农业物联网应用。④农产品追溯系统。⑤建设跨行业农业信息共享平台。⑥开发农业企业的信息资源。⑦农业市场信息发布形式多样化。⑧积极开展电商进村工程。

2.第二阶段（2018—2020年）：精准农业应用

主要包括9个部分：①信息智能技术在农业生产中的广泛应用。②农业生产智能化监测。③农业生产经营和管理中的大数据应用。④建立农药、种子追溯系统。⑤农业监管网络化。⑥建立网上农产品交易平台。⑦建立“企业+合作社+农业基地+农户”的网络化经营体系。⑧推进物联网试点。⑨实现畜牧生产经营和管理的精准化、智能化。

3.第三阶段（2021—2025年）：农业设施和装备的智能化

主要包括8个部分：①农业设施、装备智能化。②农业设施、装备智能控制。③建立省级农产品质量安全追溯管理信息平台。④建立农产品产地准出、包装标识、索证索票等监管系统。⑤农产品监管智能化。⑥农业生产经营中信息技术的广泛应用。⑦农产品生产加工和流通销售环节中的信息联网。⑧建立农情体系和农产品预警体系。

从这三个阶段的农业信息资源建设内容看，集中反映了各种农业信息资源协同发展的强烈需求，无论是农业的生产、管理网络化，还是农产品追溯体系建设、精准农业的发展，海量复杂的农业信息集成，只有通过农业信息的协同才能够实现其信息价值。

（二）西北农业信息资源的配置能力

从西北各地区的农业信息平台建设来看，各地农业信息平台存在着定位重复、各自为政，难以形成区域信息优势。农业信息资源协同理念是随着农业信息服务广泛开展成为影响农业信息资源未来发展方向的理念，意味着农业信息资源建设打破各个系统之间不交流、不开放，资源利用低，封闭运行的信息孤岛。西北农业信息资源协同平台由管理层、服务层（公益信息层）和应用层（市场信息层）三个部分组成（图9-3）。

1.优化农业信息资源配置

农业信息资源协同是实现信息资源结构优化的基础，意味着农业信息首先要创造价

值，通过各个信息系统的互联互通，实现信息沟通、信息交换、信息共享，从而达到农业各要素的互联互通，进一步拓展农业生产中各要素之间的触点，解决农业生产经营过程中的信息不对称，避免资源浪费，促进农业信息资源的供给与需求点对点对接，扩大生产要素的使用效率。网络平台增强的信息资源协同比传统信息服务涵盖范围更大，某一用户需求的信息可能在其他部门为闲置信息，通过协同提高信息资源利用效率，以此获得收益，对用户而言更加便利，有专门的信息资源协同平台，且不需付出更高的成本；对信息系统而言扩大了业务范围，可以获得更多的效益。可以说，通过搭建网络平台在信息要素的参与下优化配置生产要素，实现了相关利益方的共赢。虽然平台建设成本较高，但随着网络的普及，其成本会越来越低，未来的物联网也许会使网络进入“零成本”，如20世纪70年代太阳能发电成本为68美元/（千瓦·时），现在只需要66美分/（千瓦·时）。

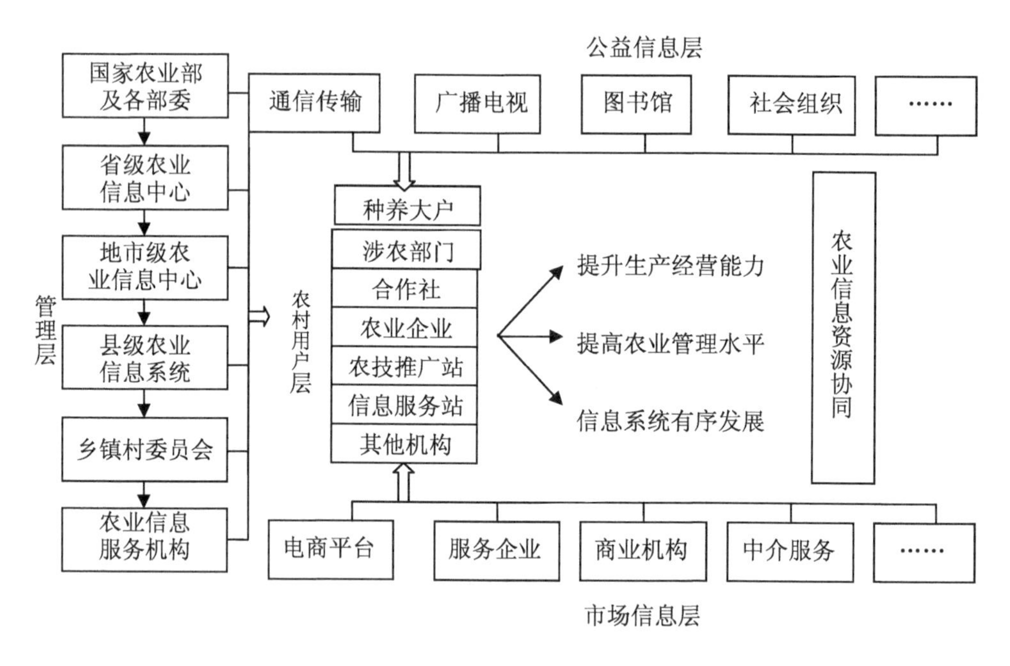

图9-3　西北农业信息资源协同体系架构

2.以网络平台为切入点

网络平台为“生产型消费者”参与农业生产的经营过程提供了更大的可能性，为更高水平上的信息资源协同创造了必要的条件。在农业生产经营领域，网络平台以信息为要素越来越多地参与其中的各个环节及投资融资活动，成为万众创业、大众创新时代的客观发展要求。美国未来学家阿尔文·托夫勒（Alvin Toffler）指出，“生产型消费者”

越来越成为一种趋势，也为用户更高程度地参与提供了一个新平台[①]。如社群“众筹”就是一个明显例证。

（三）提升信息价值

1.降低市场成本

在时间利用上，传统农产品交易由于受地域、环境、信息等的影响，交易成本一般较高，且农民事实收入较低（很大一部分利润被中间环节消耗），而信息平台创新的新商业模式降低了农产品的交易成本，实现24小时网上在线交易；在空间格局上，信息平台消除了物理空间隔阂，拉近了生产和消费者的距离，农业企业、合作社和农户可以实现从生产到消费者的点对点交易。

2.降低制度成本

保障不同农业信息用户拥有信息资源的获取权和知情权，实现信息的共享与互动，使制度的制定更加贴近现实实践，最大限度消除制度和政策的负效应，充分发挥制度和政策的导向作用。利用信息技术搭建农业管理、农业生产经营情况、突发事件信息采集、农业信息资源挖掘网络平台。实践证明，信息公开化在提高行政透明度、有效配置公共资源、改善发展环境上显现出明显效果，进一步降低农业生产的制度成本。

3.完善公共信息服务

公共平台建设本着“政府扶持平台，平台服务用户，用户自主创新”的思路加快网络平台建设，充分发挥网络平台在农业信息资源协同中的服务和保障作用，进一步完善信息、技术、资金、设施等方面的服务，加快协同体系建设，以良好的信息资源协同支持西北农业的发展。一是加强信息开放合作。组建信息资源协同联盟，鼓励农业产业链上下游单位协同信息，依托各省（区）农业信息中心，突出重点领域信息化建设，发挥农业科研机构、高等院校信息集成作用，争取政府层面上的政策支持。二是促进信息资源协同多元化。信息资源协同是高密度的信息活动，从信息采集、信息搜集到信息分析、信息传播、信息供给再到信息反馈、信息集成等，都需要投入大量的资金、技术和人力。因此，仅靠一家之力是难以完成的，必须鼓励多元化投入。三是发挥各省（区）农业信息中心的作用。把农业信息中心作为政府农业信息的集散地，发挥信息平台的信息服务、信息咨询、服务创新、成果转化核心作用，推动信息要素化，促进信息资源协同进行良性循环。

五、西北农业信息资源协同平台战略架构

西北农业信息资源协同平台涉及农业各类信息资源，是覆盖农业管理、农业生产、农业经营等用户信息需求的有效平台。积极探索“互联网+”大背景下农业信息资源管

① （美）阿尔文·托夫勒：《第三次浪潮》，黄明坚译，中信出版社，2006年版，第134页。

理快速转型发展之路，充分发挥各个信息系统的自身优势资源与平台，将农业信息管理平台与农业信息服务平台融合（见图9–4），破除地域、时间壁垒，汇集平台数据，使信息资源从成本优势、资源优势向协同服务的优势转变，实现深度应用。

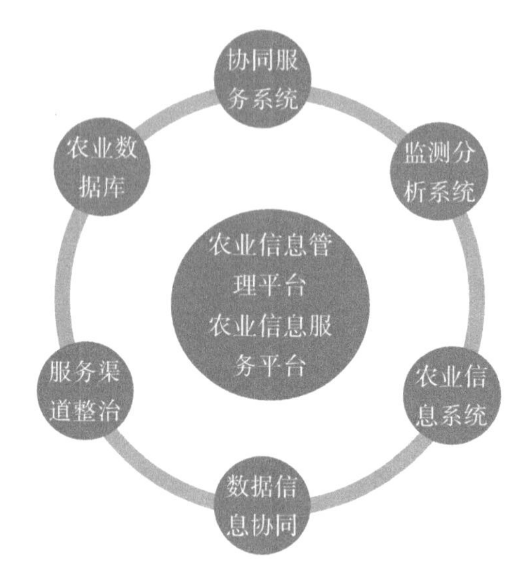

图9–4　西北农业信息协同平台架构

（一）建立农业信息管理平台

西北农业信息资源管理平台主要为西北各级政府和相关部门的工作人员建设统一的工作管理和办公平台。平台主要包含网格化管理系统、协同办公系统、政务服务系统、掌上民情通系统等。

1.网格化管理系统

主要是网格工作人员利用掌上民情通巡查走访，采集公共基础信息、上报网格内事件，提供咨询、主动上门代办等服务。掌握网格员位置信息和巡查轨迹，向责任单位分配任务、限期办理，使社会服务管理工作不留死角。

2.协同办公系统

通过在线消息、短信、邮件等沟通渠道，全面整合各业务系统的待办事项、预警信息、系统提示、业务通知等，实现部门内部和各单位之间工作的协同、文件的收发、数据的整合。

3.政务服务系统

在村组、乡镇、区县等政务服务大厅建设综合服务窗口，将民政、计生、党建、社保等业务工作整合到政务服务系统中，统一受理辖区群众各类政务事项。建设政务服务系统的目的是简化办事流程和审批流程。

4.掌上民情通系统

掌上民情通系统为政府工作人员提供手机端办公平台，实现移动办公。

（二）构建农业信息服务平台

通过互联网，构建农业信息服务平台，以实现政府、农民、企业、专家、消费者等多个主体间农业信息资源的交流和共享。服务内容需要贯穿产前、产中、产后整个产业链。

1.信息服务系统

在建设农业信息资源管理平台的同时，以用户信息化需求为目的，基于信息技术和信息化理念，建设产前、产中和产后的农业信息服务系统。通过该系统，农业信息用户只需拨打信息服务热线或登录信息服务网就可以享受到方便、快捷、贴心的农业科技、农产品价格、农业生产资料等多项服务，有效解决农业生产经营中出现的各种信息需求难题。

2.呼叫服务系统

将西北地区政府所管辖的公共服务热线和生活服务热线整合到一个号码，并将网站、微信、邮件、QQ等诉求渠道统一整合到呼叫服务系统，为用户提供全天候、全方位的信息服务，实现一站式受理、分级转办、限期办理、跟踪反馈等。

3.平台服务系统

在统一标准、统一平台的基础上构建面向群众服务和互动的统一门户，通过搭建协同服务网，将用户的各类信息、事务、服务全部整合到协同服务系统中，方便用户在线咨询、查询、办理事务，建设虚实结合的信息资源协同服务模式。

4.微信服务号系统

开通统一的微信服务号，通过微信服务号，每天可以发布农业信息服务资讯，并提供政务咨询、科技服务等功能，用户也可通过微信服务号来上报诉求、查询各种信息等，实现与用户沟通的零距离。

（三）建立开放的农业信息数据库与信息系统

1.农业信息系统

农业信息系统包括生产信息系统、经营信息系统、管理信息系统和服务信息系统。生产信息系统包括大田种植信息系统、设施园艺信息系统、畜禽养殖信息系统、水产养殖信息系统等；经营信息系统包括农产品物流信息系统、农产品电子商务信息系统、农产品批发市场信息系统、农业企业经营信息系统、农民专业合作社经营信息系统等；管理信息系统包括农情调度信息系统、农产品质量安全监管信息系统、农产品市场监测信息系统、动物疫病防控信息系统、渔政指挥管理信息系统、农机管理信息系统、草原监理信息系统、种子管理信息系统、农药管理信息系统、饲料管理信息系统等；服务信息系统包括中央、省市县级农业信息服务体系平台（网站、服务平台、服务组织）等。通过平台搭建的农业信息数据库和相关业务模块将各业务部门的信息数据信息进行整合，实现数据的共享与集成，为各级政府建立统一、规范、共享的数据平台，有效解决信息不能共享的难题。

从社会信息系统的范围看，农业信息系统是社会众多信息系统中的一个子系统，是一个大系统。从农业信息系统的本身看，它又由众多的子系统构成。协同理论认为，子系统的相互作用决定了系统运动的发展方向，因此，围绕农业信息资源这个大系统来发展好各个子系统，就能够进一步促进农业信息生态链的发展，为农业信息资源的协同创造一个好的信息环境。

2.农业数据库

农业数据库类型较多，具有内容丰富、覆盖面广、涉及部门（产权拥有）多等特点。基于已建成的基础数据库、业务数据库和应用系统所采集的大数据农业信息资源，通过对数据的挖掘分析，全面掌握农业信息资源管理工作中的热点、焦点、难点问题以及变化趋势，为各级政府决策提供依据。

3.信息整合

（1）开通信息资源协同渠道（热线电话、网站等），将分散在各个部门（文化、质监、安监、教育、科技、环保等部门）信息系统中的农业信息资源整合在统一的平台上，根据各部门的信息需求分配使用权限，最大限度地利用每个信息系统的信息资源，有效地解决农业信息资源重复投资、重复建设、不能共享的难题。

（2）将基层农业信息整合到统一的社会服务管理平台上，有效解决政务信息系统烟囱式建设模式，避免了基层工作数据重复采集、重复录入、各部门工作不能联动的问题。

（3）通过短信、微信、网站、邮件、QQ等诉求反映渠道，有效解决用户信息渠道不畅、信息利用率低、信息查询没结果、信息需求没反馈等问题。

4.运行监测分析系统

运行监测分析系统通过对硬件设施、网络资源、基础软件、在线用户、核心数据、关键应用等农业信息服务管理平台全方位监控，使各级管理员及时掌握平台的运行状况，准确分析数据及其变动轨迹，及时发现信息需求，保障平台平稳、可靠地运行。

5.协同服务系统

协同服务系统通过对各部门工作人员对用户信息资源协同需求的处理、数据采集等工作过程进行监督、指导，实现信息需求的实时协同，有效提高农业信息资源协同效率。

本章小结

信息资源协同平台起着应对市场变化的感官和骨骼及组织的重要作用。它不仅应该具有快速响应用户需求的业务处理能力，还应该具有直接向管理层提供决策咨询和运行状态信息的能力，也应具有向农业生产经营层提供信息支持的能力。为了保证平台具有这些能力，我们必须建立一个具有跨系统、跨组织、能够进行信息资源协同的平台，以改进和提升农业信息管理水平。

1. 加大信息资源平台建设力度

“平台”是解决现阶段农业信息资源协同发展问题的关键，并且“平台能力”已成为农业信息资源建设的瓶颈因素，是各农业信息系统实现转型的核心。但由于平台复杂度的提高，以往推动农业信息资源建设的思路，需要通过“平台”的协同，使各类农业信息资源都能够通过不同的路径汇集到平台上来，以此提升农业信息资源的协同能力，使有限的信息资源得到最充分、最优化的利用。

2. 以平台建设提高信息资源利用率

降低农业信息资源管理活动的成本，提高农业信息资源的利用率，最大限度地满足农业信息用户的信息需求，是农业信息资源管理的目的所在。以信息平台为载体，实现农业信息资源的集成，建立信息资源协同平台，通过平台更为广泛地拓展农业信息资源的开发和应用，实现农业信息资源的有效管理和充分利用，使农业信息资源协同水平进一步提升。

农业信息资源的协同机制，不仅促使信息资源建设运行机制生机勃勃，而且使信息资源服务能力得到提升，同时还提高了农业信息资源管理的创新能力。从系统功能的角度来看，农业信息资源协同发展的工具体系应包括三大类：一是政策工具引导各类信息资源按照整体布局优化建设的信息系统，如基于区域优势设立区域农业信息系统，通过重要基础设施布局的农业信息系统、公共农业信息服务设施的布局、财税补贴建设的信息系统等，来调整系统间的分工合作。二是约束控制性信息系统技术，通过主动调整发展路径，实现与协同发展总体目标相一致的发展。三是市场协调性信息系统，这是农业信息资源协同发展中需要着重完善的，包括信息资源的共享、信息服务系统提升等，这也是建立农业信息资源协同机制的重要政策保障。

|第十章|

西北农业信息资源协同绩效评价

第一节 西北农业信息资源协同路径

信息资源协同的本质是能够让信息产品、信息服务、信息数据拥有共享渠道的信息资源管理模式。基于西北地区农业信息资源协同的必要性和面临的问题，提出在构建西北区域合作机制时，应加强西北农业发展规划和现有合作机制的对接，加强信息服务领域机制创新，构建信息服务支持合作机制，逐步实现西北区域农业信息资源制度性安排的基本思路与政策建议。

一、西北农业信息资源协同的维度

（一）农业信息资源协同中的序参量

协同论（Synergetics）是研究各种不同系统在一定外部环境条件下，系统内部各子系统之间通过非线性相互作用产生协同效应，使系统从混沌无序状态向有序状态、从低级有序向高级有序以及从有序又转化为混沌的机理和共同规律的理论①。根据协同思想理论及农业信息化相关理论，课题组将“农业信息资源协同”定义为：农业信息服务主体间，通过政府主导作用或自觉组织活动，利用现代信息服务手段及协同技术，加强彼此的合作与服务用户需求为驱动，提高农业信息资源服务的效率、提升农业信息化的水平。农业信息资源协同最基本的前提是农业信息主体间良好的沟通与合作。农业信息资源协同的核心是以现代信息技术和协同技术作为重要手段，实现农业信息资源的共享与整合。在系统演化过程中，序参量对系统演化起着重要的支配作用，它指挥子系统的行动，反过来支配子系统的运动，从而影响系统的发展（见图10-1）。序参量的作用过程并非从无到有，而是客观存在的，只是在系统发展的不同阶段发挥的作用不同。综合分

①Haken H:《高等协同学》，郭治安译，科学出版社，1989年版。

析西北地区农业信息资源协同发展水平，获取西北农业信息资源协同发展特点及农业信息各主体间的共性来选择序参量。

农业信息资源协同的价值增值过程可用以下公式表示：我们假设农业信息资源系统用T来表示，农业信息资源系统中各子系统用x_j（j=1，2，3，…，n）来表示，农业信息资源系统的整体价值用M_t来表示，各个子系统独立运行产生的价值为M_{x_j}（j=1，2，3，…，n），则：

$$M_t=M_{x_1}+M_{x_2}+M_{x_3}+\cdots+M_{x_n} \quad (1)$$

式子（1）表示，农业信息资源系统的整体价值，是各个子系统独立运行所产生的价值之和。如果系统协同机制良好运行，则协同效应为：

$$M_t^*=M_{(x_1+x_2+x_3+\cdots+x_n)} \quad (2)$$

协同效应导致的结果，将使农业信息资源协同机制的价值增值，即：

$$\Delta M=M_t^*-M_t \quad (3)$$

当$\Delta M>0$时，说明协同收益大于协同成本，即农业信息资源协同机制产生了良好的协同效应，具体表现为农业信息资源的高效利用和经济效益的提高。

1.序参量的定义

序参量是协同学的一个中心概念，是指在系统演化过程中从无到有地变化，影响着系统各要素由一种相变状态转化为另一种相变状态的集体协同行为，并能指示出新结构形成的参量。简单说，就是指各子系统相互协同而产生的结果，是对系统协同有序程度的一种度量。序既是各个子系统之间规则性的关联又是一个整体概念，独立系统无序可言，序参量在系统关联演化的过程中，其实一直都是客观存在的，只是在不同的发展阶段，序参量对系统所产生的影响和发挥的支配作用不同。可见，序参量是一种对系统产生影响较大、支配时间较长、发挥主导作用的参量，它不仅主宰着系统演化的整个进程，而且决定着系统演化的结果。

2.序参量的原理

序参量是各子系统之间相互作用的产物，它指挥子系统的行动，反过来支配子系统的运动，从而影响其竞争和合作，通过竞争和合作来取得对系统的支配和主导权。序参量原理如图10-1所示。

由图10-1可知，在系统的协同发展过程中，当系统无规则运行时，各子系统相对独立，关联度很小，此时序参量的值为零。而随各子系统之间竞争、协同的发生及外界条件的影响，系统逐渐向有序运行发展，序参量的值便会逐渐增大。当系统运行高度有序协同时，序参量达到最大值。所以，子系统决定序参量，序参量反作用于子系统，支配整个系统的有序发展。在西北农业信息资源的协同中，各协同子系统通过有效的功能定位和专业分工机制，能有序整合各系统的无序运动，实现各系统组分的协同转化。各系统组分的协同运作，成为农业信息资源协同发展的必备条件。

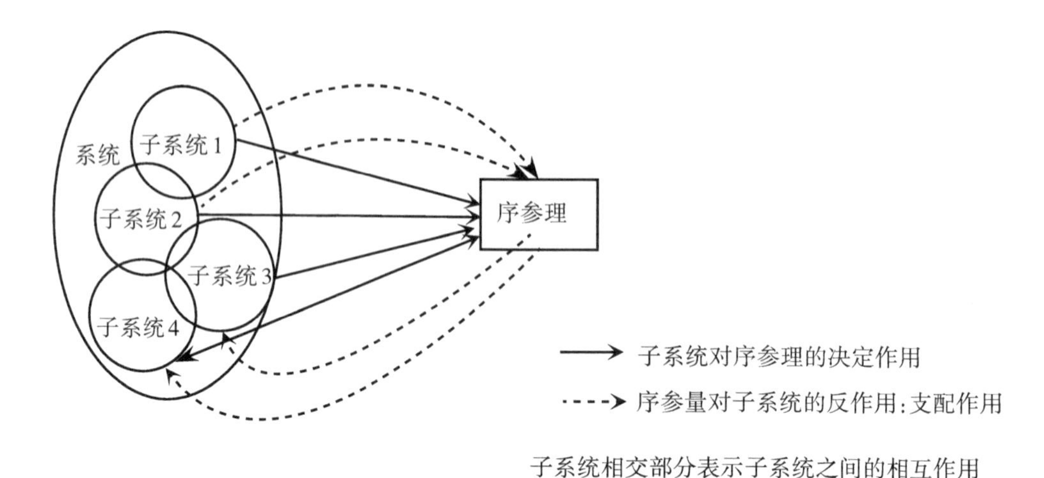

图10-1 协同中的序参量运行图

3.序参量的识别方法

序参量支配着一切子系统，通过主成分及层次分析选取序参量。综合分析西北地区农业信息资源协同发展水平，获取西北农业信息资源协同发展特点及农业信息建设主体间的共性来选择序参量。弛豫系数法是根据序参量作用机制求出序参量的方法。具体方法为：将$x_i(t)$设为农业信息系统中的第i个参量，根据农业信息系统发展规律，将系统变化速率用朗之万方程式表示：

$$\frac{\mathrm{d}x_i(t)}{\mathrm{d}t}=a_ix_i(t)+\sum_{j=1,j\neq i}^{n}[b_{ij}x_i(t)+c_{ij}x_i^2(t)]+f_i(t)$$

式中，$\frac{\mathrm{d}x_i(t)}{\mathrm{d}t}$为$x_i(t)$的变化率，变化速率受其他参量的协同竞争及自身发展能力影响，同时还受外界随机干扰，$a_ix_i(t)$为第i个状态参量的自身发展能力，a_i表示参量的发展系数（弛豫系数）；$\sum_{j=1,j\neq i}^{n}[b_{ij}x_i(t)+c_{ij}x_i^2(t)]$为其他状态参量对$i$参量的协同竞争，协同作用为$b_{ij}x_i(t)$，竞争作用为$c_{ij}x_i^2(t)$，$f_i(t)$为其他干扰因素。

可见，序参量选取以弛豫系数a_i为依据，a_i越大，弛豫时间越短，x_i随时间变化越快，表明该类变量为快变量；a_i越小，弛豫时间越长，x_i随时间变化越慢，表明该类变量为慢变量。

4.序参量的重要性和意义

西北农业信息资源建设各自为政，发展不平衡，特色开发不足和利用效率不高，这些问题，虽然使组成农业信息系统的子系统各有部署，但并非相互独立，而是相互关联、促进和制约的关系。协同机制中的序参量像只“无形的手”，对整个系统的协同发展起着支配和决定的作用。通过选取和确定序参量，可以发现西北农业信息资源的关键变量，分析农业信息系统发展的失稳点，确立农业信息资源协同发展评价指标。

（二）西北农业信息资源协同中子系统的有序化

西北农业信息资源协同子系统有四个，即政府管理部门、中介服务组织、企业组织、农业合作社组织。政府部门主要包括各级省政府相关部门：农业、林业、水利、畜牧、农机、气象局、农村能源、经管、科技信息及广播电视等部门，还包括农业社会化服务组织，如农业技术推广站、农机站、畜牧兽医站、供销合作社、种子公司等。中介服务组织主要包括农业类科研院所、电视台、广播站。农业合作社组织有很多，如养殖牛羊合作社、养蜂合作社、建筑合作社、种菇协会、柑橘研究会等专业合作社、协会、研究会等。要使农业信息系统协同发展，必须使各个子系统在序参量的作用下有序运行。

1.子系统的有序度

在西北农业信息系统协同过程的描述中，假设x_{i_1}，x_{i_2}，…，x_{i_m}为子系统i的正向指标，$x_{i_{m+1}}$，$x_{i_{m+2}}$，…，x_{i_n}为子系统i逆向指标，则子系统i序参量分量x_{i_k}的系统有序度可进行如下定义:

$$u_i x_{i_R} = \begin{cases} \dfrac{x_{i_k} - \beta_{i_k}}{\alpha_{i_k} - \beta_{i_k}}, k \in [1,m] \\ \dfrac{\alpha_{i_k} - x_{i_k}}{\alpha_{i_k} - \beta_{i_k}}, k \in [m+1,n] \end{cases}$$

当$u_i(x_i)$越大时，x_{i_R}对协同系统有序的作用就越大，协同系统的有序度就会越高；反之，若$u_i(x_i)$越小，则x_{i_k}对协同系统有序的作用就越小，协同系统的有序度就越低。

2.子系统的合作与竞争

子系统的基本协同过程为：首先，以宏观政策为主的外部环境将序参量提供给协同系统，打破协同系统的平稳状态，使协同系统呈无序状态；其次，当系统的参量达到临界时，子系统间的关联和合理的协同管理促成无序的系统重新整合，产生协同效应，形成新的序参量；最后，序参量通过竞争及合作，使协同系统发生平稳转变并形成新的系统体系。

（二）农业信息资源协同中的环境因素

1.促进农业信息资源建设有序化

通过搭建协同开放的农业信息合作平台，加强农业基础设施互联互通和能力建设，有助于提升西北区域农业发展水平、密切区域农业经济关系、凝聚区域合作共识，促进西北区域一体化向更高层级、更大范围推进。农业信息资源协同的核心目标是通过深化西北五省（区）的农业合作，共创和共享农业发展机遇，促进区域农业经济繁荣。

2.打造“一带一路”向西开放新格局

通过发挥西北关键节点的作用，符合“丝绸之路”经济带战略发展的新要求，大力推进西北农业开放，特别是国家提出的“一带一路”战略中的西部开放新格局，成为我国积极参与中亚的一个关键突破口。同时，搭建与中亚国家有效的区域沟通与合作平台，构建开放型的西北农业发展体系，构思新的理念和合作模式，为进一步提升西北农业影响力及合作能力，促进西北农业发展做有益尝试和补充。特别是在区域经济合作日益增强的新形势下，深化西北五省（区）的农业合作有了新的机遇，西北农业信息资源协同就是一个前所未有的跨区域合作。就目前情况看，许多现实困难和问题，需要在政府行政架构下进行合作，最好是在借助“一带一路”合作机制的建设中有针对性地予以解决。

3.符合西北各省（区）农业经济转型和农业产业结构性改革需求

区域农业合作成为农业信息资源协同的重要内容和新趋势。(1）区域农业协调安排持续快速增长；(2）多领域、多种方式的区域和次区域农业合作应运而生；(3）区域一体化中农业项目安排增多，农业信息资源管理的重点将转向信息资源保障和信息资源共享。新一轮农业信息资源建设规则重构呈现高水平、高标准、协同化趋势，使西北农业信息资源市场开放和信息管理制度改革面临前所未有的压力。在信息资源协同背景下，深化区域信息合作、加强农业发展的意愿不断增强，但随着国家农业信息资源顶层设计格局变化的影响力逐步加大，西北农业信息资源建设承担更多责任的期待与担忧也显著增强。

二、推进西北农业信息资源协同合作机制建设的思路

协同作为农业信息资源管理理念，其表现为信息资源建设的有序性，信息服务的有效性、高效性，信息共享性，信息渠道的互联互通等，进而形成农业信息资源的广泛覆盖。

（一）农业信息资源的共建共享

1.在整体谋划基础上突出重点、循序渐进

农业信息资源协同建设是一个系统、庞大的工程，既需要整体谋划，又要突出重点、先易后难地循序推进，以扎实的成果突显合作实效、扩大合作影响力。此外，作为一个长期、动态的过程，因合作方的目标与利益诉求不同，合作内容与机制建设也需随形势和需求的变化而不断丰富拓展，挖掘农业发展潜力、寻找各方利益交汇点。如果不能对农业信息资源协同如何落实互利共赢的思路加以清晰的阐述和明确，将难以答疑释惑，更不利于助推和引领区域深化合作。

2.设立信息管理部门，专门负责信息的采集、甄别、分析和利用

西北农业信息市场的规模和需求潜力巨大，未来发展的潜力和机会也很大。农业管理部门要勇于承担引领与贡献责任，在取得农业信息的渠道上表现出极大的创新。他们通过各类农业新闻、经济类报、政府农业官方网站等获取重要的农业信息资源，及时掌握农业发展形势，与信息资源用户联系，掌握他们的信息需求，对采集的信息进行甄别、分析，向信息用户提供高效有用的信息。这一举措及时填补了农业信息资源协同中相关环节的漏洞，在很大程度上减少了收益流失。

（二）加强区域农业信息资源协同机制建设

现有行业间的信息资源协同合作已取得积极成效，为西北农业信息资源协同区域合作机制探索了有效路径。长远来看，随着西北农业合作逐步深化，应不排除、不排斥形成新的、覆盖西北区域农业信息资源建设合作机制的可能性。当前，西北农业信息资源协同区域构建合作机制应该从四个方面入手，来实现“区域”与“行业”的融合，优化区域农业信息资源结构，保障农业经济的发展（图10-2）。

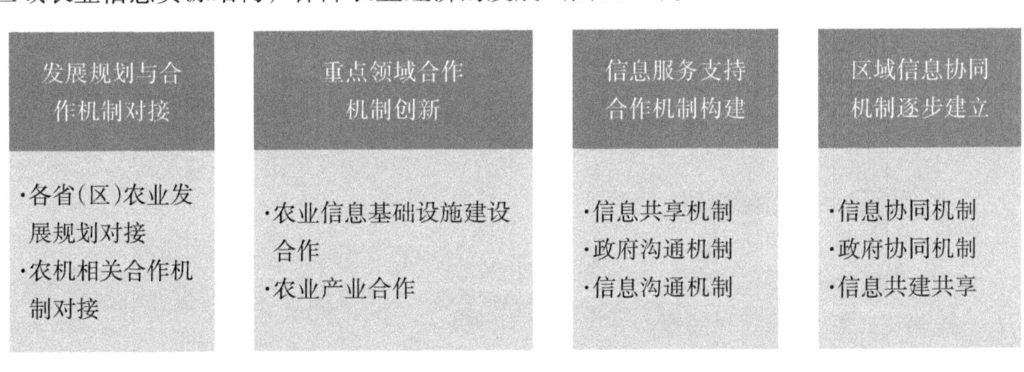

图10-2 西北农业信息资源协同区域合作机制架构

（三）政府和市场两手都发力

政府和市场是现代市场经济体系中相互关联、相辅相成的重要组成部分①。由于目前的农业信息系统纵向层级多，信息链长，横向信息沟通困难，这就需要专门建立权责明确的协调组织、畅通及时的交流渠道、规范高效的协调机制，以保证跨区域信息整合共享的实现。(1) 加强政府的宏观行政管理，发挥政府的指导作用。政府要以协同理念建立西北农业信息大系统，统筹制定农业信息发展战略、规划和政策。如可以通过高层会议、协调小组、联合发文、跨部门联动、合作与协作等形式实现农业信息初步协同。(2) 完善市场机制，充分发挥市场配置资源的作用。建设农业信息分析系统、信息分析报告制度等，对重要信息进行全过程跟踪与分析，结合农业经济运行监测系统，进行

①刘伟忠:《我国地方政府协同治理研究》，山东大学，2012年，第112页。

即时数据的全面汇聚、动态展示和比对分析，充分发挥市场在农业发展和农业信息资源配置中的作用，完善政府在信息资源协同方面为市场提供的制度保障体系。在强化政府职能、明确责任担当的同时，又要激发市场机制的活力，使政府和市场两手发力。

（四）建设农业信息资源“一张网”

一是加强基础数据建设。使农产品周期性特征减弱，使农业发展更具成长空间。二是依托信息化推进农业信息流程再造，逐步提升农业信息资源协同便捷化程度。目前，实现农业信息行政跨部门协同运行的全过程管理难度还较大，虽然相关信息的一站式服务有一定的推进，但“一张网”系统整合和农业资源共享障碍较大，应进一步通过信息推送、热点信息服务等，借助信息平台开展信息互动来化解这些问题，推进电子农务集约建设和数据共享，构建智慧政府管理平台。

第三节　西北农业信息资源协同综合评价方法

近年来，农业信息资源建设得到快速发展，但是，关于农业信息资源协同的评价问题还没有一套学界普遍认可的评价标准，这对于农业信息资源协同的快速发展有着阻碍作用。

一、评价体系的指标构建

（一）评价目的

1.提高农业信息资源利用率

在制定农业信息资源协同管理战略规划基础上，农业生产经营管理涉及一系列相互联系的具体环节，包括对农业信息资源的识别、分析、排序、处理、评估、利用和跟踪等。实施农业信息资源协同管理后，通过农业信息资源的采集与深度分析判断农业信息资源的真实性和准确性，从而实现对利益风险的集中管理，最大效用地使用有限的协同力量，利用农业信息资源协同优势，降低风险，提高管理质量与效率。

2.体现正确引导作用

农业信息资源协同评价指标体系，引导农业信息资源协同组织的创建工作不断深化，确保农业信息资源协同组织创建指数。农业信息资源协同建设是一个多维度、多层次和动态的概念，根据评价标准，客观地掌握情况，进行科学引导，持续其生存的社会空间。这是为了把协同工作搞得更好而进行的综合评价。

（二）评价指标

研究中，课题组对农业信息资源协同的评价指标从三个层面进行了确定：一级指标（目标层）3个：包括信息基础建设、信息环境、信息资源协同效果；二级指标（准则层）4个：包括农业信息设施建设、农业信息资源、农业信息资源协同状况、农业资源信息协同向度；三级指标（指标层）24个，并对每级指标赋予不同的权值（详见表10-1）。

表10-1　农业信息资源协同建设指标评价体系架构

一级指标（目标层）	二级指标（准则层）	三级指标（指标层）	权重
信息基础建设	农业信息设施建设	电话数(百户/部) 移动电话数(百户/台) 有线电视覆盖率(%) 电视机数(百户/台) 家用计算机数(百户/台) 网络带宽(兆) 已通网络的行政村比重(%)	0.3
信息环境	农业信息资源	农业数据库拥有量(个) 用户平均上网时间(小时/天) 网站数量占本地区数量的比例(%) 地方政府农网辐射的行政村比例(%) 农村信息服务站建立的比例(%) 农业电商网点在本地区的设立比例(%)	0.3
信息资源协同效果	农业信息资源协同状况	农产品网上交易比例(%) 电子商务的平均销售(元/人) 农业龙头企业上网所占的比例(%) 农村农民对农村电子商务的认可状况(%) 各个部门实现农业信息资源协同覆盖(%) 用户信息满意度(%))	0.2
	政府农业信息协同向度	政府信息资源协同意识 社会信息资源协同意识 农业信息资源整合制度 农业信息资源协同的完整程度 农业信息资源协同技术应用程度	0.2

（二）指标设计原则

按照制定的相关规范和标准，明确信息资源协同的内容、类别与渠道，据此进行信息的系统设计。但当前来看，还缺乏一整套涵盖系统业务信息指标体系和数据采集规范标准，造成信息资源协同工作主要依靠经验和惯例，较为随意，容易导致盲目协调和储存了大量与工作相关性不大的信息，因而降低了协同信息的总体质量，导致信息利用效果不佳，影响了信息分析的应有价值。事实上，信息系统只是提供了增加可确定性的可能性，要把这种信息资源转化为确实的经济效益，无疑需要较高的数据采集质量和分析加工能力。农业信息资源协同状况指标体系的设置应当从目前农业信息资源建设状况出发。本指标的设计原则考虑了评价的简单性、可操作性与引导性的结合。

1.科学性与系统性原则

应该考虑到信息资源协同的方方面面，农业信息资源协同的评价指标体系在构建时主要包含农村信息化的相关信息。信息资源协同不仅是信息管理的问题，也应看到农业行政机构在农业信息资源协同中的重要性，比如信息开放准备程度、政策支持情况等，这些指标也都应该被考虑进来。

2.数据可获得性原则

在农业信息资源协同的指标评价体系构建中，主要目标就是通过指标计算获得结果，指标可以通过统计年鉴、年度统计报告、调查问卷或其他政府报告获得，这些数据能够较为全面地反映农业信息资源协同情况，也可以在实际工作中得到实施。同时将主客、观评价相结合：一是指在指标评价体系构建中需要做到评价指标设计符合协同原则、借鉴其他评价体系需符合实际工作需要；二是充分考虑目前及将来农业信息资源协同发展状况及趋势，对于评价信息资源协同，需要在科学合理、理性研究的基础上进行设计。

3.定性与定量统一原则

定性指标反映的是一种状态（或水平）；定量指标反映的是趋势，是不断变化的。只有把握好定性指标与定量指标的结合，体现层次性与相关性原则，才能全面、准确地把握信息资源协同的发展状况及发展趋势，客观描述本地区的信息资源协同基本特征。课题组从农业信息资源建设状况入手，设置指标体系，力求全面提示农业信息资源协同的状况、效果及发展趋势，具有真实性与可靠性。

（三）评价体系框架

建立农业信息资源协同评价体系的指标包括多个方面，本指标体系在借鉴了其他指标体系，如张研等（2010）构建的电子政务信息服务绩效评价指标体系①、黄双颖（2014）构建的网络信息资源的评价指标体系②、罗力（2012）构建的政府公共危机管理

①张研，何振：《电子政务信息服务绩效评价指标体系》，载《图书馆理论与实践》，2010年第2期第46页。

②黄双颖：《网络信息资源的评价指标体系和评价方法的研究》，载《中国集团经济》，2014年第21期第75页。

中信息预警能力评价指标体系[①]、张晓丽（2016）构建的农村电子商务评价指标体系[②]，构建了农业信息资源协同指标体系（见图10-3）。

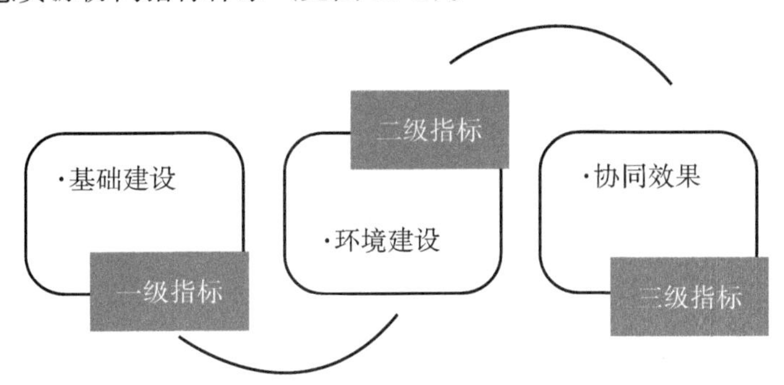

图10-3　农业信息资源协同评价体系构成

根据农业信息资源协同的发展特点，同时遵循评价全面性、数据可获得性、主客观评价相结合和动态与静态统一的原则，每个指标设计遵循一个准则，即通过指标的评价推动农业信息资源协同工作或具体行为的改善和优化。农业信息资源协同评价体系设置为3个一级指标、4个二级指标和24个三级指标，分别涉及农业信息系统的基本工作、主要作用和有一定难度的工作（见表10-1）。以这些指标为农业信息资源协同评价标准，记录农业信息资源协同相关的工作成果，作为评价农业信息资源协同的重要依据。目前涉及效果的指标有些需要进行专项调研和评价，因为农业信息资源协同建设工作还只是一种设想。

二、评价指标体系的应用

（一）农业信息资源协同评价实施预期

西北农业信息资源协同的最终目标是建立职能明确、分工合理、运转有效的农业信息系统，形成以农业信息系统为基础、党政支持和社会辅助的农业信息资源协同系统，最终实现通过扫清要素壁垒建立西北地区统一的农业信息资源协同体系，充分发挥农业信息资源在市场资源配置中的重要作用（见图10-4）。

1.增强农业信息系统信息资源的整合力

农业信息资源协同评价体系的实施，会使农业信息系统的信息资源组织功能被重新定位，各信息系统职责得以明确，各项职能由信息系统的不同子系统分担。在信息资源协同工作有效规划安排下，各个信息系统的分工协同得以规范。不少子系统都需要承担信息资源组织建设活动的策划安排，初步形成信息系统抱团发展的模式。在评价体系的

①罗力：《政府公共危机管理中信息预警能力评价指标体系研究》，载《重庆大学学报（社科版）》，2012年第5期第92页。

②张晓丽：《村电子商务评价指标体系构建研究》，载《农业经济》，2016年第3期第123页。

引导下，会逐渐涌现出一批优质、多能的信息系统。

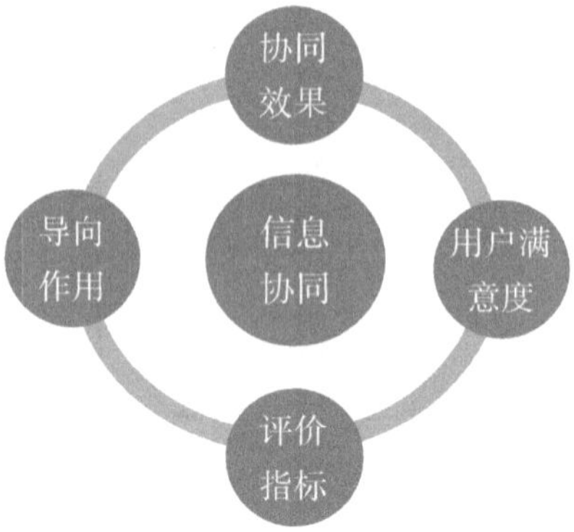

图10–4 农业信息资源协同的典型案例评价

2.促进信息系统不断完善、改进

发展目标量化后，使各个信息系统的信息资源协同工作开展有了方向。每个系统都应该有一个年度发展计划，并在途中对照评价体系的要求进行检查、推进，年底更会全面地对全年的工作进行回顾总结，找到差距并不断地完善、改进。许多以前相关信息资源协同发展的信息系统也会积极动员或组织参与，积极主动地为地方农业发展服务。

3.增加系统内部的信息沟通联系

随着农业信息资源协同联络网的建立，每个系统都在这张网上的每个节点上动态地传递交流信息，有关各地的重要农业信息得以在这个网上快速有效地传递给相关的农业信息用户，农业管理、农业科研等部门。农业信息用户通过农业信息资源协同联络网快速地获取信息、把握信息动态，充分地利用农业信息资源，这大大地加强了信息的沟通与联系。

4.改善用户的参与度

各信息系统通过评价指标的科学引导，让广大农业信息资源用户以主人翁身份积极参与到信息资源的协同活动之中，这大大提升了农业信息资源协同的活力。同时，随着农业信息资源利用情况的不断提升，也加大了农业信息用户对农业信息资源协同网络的关注度，提升了农业信息用户对农业信息资源协同工作的满意度。

5.依据评价结果进行决策

农业信息资源协同评价体系这个突破口是一个有效的管理方式和载体，能更加有效地提升农业信息系统的发展活力，不断完善农业信息资源协同相关制度和规范，有利于农业信息资源协同健康发展。

（二）评价工作实施过程中产生的问题

1.思想认识的转变过程

从实施到规范会有一个思想认识变化的过程。各农业信息系统从省级农业信息中心到市县级农业信息中心及相关的农业信息系统，对实施农业信息资源协同工作评价的意义肯定会在认识上有很多分歧，一开始也会有普遍的抵触情绪，尤其是一些习惯了自我发展的信息系统会感受到一定的压力或不适应。但实行一个时期以后，当大家看到实际效果后，会理解与支持。

2.评价内容需要不断发展和完善

农业信息资源协同工作评价共分3个一级项目、4个二级项目、24个三级项目。有部分指标及分值可评价性较弱，考量弹性空间过大。如果推进措施不当，会产生一定的难度，而对考核测评认知不同，会导致在测评工作过程中引起一些意见和分歧。所以，测评工作的目的是敦促和促进信息系统的发展，并没有刚性约束要求。

3.评价指标体系需不断地补充

农业信息资源协同建设强调以信息资源高效利用和有序发展为基本理念。对其评价不仅要对当前信息资源的建设、利用等方面进行评价，还要对未来发展有所评估。本研究着眼于对信息资源协同的专题评价（如服务定位、社会参与、信息交流、功能发挥等的效果）和信息资源协同的典型案例评价（如农业信息系统、单位信息系统、企业信息系统等情况），制定了三级评价体系32个评价指标，通过对这些指标进行科学的分析、理性的评价，对目前西北信息资源的协同状况给出较为客观的判断，但对未来发展的体系指标需要进一步补充和完善。

三、影响指标评价的主要因素

（一）协同环境

农业信息资源协同环境包括两个方面：一是农业信息需求者所处的农业信息资源传播环境，如需要什么样的农业信息资源、利用信息资源的能力和水平如何、拥有农业信息设备的条件怎样、信息需求的目标是什么、农业信息资源利用的状况如何等。二是农业信息资源供给者所处的环境，如农业信息资源的供给能力如何、农业信息资源协同中干扰因素怎样、上级要求及其他部门协同情况如何、农业信息资源供给者的技术条件怎样等。信息资源协同不是单方面可以完成的，其协同活动必然同其他社会活动、其他机构产生联系才能够进行，因而协同环境因素必然会反映到协同活动中，信息环境越好就越有利于协同，反之就不利于协同活动的开展。

（二）信息技术应用

进入信息化社会后，由于信息技术的大量应用和网络的广泛普及，打破了原有传统的物理时空，时间和空间已不具有绝对意义上的障碍。农业信息用户通过网络在任意时间、任意地点进行农业信息资源的获取；农业信息生产者可以通过网络进行信息资源的推送和传递；农业信息资源管理者可以通过电子备案，严把市场准入关，依托办公网络，提高整体管理效能。信息技术的应用，促进了农业信息资源协同工作的高效进展，拓宽了农业信息资源管理领域，提高了农业信息资源的价值，为农业经济的发展开拓了新天地，在今后工作中，信息技术将会在农业信息资源协同中显示出其重要性和优越性。

信息资源、信息技术和信息服务三者之间的互动越来越密切。深化对农业信息资源协同特征的认识，农业信息服务的社会效益和经济效益在增加，信息要素越来越体现为农产品生产的附加值。农业信息资源的盘子越做越大，投资越来越多，但效率并非越来越好，各个信息系统间的业务缠绕、掣肘、混沌等影响了各个农业信息系统自身作用的最大限度发挥，构建协同机制从根本上解决了多年来跨行政区划服务的问题。然而内部条件因素是农业信息资源协同活动的核心，外部因素最终需要与内部因素的结合实现其价值，在实证研究领域中把握好理论与实践的结合度，在实践过程中把握好政策引导力度，使农业信息资源的价值和效益最大化。

第三节　主要研究结论

从西北农业信息资源协同的经验看，一些成功事例是靠信息技术支撑的，所以西北农业信息资源协同研究在信息技术应用的发展战略上不断进行调整。进入20世纪90年代后，西北提出了“信息资源整合”战略，以谋求富有创造性的农业信息资源建设路径，力求较大幅度地增加信息技术应用和设立新的信息系统。西北的这一战略转变使得农业信息资源服务能力大增，逐步摆脱了“信息闭塞”的局面。事实证明，协同思想是这一战略实施成功的关键，从信息技术发展的现状与趋势看，“互联网+农业”是西北农业信息资源协同的主要依赖路径。

一、西北农业信息资源建设与农业信息资源协同发展环境仍有待改善

西北农业信息资源建设与西北农业信息资源协同两者相辅相成，相互影响，相互促进。西北农业信息资源建设是前提、基础；西北农业信息资源协同是目标、方向。信息技术的快速发展，为农业信息资源的建设提供了内在的发展动力，农业信息资源协同的发展作为现代农业发展的一部分，仅仅进行信息资源建设解决不了信息系统宏观发展问题，只能够解决局部信息丰裕度的调整问题，协同论为信息资源共享找到了新的根基和出口。在新的形势下，为了推进这一问题的研究，需要从理论和实践结合上做进一步的探索。当前从实践层次上的探索初露端倪，引起广泛关注的时间不长，尽管有国外的不完整经验，但无法复制照搬。我们对于农业信息资源协同的客观认识还不够完善，农业信息资源协同在农业生产经营中的具体成因、机理、影响因素及协同效果等与信息资源

协同相关较为密切的因素的研究，目前还没有具有公信力的研究结论。

二、理论与实践的对接应该更加深入

如果没有理论研究做基础，未来的政府信息资源协同政策可能面临方向选择上的不明晰，目前也还没有查询到对此进行长期跟踪研究的样本。未来应加大研究力度，用科学结论来支持农业信息资源协同的效益和效果。理论研究应坚持以实践为主，以“用”的态度去研究现实问题，这决定了我们参考西方协同学的目的是为当下的信息管理理论补充合理因素，建构西北农业信息资源协同机制，是以我为主、为我所用。而未来农业信息资源协同也许会有不同的时代内涵和体系结构，基于农业信息资源协同发展的需要，信息资源协同在实践发展中需要进行四个方面的重构：

（一）有必要精准界定农业信息资源协同的概念

协同理论的主张是正确的，但其所指过于宽泛或模糊。农业信息资源协同这一概念表达了双重诉求，就是“协同+农业信息”，将农业信息资源协同分成信息产品协同、信息交易协同、信息市场协同和信息组织协同四类，从而将非技术性的协同内容纳入农业信息资源协同范围，这一概念的变更是对农业信息资源协同具体内涵的诠释与理解。

（二）农业信息资源协同分析框架需要有重大拓展

协同理论之所以与农业信息资源建设结合，是与新形势下农业信息系统建设繁荣分不开的，这一任务就是改变传统农业信息管理体系对农业信息资源有序性的忽视，将农业信息服务业的协同内容纳入考察之中，更加关注非技术性协同活动。根据实践中协同过程的动态非线性交互型特征，将协同从技术维度拓展到组织和推广等非技术性领域，摆脱传统的技术创新论和线性创新模式，在生产技术、政策法规、农业科技、农产品市场信息等方面的农业信息资源整合实践中对协同战略进行总结。

（三）对不同区域经济合作与发展的农业信息资源协同进行重构

不同区域经济合作与发展对农业信息资源协同至关重要，在西北农业信息资源协同过程中，应本着西北地区特点，结合西北实际情况，以渐进性改进为主，不能完全照搬发达地区的协同框架，要从顶层设计监管和具体实施路线层面对西北目前的产业功能定位进行重构，使农业产业和经济发展重现活力，为不同行政区域的信息资源协同提出建设性建议。

（四）积极探索新型农业信息资源协同的合作模式

大数据冲击着农业信息资源协同的合作模式，使其呈现多元化、新业态。基于互联网的众筹农业、定制农业，创新发展了共享农业、云农场等网络经营模式，“互联网+”农产品出村进城，大数据赋能于农村实体店，打通了农产品线上线下的营销通道，智慧农业平台将推动大众参与式的经营新模式，跨行业、跨领域的数据融合和服务拓展，促进农业生产、市场交易、农业投入品等农业信息资源的深度开发和利用，基于大数据的授信、保险和供应链金融等业务模式的推广，使供求分析、技术推广、产品营销等服务方式不断创新。面对不断变化的新形势，必须积极探索新型农业信息资源协同的合作模式，以此推进协同顺利发展。

三、农业信息资源的协同机制需进一步创新

进入21世纪以来，物联网、云计算、大数据的发展，又催生了一批新的经济发展模式，如共享经济（美国）、“互联网+”（中国），这些模式将成为数字时代应对全球竞争的一种基本经济组织形式，而经济组织结果的改变必然影响到信息组织结构的改变，随之也就会引起信息资源协同方式的变化。网络化的发展，改变了信息获取与利用结构的面貌，由于每个片区在功能、构成、空间形态等方面都各不相同，因而农业空间结构的网络化并不等于均质化，而是多元化的。应用多媒体技术将使农业规划虚拟化，使农业发展的未来趋势更为清晰，农业信息资源协同使农业产业空间得到改变。信息技术的广泛应用和快速发展催生了新的信息资源协同模式，如共享经济，其本身是古老的朋辈经济的再生，但它不是原来模式的复制，而是注入了信息技术产生的一种新的信息分享/共享模式，它对构建农业信息资源协同机制有着极大的启发意义。事实上，协同应该更具包容性，和而不同，求同存异，且内容更加丰富，通过对农业信息系统体系的重构，重塑农业信息资源战略地位的新视角。

四、管理层面：需要建立科学的管理体系

（一）应以信息分级管理和纵向协同为主，这是下一步农业信息资源协同制度架构

农业信息资源协同的问题归根到底是农业信息资源如何管理的问题，既然是管理就要科学、合理、有效。目前各个农业信息系统是与现行行政体制相对应的，反映了农业多样化发展的态势，基于协同机制的综合性、全面性和复杂性，需要认清形势，统一认识，未雨绸缪。未来农业信息资源的协同目标主要集中在农业信息资源的整合和协同能力的提高方面，具体而言，整合政府管理服务涉及农业的各种信息资源，先小范围，在一定范围内破冰，通过对各个农业信息系统建立合作关系来实现初步目标，然后扩大、延伸，逐步扩大协同规模，提高协同意识，让协同产生更大的影响。农业信息平台的协同功能越来越强，农业信息系统开始裂变，多样性、层次性、社会性特征逐步显现，农业信息平台会成为农业信息用户获取和利用农业信息资源的最主要窗口。协同管理方式是近年来新的管理理念，这一理念影响到了政府管理部门的计划工作和政策目标及工作方式，也就意味着今后各个部门要对自身的农业信息资源协同工作制定计划和政策，做出协同方面的工作安排，进一步提升利用农业信息资源的科学性和可行性，编制中长期

农业信息资源协同规划成为常态，协同效率将会大大提升。同时，也可以最大限度地避免风险。企业和个人承担风险的能力不足，而政府能够弥补这一不足，政府管理的公益性和公益事业目标，可以打破行业垄断，扩大协同的影响力。

（二）农业信息资源协同将从局部协同走向全局协同，并且由弱到强

协同管理必然会与各部门农业信息资源整合形成联系，在满足协同条件下逐步深入。一方面，农业信息系统更多地从部门的身后转向前台。另一方面，所有的农业信息系统都将被统一纳入协同管理，协同将在更为广泛的范围进行。因此，未来的农业信息资源协同将进入经常性、规模性的目标管理，实施路径及绩效评估也将进入科学化管理阶段。所有的政府信息系统都应被纳入协同管理的范围，使所有的部门农业信息系统成为“过去时”。由于种种原因，目前各级政府还掌握着各种农业信息系统和信息数据库，“部门特色”是客观存在的事实，但是财政预算、维护保障是一笔不小的费用，如果能够统一系统管理，将极大提高管理效率。各个农业信息系统间的事权范围划分是农业信息资源建设方向的基础所在，未来农业信息系统的建设应该分为中央、地方和社会三类，基本农业公共信息系统建设归中央，地方主要集中于信息数据管理，社会则集中于准公益和商业性农业信息系统建设，需要建立这三种形态之间的复杂互动关系相适应的协同方式。这样地方农业信息系统建设成本就会降低，责任进一步明确，管理能力会得到较大提高，对保障农业信息系统的均衡发展、促进农业信息资源协同发展有积极的意义。

五、应用层面：农业信息资源协同嬗变及其在新信息技术条件下的功能定位

自1984年以来，我国农业信息资源建设已走过30余年历程。在此期间，关于农业信息资源管理理论的探讨及实践，也经历了从无到有，从人际传播到智能获取的演变，这些演变都与国家的重大决策及信息技术的发展密切相关。随着现代农业发展战略的推进，以“互联网+农业”为代表的模式演进，农业信息资源建设迎来了新的发展时期，农业信息资源协同的功能定位也有了新的变化。

（一）时间和空间是测量农业信息资源协同发展的尺度

时间是人类感知与认识世界的工具和手段，同时其本身也是需要认识的对象[①]。从历史发展的角度来考察信息技术发展的时间段，大致可以分为古代信息技术、近代信息技术和现代信息技术三个不同的时间发展阶段。赫尔曼·哈肯的协同理论产生于20世纪70年代，即信息技术发展的第三时间段——现代信息技术发展期，这一时期是全球社会的快速发展时期，经济社会的快速发展产生了海量的信息，而信息产业的出现为储存和处理这些信息提供了技术支持，而协同学的提出又为有效、便捷、科学地处理各个

①荣朝和：《经济学需要新的时间背景和分析框架》，载《中国经济时报》，2016年8月2日。

信息子系统的关系提供了理论依据。

（二）从农业信息资源匮乏到农业信息资源丰裕的转变

按照协同学的观点，我们可以学习和借鉴社会学的时空观来补充基于信息技术的协同架构，任何事物的发展相对于时间来说都需要不断地演进，这也是一个分析框架。协同学的分析框架是以序参量与子系统为时间背景的，这个时间是社会存在的范畴，在协同分析中具有决定性的意义。赫尔曼·哈肯在协同学分析中已经把时间作为要素进行讨论，协同学以“由完全不同性质的大量子系统所构成的各种系统”为研究对象，来研究这些子系统是通过怎样的合作才能在宏观尺度上产生空间、时间或功能性结构的①。可见协同学产生的时代背景的时间也是特定的，即20世纪70年代人类社会处于机械化、电器化时代，信息产业刚刚起步。

从学科建设的背景角度来看，信息管理学概念于1970年由J. O. 罗尔科（J. O. Rourke）在《加拿大的信息资源》（Informatio，Resources in Canada）一文中提出，F. W.霍顿于1974年、1979年、1985年和1986年分别就“信息资源”进行了定义。系统科学也因为协同论的提出完成了系统科学从老三论（系统论、信息论、控制论）过渡到新三论（耗散结构论、突变论、协同论）。因此，时间框架是一个学科思想体系形成的背景条件，同时随着时间的演进，学科内涵、学科研究范围、学科研究对象也在发生变化。

信息协同主要有着自己的时间含义，从信息管理学诞生起，时间就不再是单纯的自然时间了，香农定义信息的含义为消除不确定性，就是指消除某一时间段内的不确定性，离开了时间，信息就不明确，就失去其价值。因此，信息资源协同的时间含义应该包括两个层面的意义：一是信息资源协同过程中的时间点，即信息资源协同需要一定的时间来完成，这个时间段较为具体、短暂和可预测；二是信息资源协同发展过程中的时间段，即信息资源协同发展过程中经历的时间，这个时间较长，且不好预测。影响信息资源协同的时间主要是信息资源协同发展过程中的时间段，如赫尔曼·哈肯提出协同理论的20世纪70年代—21世纪初，时间跨越了40年，这40年中的信息技术得到了快速发展，从半导体、电子元器件、集成电路，到光通信、移动通信、量子通信等，使信息资源协同手段得到极大的丰富。

改革开放初期，由于长期的计划经济体制，我国农业管理部门缺乏服务思维，农业信息资源的获取主要依靠农业信息用户之间的交流，信息的商品属性一直被忽视甚至被反对。1994年，为加速和推进农业和农村信息化，建立“农业综合管理和服务信息系统”，在“国家经济信息化联席会议”第三次会议上提出建立“金农工程”，由此开启了农业信息资源建设的序幕。2000年之后，信息化浪潮席卷全球，我国随即设定了建设农

① （德）哈肯著：《高等协同学》，郭治安译，科学出版社，1989年版。

业信息化的战略目标。2015年以来，以“互联网+农业”的发展战略逐步明晰，市场经济体制基本确立，信息技术在农业管理中的应用得到较快发展，农业信息资源建设进入了新的发展阶段，其中信息资源协同已经成为最主要的发展方向之一。然而，离真正实现信息资源协同需求还有较大距离：单纯以农业信息链条为路径进行的信息资源配置效率欠佳，单一考虑将农业信息服务推向市场也不现实。因此，需要政府制定相应政策进行市场引导，才能够将目前已经建立的农业信息系统优势转化为农业经济的发展优势。

3.信息技术的广泛应用改变了信息在传播、获取、利用等方面的方式和手段

在当今社会，没有哪一项技术像信息技术那样，对信息管理理论产生如此深刻的影响，而且还影响着政治、经济、文化、教育等领域的几乎所有过程。每个人都是信息技术及其产品的用户，也是信息资源开发与利用的消费者、参与者。信息技术作为信息资源的支撑，决定信息资源协同最终向信息化社会发展。

在信息资源协同的诸要素中，信息、政策和人是最基本、最直接的生产力要素，属第一层次要素，信息技术是深入到每一生产力要素中，构成管理、技术、信息等多方生产力的第二层次要素。有了信息技术，就可以形成更强大的协同能力。协同力、信息技术、信息系统、管理手段和协同对象之间的关系可以用公式表示：协同力=信息技术×(信息系统+管理手段+协同对象)。信息技术发展越迅速，协同力就越强，信息技术与信息资源协同的关系是一种乘数关系。信息化社会中的信息资源建设必须由集约型向精准型管理方式转变，主要是通过依靠信息技术在信息资源协同过程中的贡献率来实现。

农业信息资源是农业生产经营活动中关键要素，也是衡量农业经济发展的指标。在农业信息服务的起步阶段，农业经济制度处于改革之初，缺乏相应的农业信息管理制度与具体的运行体系建设，也缺乏对农业信息作用的认识。随着农业经济的不断发展，人们对于农业信息的价值性有了更为直接的认识和了解，相关的农业信息系统建设得到广泛开展，而且随着市场对农业信息服务需求的进一步提升，如何实现农业信息资源的价值最大化成为实践热点，这大大加快了农业信息资源由政府积极配置向市场自主配置的演进步伐。

本章小结

西北农业信息资源协同直接面对具体的问题，其协同不是单纯的农业信息资源整合或沟通活动，由于农业信息资源协同中对有价值信息的把握与理解占有相当大的部分，把农业信息资源协同和农业活动进行有效联系显得更为重要。因此，农业信息资源协同作为促进农业发展的重要组成因素，一定会受其他因素的影响。从实践来看，影响西北农业信息资源协同效果的因素也是多方面的。

1.制定西北农业信息资源协同管理评价实施方案

西北农业信息资源协同指标方案应本着以“现有条件”为原则，选择最合理的指标体系，对管理工具、技术手段、协同活动有一个基本评价，最终人尽其才，物尽其用。西北农业信息资源的协同是基于现阶段西北农业信息资源发展存在的突出问题和未来一定时期的发展趋势而提出的一种新发展思路。重点是要解决西北农业信息资源协同机制在信息不对称、区域差距扩大、农业产业调整、区域发展一体化等方面的问题。在推动西北农业信息资源协同发展的过程中，以一种新的发展范式实现西北农业发展战略的总体目标。为增强评价的权威性和一致性，促进协同发展的科学化、制度化和规范化，改变传统上将指标按地区或部门进行分解的考核办法，对不同层次、不同功能的协同要素建立分类评估指标，有利于激励各个协同主体积极主动地参与其中。

2.在一定范围内进行西北农业信息资源协同的评价

评价的对象是西北农业信息资源协同过程中具体应用的指标，主要分析在现有条件下确定信息系统的活动后，协同机制是否具备？信息手段是否有利于信息资源协同的开展？估算出各个农业信息系统的序参数，以此分析得到西北农业信息系统的分析报告。可以解决不同地区之间在协同过程中涉及的诸如技术、数据、信息等的界定，推动更高效、更深层次的区域信息资源协同的分工合作。

总之，西北农业信息资源协同研究是一个新课题。事实上，无论目前农业信息资源协同的名称是否能涵盖学科研究的实际范围，能否准确揭示其实际应用功能，都在我们没有足够理论准备的情况下，迎来了农业信息资源协同的实践发展与理论需求。因此，要在较短的时期，紧跟时代步伐，使农业信息学的研究真正能够起到促进农业经济发展的层面，尚需付出艰苦努力。

参考文献

1.阿尔文·托夫勒.第三次浪潮[M].黄明坚，译.北京：中信出版社，2006：134.

2.侯永志，张永生，刘培林.区域协同发展：机制与政策[M].北京：中国发展出版社，2016：2.

3.曾健，张一方.社会协同学[M].北京：科学出版社，2000：77.

4.甘国辉，徐勇.农业信息资源协同服务——理论、方法与系统[M].北京：商务印书馆，2012：3.

5.王运武.基于协同理论的数字校园建设的协同机制研究[M].北京：中国社会科学出版社，2013：26-27.

6.裴成发.信息运动生态协同演进研究[M].北京：科学出版社，2014：99.

7.范逢春.农村公共服务多元主体协同治治理机制研究[M].北京：人民出版社，2014：44.

8.王慧炯.系统工程方法论[M].北京：中国发展出版社，2015：8.

9. H.哈肯.高等协同学[M].北京：科学出版社，1989：12.

10.黄磊.协同论历史哲学[M].北京：中国社会科学出版社，2012：213.

11.赫尔曼·哈肯.高等协同学[M].郭治安，译.北京：科学出版社，1989：1.

12.郭治安.协同学入门[M].成都：四川人民出版社，1988：1.

13.孟昭华.关于协同学理论和方法的哲学依据与社会应用的探讨[J].系统辩证法学报，1997（2）：18-21.

14.潘开灵，白列湖.管理协同理论及其应用[M].北京：经济管理出版社，2006：59.

15.孙迎春.发达国家整体政府跨部门协同机制研究[M].北京：国家行政学院出版社，2014：69-70.

16.孙寅生.论社会发展的协同机制[J].求实，2015（1）：62-69.

17.董宇鸿，董宇鸿.城镇化健康发展协同创新理论与实践[M].北京：社会科学文献出版社，2016：45.

18.蔡剑.协同创新论[M].北京：北京大学出版社，2012：5.

19.俞竹超，樊治平.协同理论与方法研究[M].北京：科学出版社，2014：22-25.

20.蒋敏娟.中国政府跨部门协同机制研究[M].北京：北京大学出版社，2016：12-13.

21.Van Bertalanffy.一般系统论：基础、发展和应用[M].林康义，魏宏森，译.北京：清华大学出版社，1987：51.

22.钱学森.论系统工程[M].长沙：湖南科技出版社，1982：10.

23.N.维纳.控制论[M].郝季仁，译.北京：科学出版社，2009：44.

24.王金绂.西北之地文与人文[M].北京：商务印书馆，1935：13.

25.罗力.政府公共危机管理中信息预警能力评价指标体系研究[J].重庆大学学报（社科版），2012（5）：92-96.

26.肖恩.动态经济学[M].吴汉洪，译.北京：中国人民大学出版社，2003.

27.Prigogine I.确定性的终结——时间、混沌与新自然法则[M].上海：上海科技教育出版社，1998：28.

28.Haken H. Information and Self - Organization[M]. New York： Springer - Verlag，1998.

29.陈崇林.协同政府研究综述[J].河北师范大学学报（哲学社会科学版），2014（6）：150-156.

30.（德）赫尔曼·哈肯.协同学——大自然构成的奥秘[M].凌复华，译.上海：上海译文出版社，2005：17.

31.胡昌平.面向用户的信息资源整合与服务[M].武汉：武汉大学出版社，2007.

32.钟义信.信息与信息化：知识、方法、应用[M].北京：中国经济出版社，1995.

33.马费成.信息资源开发与管理[M].北京：电子工业出版社，2004.

34.陈建龙.信息市场经营与信息用户[M].北京：科技文献出版社，1994.

35.罗志勇.知识共享机制研究[M].北京：北京图书馆出版社，2003.

36.孔祥智.中国农业社会化服务基于供给和需求的研究[M].北京：中国人民大学出版社，2009.

37.张晋平，杨秀平，王作华.西北地区信息服务模式运行机制研究[M].兰州：甘肃人民出版社，2016.

38.查先进.信息分析与预测[M].武汉：武汉大学出版社，2000.

39.吴慰慈，董焱.图书馆学概论[M].修订本.北京：北京图书馆出版社，2002.

40.肖希明.信息资源建设[M].武汉：武汉大学出版社，2008.

41.程焕文，潘艳桃.信息资源共享[M].北京：高等教育出版社，2004.

42.蔡志坚.农村社会化服务：供给与需求[M].北京：中国林业出版社，2010.

43.孙长学，罗丹.中国农业知识化问题研究[M].北京：中国农业科学技术出版社，2006.

44.郑红维，李颙.中国农村信息服务体系综合评价与发展战略研究[M].北京：中国农业科学技术出版社，2010.

45.李应博.中国农业信息服务体系发展研究[M].北京：中国经济出版社，2006.

46.沃纳·赛佛林，小詹姆斯·坦卡德.传播理论：方法、起源与应用[M].郭镇之，等译.北京：华夏出版社，2000.

47.申延平.中国农村社会转型论[M].开封：河南大学出版社，2005.

48.同春芬.农村社会学[M].北京：知识产权出版社，2010.

49.叶敬忠，刘艳丽，王伊欢.参与式发展规划[M].北京：社会科学文献出版社，2005.

50.赵静，王玉平.西部农村群体信息能力培育及区域信息共享机制研究[M].北京：科学出版社，2010.

51.高锡荣，唐茜，黄佳丽.农村信息服务市场建设研究[M].北京：社会科学文献出版社，2010.

52.岳澎.流程组织的构建研究[M].北京：北京大学出版社，2009.

53.王艳霞.中国农业信息服务系统建构与评价研究[M].北京：中国农业出版社，2008.

54.储荷婷，张茵.图书馆信息学[M].北京：中国人民大学出版社，2007.

55.催运鹏.基于本体论的农业知识管理研究[M].北京：中国农业科学技术出版社，2009.

56.王玉洁.新农村文化建设与信息资源开发[M].北京：金盾出版社，2010.

57.蔡莜英，金新政，陈氢.信息方法概论[M].北京：科学出版社，2004.

58.孙艳玲，赵卓宁.西部互联网农业信息资源测评[M].北京：中国经济出版社，2010.

59.邬焜.信息哲学：理论、体系、方法[M].北京：商务印书馆，2005.

60.肖峰.信息主义：从社会观到世界观[M].北京：中国社会科学出版社，2010.

61.包春霞.农业信息化对农村经济发展的影响[J].农业经济，2016（6）：64-65.

62.刘合民，杨英法.发展信息农业是适应市场经济的有效途径[J].中国农业信息，2006（8）：6-7.

63.曹卫彬，杨邦杰，裴志远，等.我国农情信息需求调查与分析[J].农业工程学报，

2004（1）：147–151.

64. 刘行芳. 依靠制度保障农民信息需求[J]. 当代传播，2008（1）：104–106.

65. 赵洪亮，张雯，侯立白. 新农村建设中农民信息需求特性分析[J]. 江苏农业科学，2010（1）：391–392.

66. 张晋平. 论我国农业信息需求及农业信息服务体系的形成[J]. 农业网络信息，2014（5）：116–119.

67. 李晓. 我国农业信息需求特点分析及对策研究[J]. 农业图书情报学刊，1999（2）：27–32.

68. 耿劲松. 农民的信息需求分析[J]. 农业图书情报学刊，2001（5）：52–53，58.

69. 马赛平，盛晏. 我国农户信息需求特征分析[J]. 农业网络信息，2006（5）：6–8.

70. 逸海英. 试析贫困农村农户的信息需要[J]. 攀登，2008（6）：119–122.

71. 赵卫利，刘冠群，程俊力，等. 我国农业信息需求及来源的探索[J]. 内蒙古科技与经济，2011（4）：61–63.

72. 苟斌强. 天水市农户信息需求调查与思考[J]. 农业科技与信息，2009（15）：12–13；20.

73. 王旭东，朱立芸. 基于甘肃农民信息需求特征、需求环境调研的对策研究［J］. 科学时代，2011（3）：9–10.

74. 张莹. 浅议农民信息需求与服务存在的问题及对策[J]. 甘肃科技，2013（20）：12–13.

75. 胡圣方. 甘肃农民对网络信息的需求调查[J]. 甘肃农业，2010（4）：44–46.

76. 李习文，张玥，张玉梅. 宁夏农民信息意识、信息需求、信息能力现状分析[J]. 宁夏社会科学，2008（6）：71–75.

77. 王盾. 农户信息需求调查与分析——以宁夏为例[J]. 农业图书情报学刊，2009（7）：13–16.

78. 蒋紫艳，赵军，赵燕妮. 宁夏农业信息供求现状的调查与分析[J]. 安徽农业科学，2014（1）：278–281，283.

79. 陈建军，赫晓辉，赵晖，等. 宁夏现代农业信息技术需求分析[J]. 农业网络信息，2010（5）：82–84.

80. 赵军，刘凌锋，赵亮，等. 宁夏农业信息需求——服务差距模型及评价研究[J]. 安徽农业科学，2010（26）：14769–14780.

81. 李静. 西部欠发达地区农村居民信息需求与行为分析——以陕南为例[J]. 图书馆学研究，2012（16）：55–58；78.

82. 井水. 陕西农民信息需求现状及影响因素分析[J]. 西北农林科技大学学报（社会

科学版)，2013（5)：72-77.

83.綦群高，赵明亮，谷辈.新疆南疆三地州农牧民农业信息需求意愿实证研究[J].天津农业科学，2009（4)：56-60.

84.王恒玉.甘肃农业信息基础设施建设问题研究[J].开发研究，2005（3)：48-50.

85.鲁明.对农村信息公共服务村级信息点建设与管理的思考——以甘肃省农村信息公共服务网络工程为例[J].农业科技与信息，2009（14)：3-4.

86.苏桐，黄晓霞.共享网络环境下甘肃农业信息资源共享对策研究[J].农业图书情报学刊，2011（9)：91-94.

87.秦春林.构建甘肃农业信息服务体系刍议[J].甘肃农业科技，2011（3)：45-47.

88.马丽，王恒玉，陈国强.西北少数民族地区农业信息服务模式及其比较研究——以甘肃省为例[J].哈尔滨商业大学学报（社会科学版)，2013（1)：124-128.

89.林俊婷.信息化背景下甘肃省农业信息服务体系建设研究[J].信息化建设，2016（22)：84-87.

90.周应萍.陕西信息资源开发利用研究[J].情报杂志，2006 （7)：136-137.

91.赵晓铃.陕西农村信息化体系建设问题研究[J].乡镇经济，2008（5)：8-10.

92.魏笑笑.陕西农村信息服务体系建设现状分析及建议[J].陕西农业科学，2009（3)：178-180.

93.周应萍.信息资源开发利用的策略研究——以陕西省为例[J].科技管理研究，2010（1)：167-169.

94.张超，张权.陕西省新农村信息化建设存在的问题及对策研究[J].安徽农业科学，2010（25)：14114-14115，14151.

95.李尚民.陕西省农业信息服务体系建设现状与发展研究[J].江西农业学报，2012（3)：197-199.

96.张薇.陕西农业信息供需矛盾及对策研究[J].陕西农业科学，2015（2)：98-100.

97.李景景.陕西农村电商发展现状及对策研究[J].电子商务，2016（19)：32-33.

98.梅瑞峰，王盾.宁夏农业信息资源及共享平台建设[J].图书馆理论与实践，2007（4)：112-124.

99.梁锦秀，周涛，赵营，等.宁夏数字化农业构建模式初探[J].情报杂志，2009（12)：64-65.

100.李瑾，秦向阳.宁夏新农村建设信息资源的整合研究[J].现代情报，2009（9)：66-70；74.

101.蒋紫艳，赵军，赵燕妮.宁夏农业信息供求现状的调查与分析[J].安徽农业科学，2014（1)：278-283.

102. 史小娟．区域农业科技信息服务的问题与对策——以宁夏为例[J]. 科技文献信息管理，2014（1）：43-46.

103. 陈学东，李锋，王梓懿．农业科技信息资源共享服务平台构建研究——以宁夏农林科学院为例[J]. 宁夏农林科技，2015（10）：76-77.

104. 黄亚玲，杨晓洁．宁夏农业科研院所协同创新的角色与功能探析[J]. 宁夏农林科技，2016（2）：45-46.

105. 张优良，李白家．关于提高青海省农业信息服务功能的思考[J]. 青海农技推广，2004（3）：5-6.

106. 陈来生．青海“数字农业”建设探讨[J]. 青海农林科技，2008（1）：46-47；59.

107. 张效娟，王兆宁，张勇．青海农村信息化网络体系建设问题分析及路径选择[J]. 青海师范大学学报（社科版），2009（2）：16-19.

108. 陈诚．青海农业信息资源的现状及开发对策[J]. 青海大学学报（自然科学版），2010（3）：86-89.

109. 张凌云，张鹏飞，郑红剑．青海农牧区信息服务体系建设研究——以海南藏族自治州为例[J]. 江西科学，2015（5）：744-747.

110. 杨应文．青海省“互联网+”现代农业发展研究与对策[J]. 青海农林科技，2016（2）：56-60.

111. 梁斌，田敏，荣江．基于WEB的农业信息管理系统的设计与应用[J]. 石河子大学学报（自然科学版），2004（5）：444-446.

112. 李景林．新疆农业信息服务网络建设现状及对策[J]. 农机化研究，2006（8）：21-24.

113. 王慧，吕新．新疆兵团农业资源信息化体系框架构建初探[J]. 石河子大学学报（自然科学版），2011（5）：546-550.

114. 王华丽．农村信息资源整合模式与机制探析——以新疆为例[J]. 技术经济与管理研究，2012（2）：120-123.

115. 吐尔逊·买买提．新疆农业信息服务及维吾尔文信息资源整合研究[J].2012（11）：59-61.

116. 申居文胜．新疆南疆三地州农业信息服务模式构建[J]. 新疆农垦科技，2013（12）：47-49.

117. 王华丽，张磊磊，王新哲，等．新疆农业科学数据共享用户需求调查分析[J]. 新疆农业科技，2014（5）：1-3.

118. 王强．新疆农业信息资源共建共享现状及建议[J]. 新疆农业科技，2014（4）：5-7.

119.王新哲，王华丽，张磊磊.建设丝绸之路经济带下的新疆农业信息化“最后一公里”解决路径初探[J].农业网络信息，2015（12）：21-23.

120.柳佳佳，刘维忠.新疆棉花信息化概况[J].经营管理者，2015（4）：107-108.

121.刘莹，王华丽.新疆农业科学数据共享保障机制构建[J].黑龙江农业科学，2016（6）：118-122.

122.刘丽娟.声乐演唱教学中的协同理论研究[D].长沙：湖南师范大学，2006.

123.王晓丽，赵希男，丁勇.供应链企业技术嵌入式协同机制研究[J].科技进步与对策，2007（9）：154-157.

124.蒋国瑞，杨晓燕，赵书良.基于协同学的Multi-Agent合作系统研究[J].计算机应用研究，2007，5（32-35）.

125.梁美健，吴慧香.考虑协同效应的并购目标企业价值评估探讨[J].北京工商大学学报（社会科学版），2009（6）：96-99.

126.李辉，全一.地方政府间合作的协同机制研究[J].2011（5）：118-121.

127.王洛忠，秦颖.公共危机治理的跨部门协同机制研究[J].科学社会主义，2012（5）：212-123.

128.汪锦军.构建公共服务的协同机制：一个界定性框架[J].中国行政管理，2012（1）：18-22.

129.高雪梅，王维青.创新高校基层党建与学科团队建设协同机制的研究[J].黑龙江高校研究，2012（12）：58-60.

130.黄磊.协同论历史哲学[M].北京：中国社会科学出版社，2012：254-255.

131.马永坤.协同创新理论模式及区域经济协同机制的建构[J].华东经济管理，2013（2）：52-55.

132.李波，吴伟军.我国金融监管系统协同机制的构建及运行[J].江西社会科学，2013（3）：62-65.

133.蔡小葵.运用协同理论探索大学生思想政治教育中的协同机制[J].内蒙古师范大学学报（教育科学版），2013（11）：66-69.

134.朱文涛，秦峰，钟积奎，等.大学图情工作之协同研究[J].现代情报，2013（1）：14-17.

135.熊晓元.多功能协同农业信息服务网站的构建[J].农业网络信息，2007（2）：67-70.

136.刘双印，徐龙琴，沈玉利.AJAX协同OWC技术在农业政务管理信息系统的研究[J].计算机技术与发展，2008（11）：226-229，232.

137.王健，王志强，周艳兵.面向协同计算的农业信息元数据研究与实现[J].农业工程学报，2008（增刊）：1-6.

138. 牛方曲，甘国辉，徐勇，等. 基于Web Service的农业信息资源协同服务系统[J]. 农业网络信息，2009（9）：28-32，41.

139. 徐勇，甘国辉，牛方曲. 农业信息资源协同服务总体架构解析[J]. 农业网络信息，2009（9）：10-12.

140. 牛方曲，刘艳华，高雅，等. 农业信息资源协同服务知识库设计[J]. 农业网络信息，2009（10）：13-16.

141. 王娟，方逵. 一种优化的基于协同过滤的农业信息推荐系统研究[J]. 农机化研究，2011（7）：194-197.

142. 胡昌平，胡媛. 跨系统农业信息咨询的协同化实现[J]. 图书馆论坛，2013（6）：14-18.

143. 刘艳霞，李鹏伟，赵文忠. 黑龙江省农业高校科技信息服务协同模式探索[J]. 黑龙江农业科学，2014（5）：142-143.

144. 宋金玲，黄立明，薄静仪，等. 基于信任的农业科技信息资源协同过滤推荐方法[J]. 农技服务，2015（5）：14-15.

145. 汪祖柱，钱程，王栋，等. 基于协同理论的农业科技信息服务体系研究[J]. 情报科学，2015（8）：10-14.

146. 杨柳. 关于提升农业经济管理信息化水平的研究[J]. 农业经济，2016（7）：53-55

147. 于真. 论机制与机制研究[J]. 社会学研究，1989（3）：11-13.

148. 李以渝. 机制论：事物机制的系统科学分析[J]. 系统科学学报，2007（4）：25-26.

149. 汪祖柱，钱程，王栋，等. 基于协同理论的农业科技信息服务体系研究[J]. 情报科学，2015（8）：10-14.

150. 张兴旺. 现代农业发展离不开大数据支撑[J]. 农经，2015（6）：76-77.

151. 张晋平. 西北基层农业信息服务供给：影响因素与实现路径[j]. 农业图书情报学刊，2015（8）：13-15.

152. 曹堂哲. 公共行政执行协同机制——概念、模型和理论视角[J]. 中国行政管理，2010（1）：115-120.

153. 张浩，崔丽，侯汉坡. 基于协同学的企业战略协同机制的理论内涵[J]. 北京工商大学学报（社会科学版），2011（1）：69-75.

154. 郁建兴，张利萍. 地方治理体系中的协同机制及其整合[J]. 思想战线，2013（6）：95-100.

155. 马永坤 . 协同创新理论模式及区域经济协同机制的建构[J]. 华东经济管理，2013（2）：52–55.

156. 吕丽辉，马香媛 . 非物质文化遗产信息资源档案式管理的协同机制研究[J]. 社会科学战线，2014（12）：272–274.

157. 韩晓莉 . 生态管理社会协同机制构建[J]. 社会科学家，2014（7）：73–77.

158. 申成霖，张新鑫 . 应对策略性消费的企业营销与运营协同机制[J]. 管理现代化，2015（3）：76–78.

159. 孙寅生 . 论社会发展的协同机制[J]. 求实，2015（1）：62–69.

160. 钱平 . 我国农业信息网站建设的现状与分析[J]. 中国农业科学，2001，34（增刊）：78–81.

161. 余晓钟，辜穗 . 跨区域低碳经济发展管理协同机制研究[J]. 科技进步与对策，2013（21）：41–44.

162. 舒辉，卫春丽 . 自主创新与技术标准融合协同机制研究[J]. 科技进步与对策，2013（15）：19–24.

163. 杨路 . 创新型人才培养的协同机制及其实现途径[J]. 现代教育管理，2013（1）：68–71.

164. 吕丽辉，马香媛 . 非物质文化遗产信息资源档案式管理的协同机制研究[J]. 社会科学战线，2014（12）：272–274.

165. 陈忠言 . 中国农村扶贫中的跨部门协同机制分析[J]. 宁夏社会科学，2014（7）：19–27.

166. 张新红 . 全媒体时代电子政务和图书馆的协同发展机制研究[J]. 新世纪图书馆，2015（6）：9–32.

167. 刘云艳，程绍仁 . 公共治理逻辑：弱势儿童教育发展的社会协同机制建构[J]. 西南大学学报（社会科学版），2015（3）：82–88.

168. 方婷 . 区域高校学生安全稳定协同机制创新研究[J]. 闽南师范大学学报（哲学社会科学版），2015（2）：174–180.

169. 蒋开东，朱剑琼 . 大学生创业导向的高校协同机制研究[J]. 中国高教研究，2015（1）：54–58.

170. 邱栋，吴秋明 . 产学研协同创新机理分析及其启示——基于福建部分高校产学研协同创新调查[J]. 福建论坛（人文社会科学版），2013（4）：152–156.

171. 崔玉蕾 . 农业现代化建设中的经济管理问题与对策思考[J]. 农业经济，2016（7）：6–8.

172. 张丹福，李丹婷 . 公共利益与公共治理[J]. 中国人民大学学报，2012（2）：

95-103.

173. 刘波，崔鹏鹏，赵云云．公共服务外包决策的影响因素研究[J]. 公共管理学报，2010（2）：21-23.

174. 何水．协同治理及其在中国的实现——基于社会资本理论的分析[J]. 西南大学学报（社会科学版），2008（3）：102 106.

175. 侯琦，魏子扬．合作治理——中国社会管理的发展方向[J]. 中共中央党校学报，2012（1）：27-30.

176. 王国伟．资源动员：城市社区公共服务资源获得机制研究[J]. 学术探索，2010（2）：94-99.

177. 王斌，刘勤朝，韩红芳，等．新型农业信息服务模式研究[J]. 安徽农业科学，2012（35）：17386-17416.

178. 张天勇，韩璞庚．多元协同：走向现代治理的主体建构[J]. 学习与探索，2014（12）：27-30.

179. 洪银兴．政府配置公共资源要尊重市场规律[J]. 红旗文摘，2014（3）22-24.

180. 易承志．大城市城乡接合部公共服务资源是如何配置的？——以上海市J镇为例[J]. 中国农村观察，2015（6）：70-83.

181. 张勤．后危机时期实现我国社会公共服务协同机制探究[J]. 国家行政学院学报，2010（5）：22-26.

182. 李忠杰．论社会发展的动力与平衡机制[J]. 中国社会科学，2007（1）：44-47.

183. 韩斌，孟琦，张铁男．联盟协同优势创造的二维分析[J]. 软科学，2007（2）：5-7，9.

184. 曾晓洋．协同经济与企业运营战略研究[J]. 华中师范大学学报（人文社会科学版），1999（4）：138 -144.

185. 马媛，姜腾腾，钟炜．基于信息链的高校产学研协同发展机制研究[J]. 科技进步与对策，2015（6）：35-38。

186. 傅才武，宋文玉．创新我国文化领域事权与支持责任划分理论及政策研究[J]. 山东大学学报，2015（6）：56-58.

187. 张桃林．加强土壤和产地环境管理，促进农业可持续发展[J]. 中国科学院院刊，2015（4）：22-25.

188. 李帆，万海远．完善收入分配调控的跨部门协同机制[J]. 行政管理改革，2015（4）：46-50.

189. 张晓丽．农村电子商务评价指标体系构建研究[J]. 农业经济，2016（3）：123-125.

190. 张研，何振 . 电子政务信息服务绩效评价指标体系[J]. 图书馆理论与实践，2010（2）：46–49.

191. 黄双颖 . 网络信息资源的评价指标体系和评价方法的研究[J]. 中国集团经济，2014（21）：75–76.

192. 倪波 . 信息传播原理[M]. 北京：书目文献出版社，1996.

附录

附录1　西北农业信息资源协同调查问卷

尊敬的领导：您好！

非常感谢能在百忙中参加本次问卷调查！本次调查旨在了解西北农业信息资源协同发展状况，请在您认可的选项处勾选。您对每个问题的回答对我们的研究都非常重要，并可以通过问卷传递您的意愿，为政府制定政策、改进工作提供有意义的帮助。回收的问卷我们将会妥善保管，不会向任何人透露您的信息及回答结果。

十分感谢您的支持！

地址：甘肃省兰州市城关区北面滩400号（兰州文理学院图书馆）

邮编：730010

收件人：杨秀平

电子邮箱：yangxplz@qq.com

兰州文理学院图书馆

2015年5月16日

一、影响您单位信息资源协同的因素？

1.您单位进行信息资源协同的动力？

A内部动力 B外部动力 C技术动力　D发展动力　E利益动力

2.您单位需要与哪些外部单位打交道？

A政府部门　B企业　C合作社　D农民　E业务往来单位

3.您单位需要并希望协同哪些信息？

A行业发展情况　B西北发展情况　C农业科技信息　D农产品信息　E农业项目信息　F农业相关信息　G自定义信息

4.您单位与外单位信息资源协同的困难是？

A找不到协同单位　B信息共享难实现　C缺乏与外部信息资源协同的渠道　D得到的信息滞后　E得到的信息没有或价值不大　F其他

二、您单位对信息资源协同的态度？

1.农业信息资源协同的重要性？

A重要　B一般　C不重要

2.关于农业信息资源协同的态度是？

A需要协同　B无所谓　C很难办到

3.对信息资源协同的作用的理解是？

A可以提高管理效率　B打破了跨部门、跨行业之间的信息壁垒　C信息综合利用　D实现信息共享

4. 对目前农业信息获取和共享是否满意？

A满意　B一般　C不满意

5.对信息资源协同及其价值的理解？

A比较清楚地认识信息资源协同　B有一点了解　C偶尔需要信息资源协同　D根本不知道

6.关于农业信息资源协同对提升农业管理和效率的态度？

A积极　　B可有可无　　C不积极

7.认为农业信息资源协同谁受益？（可多选）

A本单位　B外单位　C.各方都受益　D农民

8.假如您单位实施信息资源协同，推动的瓶颈及阻力因素在哪里？

A仅凭自己无法全力推动　B硬件设施不足　C内部信息化程度不高　D不适应新的协同方式　E其他单位的支持程度不够　F没有成熟的协同流程　G实施周期长　H不会

有实际效果

9.信息资源协同体系需要从哪些维度来进行?

A有固定的协同渠道　B部门间有固定的沟通渠道　C建立协同联盟　D沟通渠道多且方式不一　E垂直、水平沟通渠道互动良好且具有成效

10.您单位是否认为有必要建立一个西北地区农业信息共享平台来实现信息资源协同?

A是，很有必要　B是，但不迫切　C否，没必要

三、您单位目前的信息资源协同状况?

1.信息资源协同是否给您单位带来了好处?

A很大好处　B一般　C没有

2.是否有信息资源协同单位?

A有　B正在建立　C没有

3.通过开展信息资源协同，您单位的管理水平（或竞争力）是否得到了提升?

A有提升　B没有提升

4.您单位的跨部门信息资源协同情况?

A有配合意识　B需要督促才能配合　C欠缺配合

5.您单位对于别的单位的信息资源协同需求的响应度?

A有回应　B无响应　C没有发生过

6.您单位与其他单位之间的信息资源协同进行得如何?

A顺畅　B基本顺畅　C不顺畅　D非常不顺畅

7.您单位是否定考虑进一步加强同相关单位的信息资源协同?

A是　B否　C不确定

8.您单位是否将信息资源协同纳入了未来工作计划?

A是　B否　C不确定

9.您单位是否有信息资源协同（共享）渠道?

A有　B没有　C正在建立

10.您单位目前已有的信息资源协同（共享）渠道是?

A会议交流　B行业网站　C资料互换　D信息交流　E电话　F微信/BBBS讨论/微博/电子邮件等　G专门的协作交流沟通平台

11.您单位在跨部门信息资源协同交流沟通中，导致信息沟通效率较低的原因?

A信息不对称　B信息共享程度低　C缺乏相关部门的协调监督　D缺乏阶段成果　E缺少效益　F其他

12.您单位是否建立了信息资源协同管理流程，以便对信息资源协同进行规范管理？

A是　B否　C已经在考虑

13.您单位在信息资源协同过程中，面临哪些问题？

A缺乏互信　B需求低　C缺乏协同渠道　D缺乏政策和相关制度　E.缺乏有效的协同机制　F缺乏协同联盟　G其他

14.您单位的信息资源协同是通过什么方式来实现的？

A内部系统　B建立协同联盟　C业务渠道　D信息交换　E签有合作协议

15.信息资源协同在以下哪些方面可以帮助您单位工作效率的提升？

A信息服务　B信息利用　C行政管理　D.事务处理/项目管理　E工作创新　F部门业务/专业管理　G其他

16.影响您单位信息资源协同的主要原因是？

A协同程序烦琐　B虽有工作程序，但是执行不到位　C员工没有得到有效的技能培训　D部门之间职责不清，扯皮现象严重　E责权不对等　F没有有效的激励措施　G信息化手段支持不够　H部门壁垒，本位主义阻碍　L没有具体需求　J其他

四、关于您单位的信息资源协同实施成效的评价？

下面的条目是关于信息资源协同实施成效的体验的描述。请根据您单位实际情况，对所进行的信息资源协同实际体验情况进行选择（0分～5分表示层次递进）。

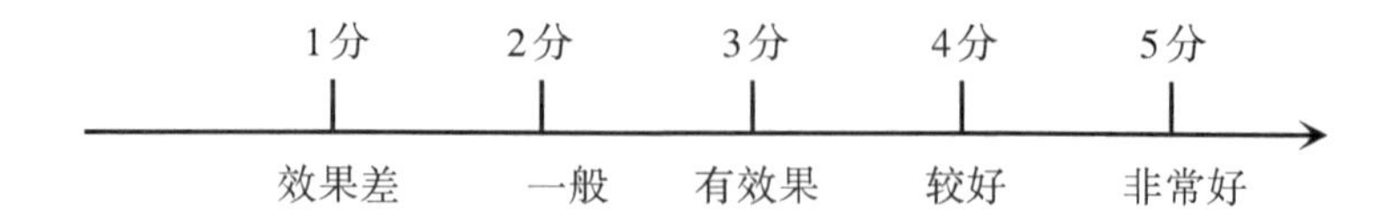

	经过信息资源协同您单位在以下方面的体验	相应分值					得分
信息资源协同实施成效	1.能从信息资源协同中获得较多信息或机会	1	2	3	4	5	
	2.可以从信息资源协同中获得需要的信息	1	2	3	4	5	
	3.可以经常使用“协同单位”的设施或实验室	1	2	3	4	5	
	4.可以经常使用“协同单位”的信息数据	1	2	3	4	5	
	5.通过信息资源协同与“协同单位”开展业务联系	1	2	3	4	5	
	6.单位之间信息资源协同机制建设成效	1	2	3	4	5	
	7.本单位信息资源建设经费投入力度	1	2	3	4	5	
	8.本单位信息资源的丰富改善程度	1	2	3	4	5	
	9.本单位对信息资源协同的需求度	1	2	3	4	5	
	10.本单位信息资源协同的制度建设力度	1	2	3	4	5	
	11.本单位信息资源协同的技术支撑度	1	2	3	4	5	
	13.本单位的管理能力提升情况	1	2	3	4	5	
	14.本单位的创新能力提升情况	1	2	3	4	5	
	15.与其他单位之间的协作能力提升情况	1	2	3	4	5	
	16.与其他单位之间的业务工作得到了互认	1	2	3	4	5	
	17.本单位的竞争力提升情况	1	2	3	4	5	
	18.本单位的科研能力提升情况	1	2	3	4	5	
	19.了解到的区域农业发展状况	1	2	3	4	5	
	20.有机会参与其他单位项目情况	1	2	3	4	5	
	21.有机会参与其他地区项目情况	1	2	3	4	5	

附录2 协同创新中心专家及管理人员调查问卷

一、基本信息

您的姓名： 您的职称： 您的职务：

您所在的协同创新（部门）名称：

您所在的协同创新中心类型：

您所在的高校名称是：

您的电子邮箱是： 您的手机号是：

二、开放式调查问卷

1.您认为中心运行过程中，面临哪些障碍？在这些障碍中，哪些可以由中心或一家单位自身改革解决，哪些必须由外部或多家单位协同合作来解决？举例说明，并提出解决方案。

2.在中心的建设过程中，您认为：主要有哪些内部机制制约了中心的协同创新？您所在的协同创新中心是如何通过机制体制改革来实现相互协同的？

3.如根据中心发展规划进行绩效评价，您认为是否合理？如果贵中心对绩效进行自评，自评框架会如何设计？希望外部绩效评价怎样介入？评价周期多长比较合理，为什么？

4.协同创新的过程是一个动态发展的过程，其绩效好坏也会受到诸多因素的影响。在您看来，影响贵中心协同创新绩效的内部因素和外部因素主要是什么？

5.对您所在的中心进行绩效评价（从前沿类/行业类/区域类/文化类中选择一项或多项），您认为：重要的评价指标应该包含哪些？标志性成果如何体现？

6.协同创新的过程也是利益协调的过程。您认为：不同协同创新体间的利益诉求有何差异？这些利益诉求的具体形态又是如何体现的？

7.您认为：协同创新中心各协同体之间应坚持什么样的利益分配原则？影响不同创新协同体之间利益分配的因素主要有哪些？有效合理的利益配置机制是基于各利益相关者的满意度还是基于绩效评价？

8. 就您了解的国外协同创新中心运行机制及产学研合作模式，您认为哪些做法值得我们借鉴？可否举例说明并提供相关材料。

三、绩效指标调查

请您根据重要程度对各指标进行打分，分值越高表示该指标越重要。（无关1→5重要）

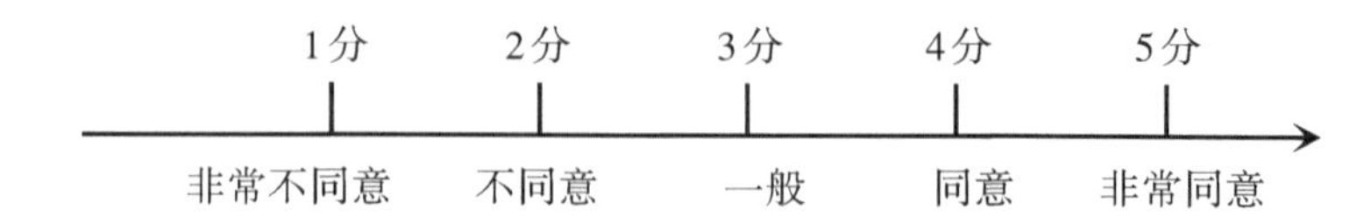

	分类	指标	分值					得分
协同创新绩效的影响因素	成本因素（投入）	①人力资源投入	1	2	3	4	5	
		②经费投入	1	2	3	4	5	
		③科研基础设施投入	1	2	3	4	5	
		④协同单位前期的合作基础	1	2	3	4	5	
	能力因素（过程）	①协同创新体的内部互动	1	2	3	4	5	
		②协同创新体的内部管理	1	2	3	4	5	
		③协同创新体的创新能力	1	2	3	4	5	
		④协同创新体的协同能力	1	2	3	4	5	
	环境因素（支持）	①利益分配制度	1	2	3	4	5	
		②绩效考评机制	1	2	3	4	5	
		③依托单位的支持	1	2	3	4	5	
		④国家及地方政策的支持	1	2	3	4	5	
您认为,影响高校协同创新绩效的因素还有(文字表述)：								
协同创新绩效表现	显性绩效（易量化）	①人才培养	1	2	3	4	5	
		②科研创新	1	2	3	4	5	
		③学科发展	1	2	3	4	5	
		④队伍建设	1	2	3	4	5	
	隐性绩效（难量化）	①国际学术领域影响力	1	2	3	4	5	
		②解决重大需求的实效	1	2	3	4	5	
		③创新贡献及社会评价	1	2	3	4	5	
		④机制体制改革的实效	1	2	3	4	5	
利益分配	利益要素	①招生指标	1	2	3	4	5	
		②经费	1	2	3	4	5	
		③职称评定及人才计划选拔	1	2	3	4	5	
	分配机制	①与投入水平相匹配	1	2	3	4	5	
		②与产出绩效相匹配	1	2	3	4	5	
		③与知识产权转化收益相匹配	1	2	3	4	5	

四、运行情况调查

请您根据认同程度对下列相关“中心”的描述打分，分值越高表示您越认同该描述。

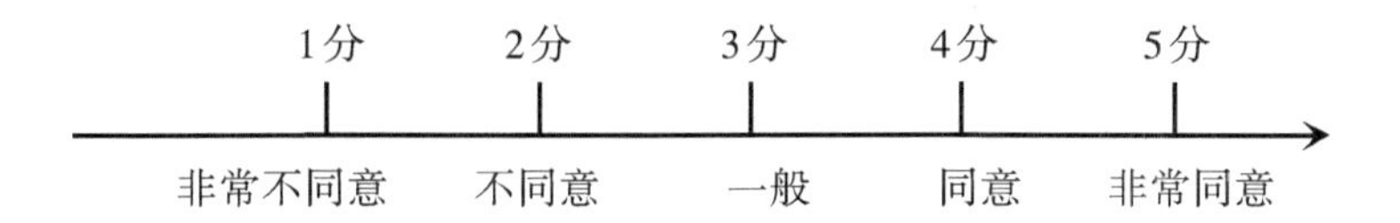

	问卷题目						得分
1	“中心”有充足的人力资源投入	1	2	3	4	5	
2	“中心”有充足的经费投入	1	2	3	4	5	
3	“中心”有充足的科研基础设施投入	1	2	3	4	5	
4	“中心”各协同单位有良好的前期合作基础	1	2	3	4	5	
5	“中心”各协同单位能够进行充分的互动	1	2	3	4	5	
6	“中心”的领导(校长、主任等)具备良好的内部管理能力	1	2	3	4	5	
7	“中心”各协同单位具备较好的创新能力	1	2	3	4	5	
8	“中心”各协同单位具备较好的协同能力	1	2	3	4	5	
9	“中心”有较完备的利益分配制度(能够做到公平合理)	1	2	3	4	5	
10	“中心”有较完善的绩效考评机制(能够发挥成员积极性)	1	2	3	4	5	
11	“中心”各协同单位所依托的高校给予大力支持	1	2	3	4	5	
12	国家和地方人才政策能够对“中心”起到较好的引导作用	1	2	3	4	5	
13	“中心”有能力培育大量的优秀人才	1	2	3	4	5	
14	“中心”获得了高水平的科研项目及成果	1	2	3	4	5	
15	“中心”带动了相关学科领域的系统发展	1	2	3	4	5	
16	“中心”吸引了大量的优质师资	1	2	3	4	5	
17	“中心”在国际学术领域的影响力大幅提升	1	2	3	4	5	
18	“中心”在解决国家重大需求方面取得良好成效	1	2	3	4	5	
19	“中心”的创新贡献和社会评价都不错	1	2	3	4	5	
20	“中心”已较好地完成了机制体制改革	1	2	3	4	5	
21	招生指标是高校和科研单位的重要诉求	1	2	3	4	5	
22	经费是“中心”内部各平台最大的利益诉求	1	2	3	4	5	
23	职称评定及人才计划选拔是“中心”人员的主要诉求	1	2	3	4	5	
24	“中心”各协同单位按所付出的贡献大小进行利益分配	1	2	3	4	5	
25	“中心”各协同单位按产生绩效的大小进行利益分配	1	2	3	4	5	

非常感谢您在百忙之中抽空填写此份问卷！

后　记

在日益加快的农业信息资源建设背景下，图书情报理论面临着空前的机遇与挑战，理论联系实际是必然趋势，针对农业信息资源领域出现的新情况、新问题进行研究，既立足于服务大局，又能够指导实践，是应用型学术研究的价值所在。

农业信息资源是以单个信息系统（机构）为中心视点向区域农业用户提供信息服务的网络结构，强调体系化建设和网络化管理。具体来说，纵向形成国家→省→市→县→乡→村六级服务体系，横向表现为以政府为主导，社会服务（包括通信、传媒、中介、社会团体、公共信息机构、科研院所等）各个层级多元服务主体的积极参与，形成了目前的农业信息服务体系架构。但由于其结构具有多层次性、多形态性和多主体性，造成功能重叠、条块分割、各自为政的分散化局面，特别是横向结构失灵。在以人为本，服务“三农”为主题的要求中，从农业信息资源整合与信息服务提质增效的思路出发，西北农业信息资源协同机制的建构必然是一个继承与发展的关系，也是一个内容更为宽泛、功能更加清晰、服务更为细化的架构，这势必对西北农业公共信息服务产生影响。随着政府支持力度的加大和市场化改革趋向的不断推进，西北农业信息资源协同将进一步改善西北农业信息资源的建设环境，也标志着西北农业信息资源建设将迈上一个新阶段。

本书是杨秀平主持的国家社科基金西部项目——“西北农业信息资源协同机制构建研究”（批准号14XTQ004）的研究成果。在课题研究期间，课题组成员发表了一系列中期成果，并产生了初步的社会影响。发表的7篇论文中，有三篇获奖（论文《论农村公共信息服务建设的多元参与路径》获2015年甘肃省图书馆学术年会征文二等奖；论文《西北基层农业信息服务供给：影响因素与实现路径》获2015年中国社会科学院情报学会学术年会三等奖；论文《协同视角下的农业信息资源建设路径》获2018年甘肃省第十五次哲学社会科学优秀成果二等奖）。

本书撰写由杨秀平（兰州文理学院）、郑敏（甘肃政法大学）、赵悦（兰州文理学院）完成，杨秀平负责整个课题的框架设计、问卷调研、稿件组织以及最后的统稿工作。具体撰写情况为：

杨秀平：第一章、第十章；

郑　敏：第二章、第四章、第六章、第七章；

赵　悦：第三章、第五章、第八章、第九章。

本课题得到了沙勇忠教授、刘喜研究馆员等专家的指导，问卷调研时得到了西北五省（区）农业相关部门领导的大力支持，同时还得到了许多同仁的热情帮助，在此，我们表示衷心的感谢！

随着云计算、大数据时代的到来，信息环境又有了新的变化，人们对农业信息资源的重要性和协同机制的构建又有了新的认识。限于时间和能力，本书关于西北地区农业信息资源协同机制的理论分析和对策研究肯定还存在诸多的滞后与不足，欢迎各位读者给予批评指正！

作　者

2019年9月3日